小型猪 超声检查手册

主　编◎丁云川　魏红江　李汝红

副主编◎王庆慧　李英华　魏太云

苏　璇　赵　丽　张书还

科学技术文献出版社
SCIENTIFIC AND TECHNICAL DOCUMENTATION PRESS
·北京·

图书在版编目（CIP）数据

小型猪超声检查手册 / 丁云川，魏红江，李汝红主编. —北京：科学技术文献出版社，2024. 4
ISBN 978-7-5235-1318-7

Ⅰ. ①小… Ⅱ. ①丁… ②魏… ③李… Ⅲ. ①猪病—超声波诊断—手册 Ⅳ. ① S854. 4-62

中国国家版本馆 CIP 数据核字（2024）第 076731 号

小型猪超声检查手册

策划编辑：张　蓉　责任编辑：张　蓉　史钰颖　责任校对：张吲哚　责任出版：张志平

出　版　者　科学技术文献出版社
地　　　址　北京市复兴路15号　邮编 100038
编　务　部　（010）58882938，58882087（传真）
发　行　部　（010）58882868，58882870（传真）
邮　购　部　（010）58882873
官 方 网 址　www.stdp.com.cn
发　行　者　科学技术文献出版社发行　全国各地新华书店经销
印　刷　者　北京地大彩印有限公司
版　　　次　2024 年 4 月第 1 版　2024 年 4 月第 1 次印刷
开　　　本　889 × 1194　1/32
字　　　数　202千
印　　　张　6.875
书　　　号　ISBN 978-7-5235-1318-7
定　　　价　68.00元

主编简介

丁云川

二级技术岗位、教授、博士研究生导师，昆明医科大学附属延安医院（云南心血管病医院）副院长、超声医学科主任。

【学术任职】

现任中国超声医学工程学会第八届超声心动图专业委员会副主任委员，中国医师协会超声医师分会常委，卫生部海峡两岸医药卫生交流协会超声医学分会常委，云南省医学会超声医学分会主任委员，云南省超声医学工程学会会长；担任《中华超声影像学杂志》《中国超声医学杂志》《中国医学影像技术杂志》编委，《临床超声医学杂志》特邀编委，《医学参考报（超声医学频道）》常务编委。

【学术成果】

近年来主持国家及省市级课题10余项；先后获得多项省市级奖项；发表国内外学术论文数十篇。

【所获荣誉】

享受国务院政府特殊津贴、云南省政府特殊津贴，获“云岭名医”称号。

主编简介

魏红江

博士、二级教授、博士研究生导师，云南农业大学副校长。

【学术成果】

国家重点研发计划首席科学家，国家高层次人才特殊支持计划科技创新领军人才，入选国家百千万人才工程，被授予“国家有突出贡献中青年专家”荣誉称号，全国兽医专业学位研究生教育指导委员会委员，云南省“兴滇英才支持计划”科技领军人才，云南省顶尖团队带头人，云南省小型猪基因编辑与异种器官移植重点实验室主任，云南省异种器官移植工程研究中心主任，享受国务院政府特殊津贴；主持国家重点研发计划、云南省重大科技专项等国家级、省部级科研项目40余项。以第一/通讯作者在*Science*、*Nature Biomedical Engineering*、*PLoS Biology*等知名刊物发表SCI收录论文34篇；以排名第一的身份，获得授权发明专利9项、实用新型专利2项；获云南省技术发明一等奖1项（排名第一），其他省部级科技奖3项；制定云南省地方标准2项。

【专业特长】

长期从事版纳微型猪近交系培育及实验动物化研究，同时利用动物基因编辑和体细胞克隆技术开展异种器官移植、小型猪疾病模型、孤雌生殖及地方畜禽遗传资源保护等方面的研究；获得了世界上首批内源性逆转录病毒失活克隆猪，首例孤雌生殖克隆猪，成功构建了多种人类疾病动物模型。

主编简介

李汝红

博士、二级教授、博士研究生导师、主任医师，昆明市延安医院院长。

【学术成果】

云南省医学领军人才，云南省突出贡献优秀专业技术人才，云南省委联系专家，昆明市第九批中青年学术技术带头人，云岭学者，享受国务院政府特殊津贴；近年来发表普外科专业学术论文47篇，其中SCI收录论文21篇，主持国家级省级重点课题10项。

编 委 会

主　编： 丁云川　魏红江　李汝红

副主编：
王庆慧　昆明医科大学附属延安医院
李英华　昆明医科大学附属延安医院
魏太云　云南农业大学
苏　璇　昆明医科大学附属延安医院
赵　丽　昆明医科大学附属延安医院
张书还　昆明医科大学附属延安医院

编　委（按姓氏拼音排序）：
陈　剑　昆明医科大学附属延安医院
崔　丽　昆明医科大学附属延安医院
丁云川　昆明医科大学附属延安医院
李泓莹　昆明医科大学附属延安医院
李建华　昆明医科大学附属延安医院
李汝红　昆明市延安医院
李英华　昆明医科大学附属延安医院
罗庆祎　昆明医科大学附属延安医院
苏　璇　昆明医科大学附属延安医院
宋晓蕾　昆明医科大学附属延安医院
王海臻　云南农业大学
王庆慧　昆明医科大学附属延安医院
魏红江　云南农业大学
魏太云　云南农业大学
许彭黎　昆明医科大学附属延安医院
杨　畅　云南农业大学
袁　媛　昆明医科大学附属延安医院
赵　丽　昆明医科大学附属延安医院
赵　恒　云南农业大学
张书还　昆明医科大学附属延安医院

序　言

一个学科、一个医院、一个区域医疗中心，乃至一个从事医学临床工作和基础研究人员的业务技能提升，总是需要“三足鼎立”的整体发展思维和运作：其一，作为“基石”的临床诊疗工作的高质量发展；其二，作为“平台建设”的科研与教学能力培养；其三，在循序渐进的临床工作和科研教学的支撑下，以同步化、同质化的长足发展，构建诚信于社会、诚信于患者的“区域医学诊疗中心”。就此，依托于昆明医科大学附属延安医院心脏中心的超声医学诊疗影像中心，在科主任丁云川教授的带领下，已使昆明医科大学附属延安医院超声医学科全面发展，其在临床诊疗的数量和质量、教学与科研、区域影响力等方面达到了区域领先、国内前列的水平。

由丁云川教授主编的《小型猪超声检查手册》一书，即是在科研与教学提升的目的下，在昆明医科大学附属延安医院–云南农业大学共建平台“版纳小耳猪动物比较医学实验基地”的基础上，提供和打造区域内外比较医学动物实验研究的高质量平台。该团队进行了大量艰辛的前期工作，科学、严谨地整理了该“比较医学实验基地”实验动物相关超声诊断技术的第一手资料，为随后心血管病专业及其他专业的相关动物研究提供了大量而全面的超声医学数据的可靠参照标准，全书约20万字，共有231幅静态图，48幅动态图，所有影像资料均由丁云川教授团队亲自采集、复核完成，其工作量之大、细节之完备、数据之可靠，令人赞叹、欣慰。

正如该书所叙，在小动物临床与基础研究中，影像检查技术已经成为非常重要的辅助检查手段，而超声诊断技术因其简单、便携、无创、无辐射、可重复检查等优点而深受兽医欢迎。版纳微型猪是来源于云南西双版纳的地方小型品种版纳小耳猪，因数量多、易繁殖，且为近交系，基因纯合度高、遗传稳定，更适合构建疾病的动物模型。尤其是目前国内的小动物超声诊断书籍大多是翻译国外的文献或书籍，或集中在犬、猫等小动物，尚无专门针对版纳微型猪的完整超声图谱。另外，相关书籍多注重对病变器官的诊断与描述，而忽略讲解正常组织器官的解剖结构与成像技术，从而可能影响初学者或无超声基础知识的临床医师识别正常组织器官的二维及彩色图像。丁云川教授团队成员从事临床超声诊断工作数十载，拥有丰富的实战经验，根据大家在学习与工作中经常遇到的困难和判读错误编写了本书。

据此，衷心祝贺该书的正式出版发行，在相关科研中享受此著作的数据与成果是我们最大的欣慰和获益。

2023年10月

前言

在小动物临床诊疗中，影像检查技术已经成为临床兽医非常重要的辅助检查手段。超声诊断技术因其简单、便携、无创、无辐射、可重复检查等深受兽医欢迎。在诸多动物中，大型动物的各脏器解剖结构与人较为接近，版纳微型猪是来源于云南西双版纳的地方小型品种版纳小耳猪，因数量多，易繁殖，且为近交系，基因纯合度高，遗传稳定，更适合构建疾病的动物模型。

我们团队成员从事临床超声诊断工作数十载，拥有丰富的实战经验，根据大家在学习与工作中经常遇到的困难和判读错误编写了本书。全书图片丰富，内容深入浅出，适用于没有超声诊断基础的动物医学专业的学生和临床医师阅读，为畜牧兽医领域的师生或科研工作者及生产技术人员提供基础素材，也适用于拟建立疾病的大型动物模型的科研工作者阅读。

全书共四章，主要包括总论、心脏、腹腔脏器及雄性猪生殖器官四个部分，本书未对雌性猪生殖器官进行研究。第一章总论部分主要介绍超声物理基础，包括实时灰阶超声成像原理及应用、多普勒技术的种类及用途、三维超声成像与造影增强技术、常见的超声伪像；第二章心脏部分主要介绍版纳微型猪的心脏解剖结构、经胸超声心动图与经食管超声心动图标准切面的采集与识别、心功能的评估与超声新技术的应用；第三章腹腔脏器部分主要介绍版纳微型猪肝脏、胆道系统、脾脏、胰腺、肾与输尿管、膀胱等脏器的解剖结构，常用超声切面，超声造影的应用，以及基于超声的猪腹腔脏器相关实验研究与腹腔脏器疾病动物模型的建立；第四章主要介绍版纳微型猪雄性生殖器官的解剖结构与超声切面，以及动物模型的建立。

全书约20万字，共有231幅静态图，48幅动态图，所有图片均为我们团队亲自采集的影像资料，读者可以通过手机扫描二维码观看书中的动态图像，其利于广大读者了解超声物理基础，掌握版纳微型猪各脏器的形态和结构，便于超声图像的获取与解读。

大家在繁重的临床工作之余编写本书，付出了辛勤的劳动，在此我们谨向所有为本书付出心血、做出贡献的专家表示深深的谢意，同时希望我们的付出能够使有需求者受益！由于版纳微型猪解剖结构图谱方面的参考资料较少，加上编者知识能力有限，因此书中难免存在不足和错误，恳请业内同道及广大读者批评指正！

目 录

第一章

总　论

超声成像在医学应用领域中无处不在，其被用来进行身体几乎所有区域的超声影像学检查。现代用于超声成像的仪器有小到智能手机大小的便携超声设备，大到能够进行所有超声先进技术成像的大型超声设备。在动物实验影像学中，超声也是常用的影像学设备，其成像的基本物理原理和仪器调节方法与其他超声设备都是一样的。每一位需要用到超声进行科学研究的人员和从事动物医学的临床医师都应该熟悉超声最基本的物理基础，理解超声成像的基本原理，了解最基本的仪器调节方法和技巧，知道超声设备检查的优越性与局限性，并能够根据不同动物体型、不同检查部位超声声像图的特点去调节并优化超声仪器，在有限的条件下获得最佳超声图像，为动物实验的顺利进行提供保障，以减少对超声图像的误判与漏诊。

第一节　实时灰阶超声成像原理及应用

一、超声波的基本概念及参数

1.基本概念

声波是由机械振动产生的疏密波，可传播到气体、液体和固体介质中。一般来说，振动频率（frequency，f）为20～20 000 Hz的声波可以被人的耳朵听到，而高于此频率的声波被称为超声波（ultrasound wave，UW）。超声图像的产生基于脉冲波原理，电脉冲引起换能器中压电晶体的变形从而产生高频（>20 kHz）声波（超声波）。换能器产生的声波可通过组织传播，产生的声压缩波在软组织内以约1540米/秒的速度传播。和所有声波一样，每个压缩波后面都有一个减压波，两者的速率决定了波的频率。

2.参数

（1）波长（wavelength，λ）、频率、声速（velocity，c）。声能是机械能，由于在传播的材料中产生分子和粒子的物理运动，因此意味着其需要一个传播媒介。声波是纵波，波中粒子的传播方向与波本身的方向相同。每个波都有压缩和膨胀的循环。每种波都有一相关的传播速度、波长和频率。

波长，代表一个压缩波到另一个相邻的压缩波之间的空间距离；频率，指单位时间内完成的次数，与波长成反比；声速，单位时间内压缩波传递的距离，大小因介质的性质而异，对于给定的介质，其都是一个常数。三个参数之间有一个固定的公式关系，即$c=f\lambda$（图1–1–1）。

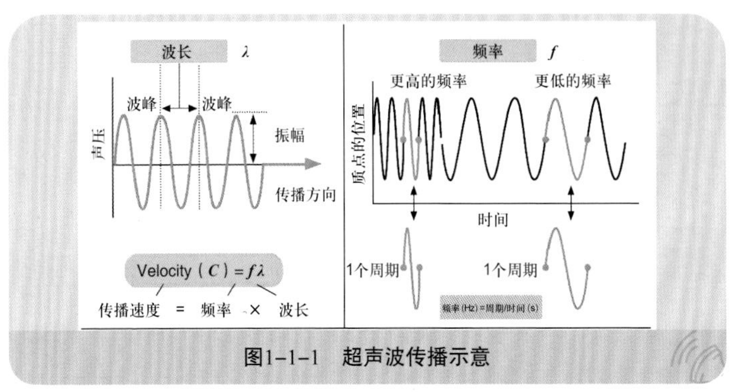

图1–1–1　超声波传播示意

关于波长和频率：①波长主要决定超声探头的轴向分辨率（axial resolution，AR），理论上图像分辨率小于1/2波长；②超声波的穿透深度直接取决于波长。短波的穿透距离短，长波的穿透距离长，因为频率增加（即波长的缩短）时黏性效应增大，导致声波衰减更快，从而使穿透深度减小（表1–1–1）。因此，在图像分辨率（更短的波长或更高频率）和穿透深度（更长的波长或更低频率）之间需要检查者权衡并做出选择。

表1–1–1　频率与波长的关系

频率（MHz）	波长（mm）
2.0	0.77
5.0	0.31
7.5	0.21

关于声速：在不同介质中声音的传播速度因介质的性质而异，特别是其密度，介质越密集，传输越快。例如，骨中超声的速度（约4000米/秒）比气体（约330米/秒）更快。超声设备默认人体组织平均声速约1540米/秒（表1–1–2），该设定必然会带来声速伪像，将在后面对此伪像进行阐述。

（2）声压和声强。有声波传播时介质中压强与静压强之间的差值称为声压（sound pressure，*P*）。声能量的大小用单位时间内通过垂直于声波传播方向的单位面积的平均能量计量，称为声强（sound intensity，*I*），单位是w/cm^2。

表1-1-2　不同材料的传播速度

材料	传播速度（米/秒）
骨	4080
血	1570
肝	1560
脂肪	1440
空气	330

二、超声波的传播特性

1.声阻抗

超声波在体内传播产生的超声图像和多普勒数据取决于一种称之为声阻抗（acoustic impedance，*Z*）的组织属性。声阻抗取决于组织密度（ρ）和该组织中的传播速度（c）：$Z=\rho c$。不同组织间声阻抗的差异是导致超声波在不同组织边界产生反射的原因。在相邻组织的声阻抗差异较大的地方，组织界面的声波反射较大。在软组织和骨骼的交界处，有近50%的超声束被反射，而在软组织和气体的交界处，该比例增加到近99%。

2.反射、折射和散射

超声诊断的基本原理是声波穿过组织，被反射、折射或吸收。返回到换能器的声波负责产生图像，传回换能器的声波量越多，屏幕上显示的图像就越亮（使用B型超声时）。了解是什么控制了超声波和组织之间的相互作用，以便能够正确地解释图像，此点很重要。反射、折射和吸收三个过程是截然不同但又相互关联的（图1-1-2）。

（1）反射：反射超声成像是基于内部结构对超声信号的反射。超声波在组织边界和界面上反射，超声反射量的多少取决于两个组织之间的声阻抗差异和反射角度。如果光滑组织的横向面尺寸大于超声束的波长，则由组织边界充当反射器产生反射。在给定的界面上，超声波反射的量是恒定的。由于超声的入射角和反射角相同，因此最佳反射回波角出现在垂直角（90°）处。此特点是获得最佳超声图像的关键；该特点还解释了二维（two-dimensional，2D）或三维（three-dimensional，3D）图像中由平行于组织界面的超声波束引起的反射微弱或零反射而导致的回声“丢失或失落”。

反射取决于反射结构的大小，也取决于所讨论的声波的频率。高频声波从较小的结构反射，衰减得更快，因此在成像较浅的结构时使用较高频率的声波。根据图像中灰阶的不同强度可以将回波信号分为6种：①强回声波：反射系数大于50%以上，灰阶明亮，后方常因衰减而形成声影，如结石和各种钙化灶的回声；②高回声波：反射系数大于20%，灰阶较明亮，后方常不伴声影，如肾窦和纤维组织的回声；③等回声波：灰阶强度中等，如正常肝、脾和其他实质器官的回声；④低回声波：灰暗回声，如肾皮质的回声；⑤弱回声：声波通透性好，回声含量低，如肾锥体和正常淋巴结的回声；⑥无回声波：均匀液体中无阻抗差异的界面，如正常充盈的胆囊和膀胱的回声。

（2）折射：当超声波通过不同阻抗的介质，而入射波倾斜时就会发生折射。超声波束的折射与通过玻璃透镜的光波折射相似。通过使用声学“透镜”聚焦超声波束，折射也可以用来提高图像质量。然而，在成像过程中，折射也会产生超声伪影，因为折射光束的传播方向不同，反射的角度也不同，成像结构的位置可能与实际结构不同，从而产生超声伪影，最明显的是“折射”伪影。

（3）散射：超声波的散射不同于反射，散射主要发生在小于波长的界面（如红细胞，直径大约为4 μm，小于波长信号）。散射是朝向四面八方的，只有少量散射信号到达接收传感器，称为背向散射，且散射信号的振幅比镜面反射镜返回信号的振幅小100 ~ 1000倍（40 ~ 60 dB）。运动血细胞的超声散射是多普勒血流信号的基础。散射的程度取决于以下四方面。

- 散射体的大小（如红细胞）。
- 散射体的数目（如红细胞比容）。
- 超声换能器频率。
- 血细胞和血浆的可压缩性。

尽管实验研究表明背向散射随红细胞比容的变化而不同，但在临床范围内的变化对多普勒信号几乎没有影响，同样，红细胞的大小及血细胞和血浆的可压缩性没有显著变化，因此，散射的主要决定因素是传感器频率。散射也发生在组织内，如心肌，来自小于超声波波长的组织界面的背向散射信号。组织散射产生散斑图案，现代超声设备可以通过逐帧跟踪此类散射斑点来测量组织运动，即所谓的斑点追踪成像（speckle tracking imaging，STI）。

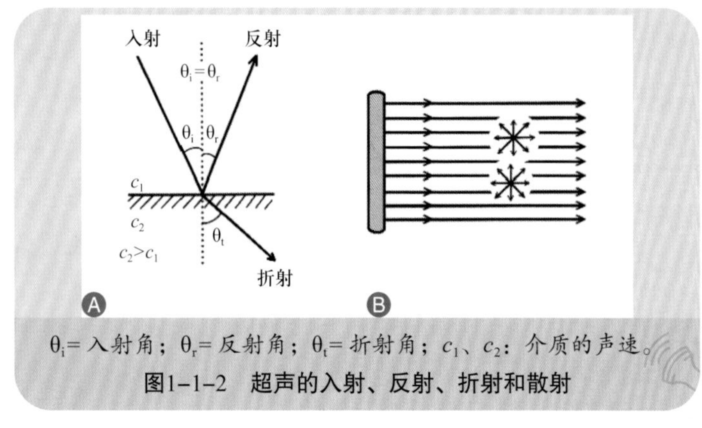

θ_i= 入射角；θ_r= 反射角；θ_t= 折射角；c_1、c_2：介质的声速。

图1-1-2 超声的入射、反射、折射和散射

3.衰减

衰减是超声与组织相互作用时信号强度的损失。之所以随着超声波穿透人体，信号强度逐渐衰减，是因为超声波能量通过转换为热量及反射和散射而被吸收。衰减程度与以下几个因素有关。

- 组织衰减系数。
- 传感器频率。
- 与传感器的距离。
- 超声强度［或功率（power）］。

每个组织的衰减系数（α）与从第一个点（I_1）到第二个点（I_2）的超声强度（以dB为单位）的降低有关，第一个点（I_1）到第二个点（I_2）之间的距离（l）的方程如下。

$$I_2=I_1e^{-2\alpha l}$$

与软组织相比，空气衰减系数非常高（约1000倍），因此，传感器和心脏之间的任何空气都会导致信号的大量衰减。经胸超声检查时可通过使用水溶性凝胶在传感器和皮肤之间建立无空气接触来避免此种情况；经食管超声心动图（transesophageal echocardiography，TEE）检查中可通过换能器与食管壁的紧密接触而避免衰减。其他类型的胸腔内空气（如纵隔气肿和心脏手术后残余空气）也可能由于衰减导致超声组织穿透性差及图像质量差。传感器的输出功率与整体衰减直接相关，然而，输出功率的增加会导致热效应和机械效应，这两者都必须考虑生物效应和安全性。

总体衰减取决于频率，较低的超声频率比较高的频率能够更深入地探查人体组织。因此，衰减和分辨率一样，决定了在特定的临床环境中需要不同频率的超声探头。例如，大型动物心尖入路超声换能器远端结构的可视化探查通常需要低频换能器。而经食管超声心动图检查，同样的结构因为处于超声换能器的近端，反而可以使用高频换能器成像（分辨率更好）。通过在每个深度使用不同的增益（gain）设置［称为时间增益（或深度增益）补偿的仪器控制］，可以最小化衰减对显示图像的影响。

4.多普勒效应

由于声源与接收器相对运动而使发射频率与接收频率发生改变的现象称为多普勒效应（图1–1–3）。假设原有波源的波长为λ，波速为u，观察者移动速度为v，那么当观察者走近波源时观察到的波源频率为$u^2/\lambda(u-v)$，反之则观察到的波源频率为$u^2/\lambda(u+v)$。

此种频率变化的大小称为频移，频移的大小与相对运动的速度成正比。检查心脏、血管的运动状态，了解血液流动速度，可以通过发射超声来实现。超声波在体内传播如果遇到运动组织，如血液中的红细胞、收缩和舒张的心脏，就会发生频移。血管向着波源运动时，反射波的波长被压缩，因而频率增加；血管离开波源运动时，反射波的波长变长，因而频率减少。反射波波长增加或减少的量，与血液运动速度成正比，从而就可根据超声波的波长移量，测定血液的流速。

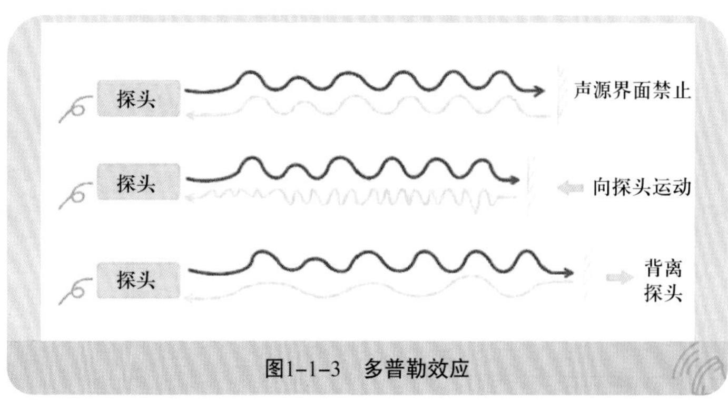

图1–1–3　多普勒效应

三、超声波的产生和接收

1.超声探头

超声换能器或探头是超声系统的关键部件。根据传感器是机械还是电子的，以及它们产生的声场形状进行分类。在大多数情况下，后者可以从探头本身的形状中看出。当前大多数传感器使用的是晶体阵列，而不是单个晶体元件。目前存在和使用的阵列主要有四种：线阵、凸阵、相控阵和矩阵（图1–1–4）。机械式超声换能器已被淘汰并退出市场。目前市面上在使用的探头都可以控制声束宽度和焦点位置。

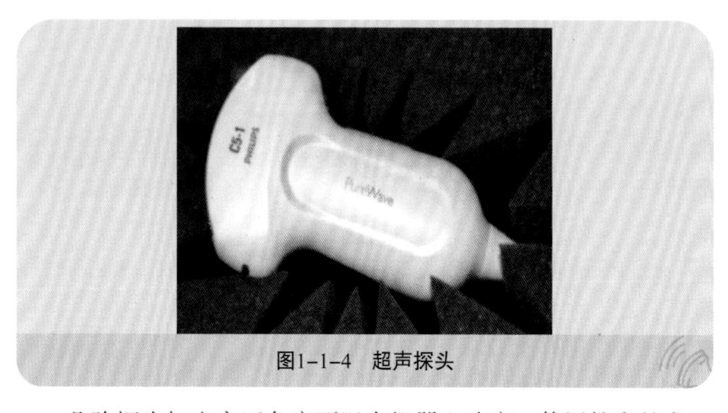

图1–1–4　超声探头

凸阵探头扫查扇区角度可以在机器上改变，使用较宽的扇区来获得较大的扫查视野，而为了获得更好的时间分辨率，可使用较窄的扇区来获得更快的帧速率以提高图像的时间率。

电子探头有一系列晶体，通过电子发射产生图像，发生电子的顺序决定了声场的形状。线性阵列换能器有大量排列成一条线的矩形晶体元件，此类平行相邻的一组晶体被间歇发射以产生矩形图像。当信号返回到换能器时，下一束声束被发射出去。此过程一直持续到阵列的末尾，然后重新开始。整个扫描大约需要1/30 s。该过程不断重复，每次屏幕上的图像都会被替换。此种换能器的优点是视野开阔，近场结构清晰度好；缺点是占地面积大，限制了其应用。

凸线和相控阵换能器产生的扇形图像是饼形图的一部分。凸阵阵列实际上是线性阵列的改编，因此在结构上非常相似，除了晶体元素布置在凸面上，光束线不平行，而是像轮子上的辐条一样出现。它们的面积比相控阵大得多，但优点是波束垂直于探头的表面，而相控阵换能器将波束转向一侧使其与探头不垂直，是为了能够从探头的边缘拾取回声，但由于边缘敏感性差，从而导致图像边缘的分辨率也可能很差。

相控阵换能器的元件较少，约为128个。此类换能器比直线型和凸型的传感器小，因此元件也更窄。每次都会发射所有的元件，并且可以使用时间延迟方法进行波束控制。相控阵与线性和凸阵列相比的一个优点是探头表面积小，可放于肋骨之间，因此适用于超声心动图。在兽医实践中，动物体表尺寸的大小是选择探头的决定性因素，小型动物，如老鼠等使用大探头则不太合适。

超声探头重要的部分是压电陶瓷或晶体。压电陶瓷的作用是压力信号和电信号的相互转换。超声换能器的逆压电效应将电信号转为压力信号（即产生超声波）。而当超声波返回时，换能器可以将接收到的压力信号再转变成电信号，即称为压电效应。超声换能器使用压电晶体来产生和接收超声波。

压电晶体是一种材料（如石英或钛酸盐陶瓷），晶体表面具有极化粒子，其特性是当施加外加电流时，可导致其垂直于晶体表面的粒子排列，从而使晶体尺寸膨胀。当施加交流电时，晶体交替压缩和膨胀，产生超声波。相反，当超声波撞击压电晶体时，就会产生电流。因此，晶体既可以作为“接收器”，又可以作为“发射器”。压电晶体的性质和厚度决定了换能器发射的频率。基本上，超声换能器发射一个短暂的超声脉冲，然后切换到“接收模式”，等待从声学接口反射的超声信号，该循环在时间和空间上重复以产生超声图像。成像基于超声发射和反射信号返回之间的时间延迟。较深的结构比较浅的结构有更长的传播时间，确切的深度是根据血液中声速和超声波发射到反射信号返回之间的时间间隔来计算的。压电晶体产生的超声波脉冲非常短，通常为1～6 μs，因为短脉冲长度可以提高轴向（沿光束长度）分辨率。阻尼材料用于控制晶体的衰减时间，从而控制脉冲长度。

脉冲长度也由频率决定，因为在更高的频率下，经历相同数目的周期需要的时间更短。每秒的超声脉冲数称为脉冲重复频率（pulse repetition frequency，PRF）。脉冲之间的时间间隔称为周期长度，用于超声传输的周期长度的百分比称为占空因数。超声成像的占空因数约为1%，而脉冲波多普勒（pulse wave Doppler，PW）占空比为5%，连续波多普勒（continuous wave Doppler，CW）占空比为100%。占空比是患者总超声曝光量中一个关键因素。脉冲包含的频率范围被描述为其频率带宽。更宽的带宽允许更好的轴向分辨率，因为系统能够产生窄脉冲。换能器带宽还会影响系统，可以用更宽的带宽检测到的频率范围，如此便可以更好地分辨远离换能器的结构。换能器标注的频率通常代表脉冲的中心频率。

2.声束形状和聚焦

非聚焦超声光束的形状类似于手电筒发出的光，短距离的管状光束然后发散成一个宽大的光锥。即使使用当前聚焦的换能器，超声波束的三维形状也会影响测量精度并造成成像伪影。波束形状和大小取决于几个因素，包括换能器频率与换能器锥孔大小和形状及波束聚焦孔径的大小和形状，在换能器的设计中可以控制上述影响因素，而超声波本身固有的物理特性决定了频率和深度对超声波的影响是无法改变的（图1-1-5）。

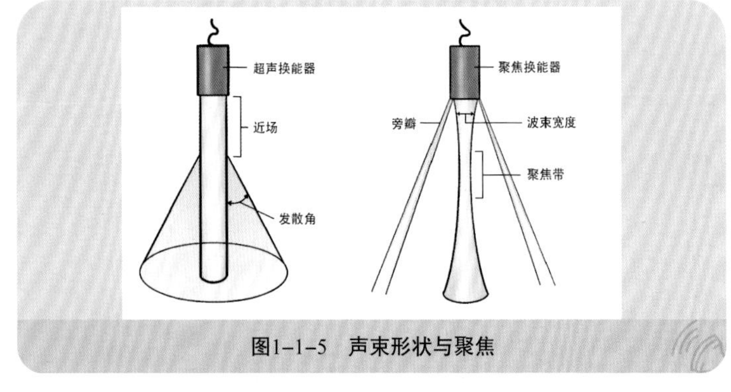

图1-1-5　声束形状与聚焦

主声束的形状和焦点深度（最窄的点）可以通过使压电晶体表面凹陷或通过增加声透镜来改变，从而允许在大多数心脏结构的深处产生具有最佳特性的射束，但同样，射束在焦点区域之外发生发散。一些传感器允许在检查期间操纵焦点区域。即使在聚焦的情况下，每个换能器产生的超声波束也有一个横向和垂直维度，这取决于换能器的孔径、频率和聚焦。相控阵换能器的波束几何形状还取决于阵列中压电晶体的大小、间距和排列。除了主超声波束之外，来自单晶换能器超声能量的横向波束还导致与中心波束呈 θ 角旁瓣的形成，来自此类旁瓣的反射或反向散射信号被换能器接收，会导致旁瓣伪影。

3.超声成像的分辨率

超声成像的分辨率又分为空间分辨率、时间分辨率和对比度分辨率。

空间分辨率是三维方向的分辨率，指仪器能够区分两个相邻反射体最小距离的能力，包括轴向分辨率、侧向分辨率和横向分辨率。

轴向分辨率（图1–1–6）是区分沿超声波束长度的两个点的能力，是三种分辨率中最精确的，更高的轴向分辨率有更好的图像质量或图像细节。使用从超声波束和感兴趣结构之间垂直对准导出的数据，可以最可靠地进行定量测量。轴向分辨率取决于传感器的频率、带宽和脉冲长度，但与深度无关，其中传感器的频率至关重要，因为脉冲长度越短，分辨率越高。轴向分辨率不能够低于脉冲长度的一半。虽然用超声波确定两个镜面反射镜之间的最小可分辨距离是复杂的，但通常约为空间脉冲长度的一半（轴向分辨率 = 扫描线数/2 × 波长），换而言之，如果两点相隔一个脉冲长度或更多，它们会被识别为两个单独的个体；当相隔小于一个脉冲长度时，它们会被识别为一个统一的个体。更高频率（更短波长）的传感器具有更高的轴向分辨率。例如，使用3.5 MHz的传感器，轴向分辨率约为1 mm，而使用7.5 MHz的传感器则为0.5 mm。而更宽的带宽还通过允许更短的脉冲提高分辨率，从而避免来自两个相邻反射镜的反射超声信号之间的重叠。

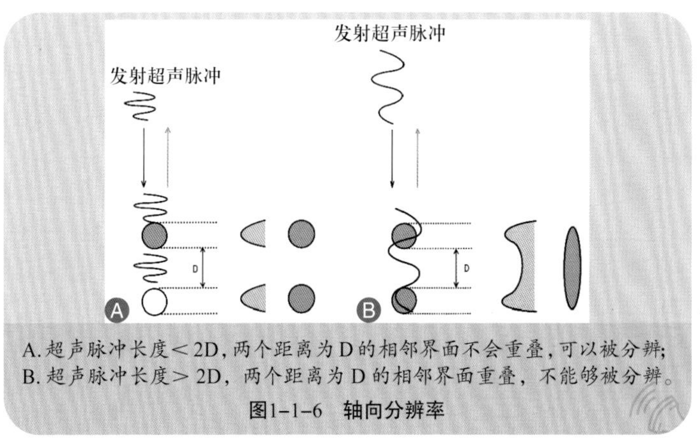

A. 超声脉冲长度＜2D，两个距离为D的相邻界面不会重叠，可以被分辨；
B. 超声脉冲长度＞2D，两个距离为D的相邻界面重叠，不能够被分辨。

图1–1–6　轴向分辨率

侧向分辨率（图1–1–7）指垂直于超声束轴线平面上，在探头长轴方向能够分辨两个相邻点间最小距离的能力。最小的侧向分辨率大约等于声束在扫查方向上的宽度。若两个紧邻回声源与探头的距离相等，而两者间的距离又比声束的宽度小，它们的回波就会出现在同一个位置，发生重叠，仪器不能够区分它们的空间位置。

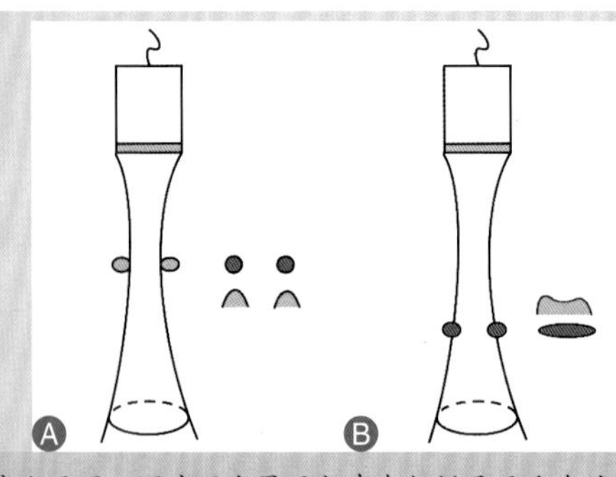

A. 声束厚度小于同一深度两个界面与声束扫描平面垂直的最小距离，两个界面能够被分辨；B. 声束厚度大于同一深度两个界面与声束扫描平面垂直的最小距离，两个界面回声重叠，不能够被分辨。聚焦区的声束窄，侧向分辨率好。

图1-1-7　侧向分辨率

侧向分辨率是区分垂直于超声波束并排放置的两个点的能力。如果两个对象间的距离大于声束宽度，它们会被识别为两个单独的个体，如果不能，它们会被识别为一个统一的个体。较高频率的传感器具有较长的近场，其中声束较窄，因此具有较高的侧向分辨率。由于侧向分辨率取决于波束宽度，因此最好使用更窄或更高频率的波束或在换能器焦区的区域内进行扫描。大多数现代换能器具有聚焦光束，并且许多传感器具有可变的甚至多个聚焦区域，可以在其中进行调整以适应图像。

横向分辨率指在与声束轴线垂直的平面上，在探头短轴方向的分辨力（或称厚度分辨率）。横向分辨率随着来自换能器的镜面反射器的深度而变化，主要与每个深度处的光束宽度有关。在光束宽度窄的聚焦区域中，横向分辨率接近轴向分辨率，并且点目标将显示为二维图像上的点。在更大的深度处，光束宽度发散，因此点目标产生与光束宽度一样宽的反射信号，并解释了远场中图像的“模糊”。如果仔细检查二维图像，那么可以理解沿着超声波束长度来自类似目标的回波信号的逐渐加宽。当光束宽度的影响未被识别时，会出现错误的解释，例如，来自强镜面反射器的光束宽度伪影通常看起来是异常的线性结构。

影响横向分辨率的其他因素是换能器频率、孔径、带宽等。在二维图像上更难以识别厚度平面中的分辨率，但在临床诊断中同样重要，通常心脏超声图像的“厚度”为3～10 mm，具体取决于深度和所使用的特定换能器。实际上，由仪器生成的断层图像包括来自整个厚度的反射和反向散射信号。由于声束宽度，与图像平面相邻的强反射镜可能看起来“在”图像平面中。

四、超声成像方式

1.A型超声

A型超声又称示波法，当声速在人体组织中传播，遇到两层不同声阻抗特性的邻近介质界面时，在该界面上就产生反射，每遇到一个界面产生一个回声，该回声在示波器的屏幕上以波的形式显示出来。界面两边介质的声阻抗差越大，其回声的波幅越高；反之界面的声阻抗差越小，其回声的波幅越低；若声束在没有界面的均匀介质中传播，即声阻抗差为零时，则是无回声的平段。A型超声诊断法就是根据回波波幅的高低、多少、形状及有无进行诊断的方法。

2.B型超声

B型超声图像生成原理：通过电子“扫描”超声波束穿过断层平面获得的数据生成二维超声图像。对于每个扫描线，以脉冲重复频率发射短脉冲，脉冲重复频率由超声波往返最大图像深度所需的时间确定。脉冲重复周期是从脉冲到脉冲的总时间，包括超声信号的长度加上信号之间的时间间隔。由于每个扫描线需要有限的时间（取决于感兴趣的深度），因此获取一个图像帧的所有数据所需的时间与扫描线的数量和成像深度直接相关。因此，脉冲重复频率在较深的成像深度处较低，而在较浅的深度处较高。另外，在扫描线密度和图像帧速率（每秒图像数量）之间存在折中。对于心脏应用，需要高帧速率（≥30帧/秒）以准确显示心脏运动，该帧速率允许每帧33 ms或每二维图像128条扫描线，显示深度为20 cm。每个扫描线的反射超声信号由压电晶体接收，并产生一个小电信号，具体如下。

- 幅度与入射角和声阻抗成比例。
- 与换能器距离成比例，该信号经过复杂操作以形成最终图像显示在监视器屏幕上。

典型的处理包括信号放大、时间增益补偿（time gain compensation，TGC）、滤波（以降低噪声）、压缩和整流。包络检测为沿着扫描线的每个信号产生亮点，然后进行模数扫描转换，因为原始极坐标数据必须适合矩形矩阵，并对缺失的矩阵元素进行适当的插值。该图像经过进一步的“后处理”以增强断层解剖结构的视觉欣赏，并在监视器屏幕上“实时”（几乎与数据采集同时）显示。标准超声成像基于来自组织界面的基本透射频率的反射，而组织谐波成像（tissue harmonic imaging，THI）基于超声信号在组织中传播时产生的谐波频率能量，而谐波频率是由超声波与组织相互作用的非线性效应及关键特性产生的，具体如下。

- 谐波信号强度随传播深度而增加。
- 在典型的心脏成像深度方面，谐波频率最大。
- 更强的基频产生更强的谐波。

因此，谐波成像减少了近场和旁瓣伪影，并改善了心内膜的清晰度，特别是在基频图像较差的患者中。组织谐波成像改善了左心室心内膜边界的可视化，从而允许斑点追踪来计算射血分数，减少了测量变异性，并且在负荷超声心动图检查期间导致更多心肌节段的可视化。然而，尽管组织谐波成像将横向分辨率提高了20%~50%，但其将轴向分辨率降低了40%~100%。因此，与基本的频率成像相比，瓣膜和其他平面物体的谐波显得更厚，因此在诊断瓣膜异常增厚或测量腔室尺寸时需要注意。

3.M型超声

在历史上，超声心动图发送和接收来自转换器的重复脉冲，快速更新振幅–深度信息，以便检测快速移动的结构，如主动脉或二尖瓣瓣叶，此类结构可以根据其特征时间和运动类型进行识别。运动模式是通过在水平轴上清晰地显示时间维度并将每个沿着超声波束的振幅信号转换成相应的灰度来产生的。M模式数据以每秒50~100 mm的速度显示在视频屏幕上。二维图像可以在M模式下引导超声波束，以确保M线和感兴趣的结构之间有合适的角度。由于M模式跟踪只包括一条“线”，因此发射和接收周期的脉冲重复频率仅受超声波束传播到最大目标深度并返回换能器所需时间的限制。即使是20 cm的深度也只需要0.26 ms（假设传播速度为1540米/秒），因此允许脉冲重复频率高达3850次/秒。在实际实践中，使用的采样率约为1800次/秒，此种极高的采样率对准确评估快速正常的心内运动（如瓣膜打开和关闭）非常有价值。此外，因为运动时间和深度的变化在M型图像中清晰可见，所以可以更准确地确定连续运动的结构，如心室内膜。M型成像能够显示心内快速运动的其他结构，包括主动脉瓣反流患者的二尖瓣前叶高频扑动和瓣膜赘生物的快速摆动。

4.D型超声

D型超声诊断是利用声波的多普勒现象成像和分析。多普勒现象是多普勒超声诊断的物理基础，具体的多普勒信号分析处理方法详见第二节。

五、超声机器及超声探测的方法

超声机器本质上是带有某种形式的显示器（如计算机屏幕）和换能器的控制面板（control panel）。超声机器的类型决定了换能器的类别。

1.控制面板

每台机器的控制面板布局不同，但基本上都有类似的基本控件。它们都具有功率控制、增益/抑制控制、时间增益补偿控制及改变扇形角度和深度控制的能力，也都具有患者识别、检查时间及图像注释的功能。大多数仪器至少允许距离测量。

如果多普勒超声可用，则可以选择脉冲波多普勒/连续波多普勒（脉冲波或连续波）甚至可能是彩色多普勒血流成像（color Doppler flow imaging，CDFI），并且可以选择双工多普勒，由标准B模式图像的显示和多普勒跟踪同时进行，还可以选择不同的颜色图，放大感兴趣的区域并在许多机器上使用分屏（split frame）。

2.功率

通过增加功率，在压电晶体上施加更大的电压或信号幅度，如此做的效果是产生更大强度的声音，从而产生更明亮的图像。一个经常被用来说明此点的比喻是敲锣，当用更大的力敲锣时，会产生更大的噪音。当在晶体上施加更大的电位差时，会产生更大的声音强度。

3.增益

增益是应用于调节返回声波放大程度的功能，因为此类回波在大多数情况下太弱而不易被检测到。应用的增益量或程度是输出信号与输入信号的比率，通常有整体增益和时间补偿增益两种方式。总增益是将整幅图像所有级别都增加了放大，其不应与功率相混淆。减低增益可能会丢失微弱的回声信号，因为它们可能不会有助于产生清晰或良好的图像。增益的调节须谨慎使用以避免丢失一些精细的细节。

4.时间增益补偿

时间增益补偿是超声设备用来克服因为超声波能量衰减导致信号减弱的一种处理方法，主要是将从脉冲发射开始后的回声信号随着时间的延长而逐渐增加增益，该校正使位于不同深度的同一组织或结构在声像图上看起来相对一致，此种控制允许沿超声波束长度对增益进行差异化调整，以补偿衰减的影响（图1–1–8）。可以将近场增益设置得较低（因为反射信号较强），在中场上逐渐增加增益（“斜坡”或“斜率”），而在远场中设置较高的增益（因为反射信号较弱）。在一些仪器上，超出时间增益补偿范围的近场增益和远场增益是分开调节的。

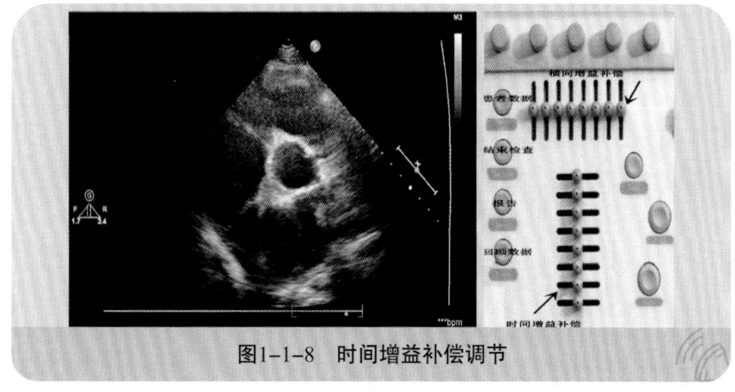

图1–1–8　时间增益补偿调节

5.余辉（persistence）

影响图像在更新之前保留在屏幕上的时间长度。在可能的情况下，持续性应尽可能低以获得改进和更平滑的图像。

6.扇区宽度（sector width）

在大多数机器上，扇形图像的角度可以改变。一般来说，对于探查工作，角度可以很宽；但对于高分辨率工作，最好使用较窄的角度，其将需要更高的帧速率。

7.帧率（frame rate）

图像在显示器上更新的速率受检查类型的影响，不论是心脏检查还是腹部检查。扫描深度越浅、扫查扇角越窄，就可能获得越高的帧速率，但不能够一味追求高帧率而牺牲扫查角度。

8.分屏

在许多机器上，可以在屏幕上显示两个或多个图像，以便可以并排比较图像，但不能够与双工扫描混淆，双工扫描可以同时显示B模式和多普勒或M模式。

9.心电图（electrocardiogram，ECG）

在心脏病学套件中使用，心电图可以与B模式、M模式和多普勒图像同时显示。通常可以打开和关闭此功能。

10.预处理及后处理（pre-and post-processing）

此类控件允许在信号存储到机器的扫描转换器之前（预处理）和存储之后（后处理）进行调整，之后才显示在显示器上。必须谨慎使用此类控件，因为其可能会对图像进行不利操作，从而丢失有价值的信息。它们通常由超声制造商设置，但可能需要为每种类型的应用（如心脏、腹部或血管）重新设置。

11.图像录制（image recording）

一旦返回的声波在换能器处被转换成电能，信息随后就被传递到扫描转换器，扫描转换器存储信息并允许其以可识别的形式显示在诸如电视或计算机显示器上。在大多数情况下，对部分或全部病例进行记录是有必要的，因此能够保留一些拷贝很重要，可以是摄影胶片的形式，如在多格式相机、热敏打印、录像带记录中，或者在许多现代系统中通过数字存档。对于每个特定的系统，都将有一系列的选择，可以与制造商或其代表进行讨论。

12.生物安全（biological safety）

超声的生物安全性是一个复杂且尚未解决的问题，经本书提及的目的是提醒用户注意确实存在的潜在并发症。

显然，考虑到X射线、伽马射线甚至MRI的潜在影响，超声仍然是最安全的诊断成像模式。然而，如果使用不当，那么超声波可能会有潜在的破坏性影响，如组织加热、空化和淤伤。超声波的热效应可能在体表和骨表面最明显，那里的温度很有可能升高2～3摄氏度。由于极端温度可能会损坏细胞，因此正确设置机械和热指标的超声模式非常重要。空化通常被认为是超声波的一种潜在不良反应，但在没有预先存在气体的情况下，还没有得到证实。擦伤是一个潜在的问题，但通常不是在目前的诊断水平上，任何擦伤都有望以正常的方式修复。随着超声波使用的增加，关于超声波安全性的想法显然正在发展，但仍在研究中。

13.超声探测的方法

在进行超声检查时，方法学上必须掌握4个基本环节：①熟悉仪器的性能，正确地调节各个控钮，发挥其功能；②掌握一些基本操作手法和程序，以获得某些理想、规范化的图像；③全面、正确地描述、记录和分析图像，确立诊断依据；④通过临床思维，综合分析提示超声诊断信息或结论。超声检查时，按探头与体表接触的方式分为以下两种探测方法。

（1）直接法：探头与受检者的皮肤或黏膜直接接触，此为常规采用的探测法。使用此法时必须在探头与皮肤之间涂布耦合剂，其目的是充填皮肤表面的微小空隙，不使此类空隙间的微量空气影响超声波的穿透。其次是通过耦合剂的“导声”作用。

（2）间接法：在探测时，探头与人体之间插入水囊、Proxon耦合（延迟）块或其他材料使超声发射到人体有时间上的延迟。采用间接探测的目的有3个：①使被探测部位处于声束的聚焦区，且避免近区的干扰；②使表面不平整的被测部位得到耦合；③使某些娇嫩的被测组织（如眼角膜）不受擦伤。此法主要用于表浅器官的探测。近年来，由于高频探头技术的发展和新的探头面材的采用（如与皮肤阻抗匹配的探头等），直接探测时已能够显示表层3 mm以内的结构，故间接探测方式已很少使用。在动物实验中，如果动物皮毛或检查体位等影响图像质量，则可以尝试间接法检查，尤其是经心外膜超声心动图检查时，插入水囊可能获得更理想的图像。

超声探测的途径，常规采用经体表途径，亦可根据不同病变的需要采用腔内或术中途径。腔内包括经食管、经直肠、经阴道和血管腔内等。

第二节　多普勒技术的种类及用途

多普勒超声心动图基于超声波束截获微小运动结构（如红细胞）时接收到的反向散射信号的频率变化。一个视觉类比是来自血液的多普勒散射类似于雾中光的散射，而反射成像类似于来自镜子的反射。如果固定目标的大小远小于波长，那么其将在所有方向上散射超声波，且超声波在所有方向上的散射频率与在每个方向上观察到的频率相同。然而，移动的目标可以向换能器反向散射超声波，使得当目标向换能器移动时观察到的散射频率更高，而当目标离开换能器时观察到的频率比原始频率低。此种多普勒效应可以通过声音变化的例子证明，如汽车喇叭、警报器或铁路喇叭：朝向观察者移动时（高音调）和离开观察者时（低音调）。发射频率（transmitting frequency，Ft）和在换能器处接收到的散射信号之间的频率（received frequency，Fr）差就是多普勒频移。多普勒频移与血流速度（v，m/s）之间的关系用以下多普勒方程表示。

$$v=c(\mathrm{Fr}-\mathrm{Ft})/[2\mathrm{Ft}(\cos\theta)]$$

其中c是血液声速（1540 m/s），θ是超声波束与血流方向之间的夹角，c、θ和常数2是校正进出散射源的传输时间因子。特别注意，夹角在计算血流速度时至关重要：0°或180°（平行于或远离换能器）角度的cosθ为1，表示当超声波束平行于血流方向，与血流方向一致时误差最小，可以检测到最大流量。反之，90°时cosθ为0，表明如果超声波束垂直于血流，则理论上不会记录多普勒频移，无法很好地检测到血流。在心脏多普勒检查中，超声波束应该尽可能地与血流方向平行，此时cosθ为1。在血管多普勒检查时，小于60°的角度被认为是可以接受的。由于无法利用二维图像对血管内血流进行定位和预测，特别是在异常血流模式下，因此试图“校正”夹角往往会导致严重的速度计算错误。虽然二维平面内的血流方向是明确的，但厚度平面内的血流方向是未知的。尽管在外周血管检查中应用血流方向的角度校正，但心脏检查中角度“校正”可能是错误的，因此在心脏检查中角度矫正是不可接受的。

一、连续波多普勒超声

连续波多普勒使用两个超声晶体，一个连续发射超声信号，另一个连续接收超声信号。连续波多普勒的主要优点是由于采样是连续的，因此即使在极高的频率（速度）下也可以精确测量。连续波多普勒的潜在缺点是同时记录来自整个超声束的信号。但是，连续波多普勒的信号通常在定时、形状和方向上具有特征，从而也可以正确地识别信号的来源。当然，在某些情况下，必须使用其他方法（如二维、彩色、脉冲波多普勒）来确定多普勒信号的起源深度。连续波多普勒的最佳性能是使用专用的非成像换能器，该换能器由两个晶体组成。连续波多普勒速度曲线被“填充”，因为最大速度点附近和远端的低速信号也被记录下来。

二、脉冲波多普勒超声

脉冲波多普勒超声心动图可以测量心脏特定深度的血流速度。发射超声波脉冲，经过一个感兴趣的深度确定的时间间隔后，传感器对背向散射信号进行短暂的“采样”。以称为脉冲重复频率的间隔重复该发射–等待–接收的换能器循环。由于“等待”间隔由感兴趣区的深度决定，超声波往返该深度所花费的时间即每个换能器循环对于增加深度而言更长，因此，脉冲重复频率也是深度依赖性的，近处高，远处低。感兴趣区的脉冲波多普勒深度被称为取样容积，因为来自少量血液的信号被采样，该体积的宽度和高度取决于声束几何形状。可以通过调节换能器“接收”间隔的长度改变取样体积的宽度。脉冲波多普勒超声心动图有明确测量频移（或速度）的最大限制。根据脉冲波多普勒法原理，每次发射短脉冲后的时间间隔必须足够长，即脉冲重复频率必须足够低，才能够保证有足够的时间接收和处理回声波，否则将引起识别上的混乱，从而限制了采样的最大深度D_{max}。脉冲重复频率越高，D_{max}就越小；反之，D_{max}就越大，即$D = C/2 \times$脉冲重复频率。而为了达到不发生混叠的目的，所探查的多普勒频移fd与脉冲重复频率、D_{max}和C之间应满足条件：$D_{max} < C/2 \times$脉冲重复频率；脉冲重复频率$> 2fd$，于是决定了最大可探查速度V_{max} = 脉冲重复频率$\times C/4 \times f_0\cos\theta = C2/8\ f_0D\cos\theta$，从上述公式可知，探查深度D、探头使用频率$f_0$和血流与声束的夹角θ确定后，所允许接收的最大频移值（fd_{max}）也就确定了，此值被称为奈奎斯特（Nyquist）极限频率。最大可检测频移（奈奎斯特极限）是脉冲重复频率的一半。如果感兴趣区的速度在很小程度上超过了奈奎斯特极限，则在显示器边缘的信号被切断并且波形的“顶部”出现在反向通道中时，会看到信号混叠（图1–2–1）。在此类情况下，基线偏移会恢复预期的速度曲线，并允许计算最大速度。当速度进一步超过奈奎斯特极限时，首先在反向通道中出现重复信号的“环绕”，然后再回到正向通道。可用于解决混叠的方法如下。

- 使用连续波多普勒超声。
- 将脉冲重复频率减小到该深度的最大值（奈奎斯特极限）。
- 减小样本量（高脉冲重复频率多普勒）。
- 使用低频传感器。

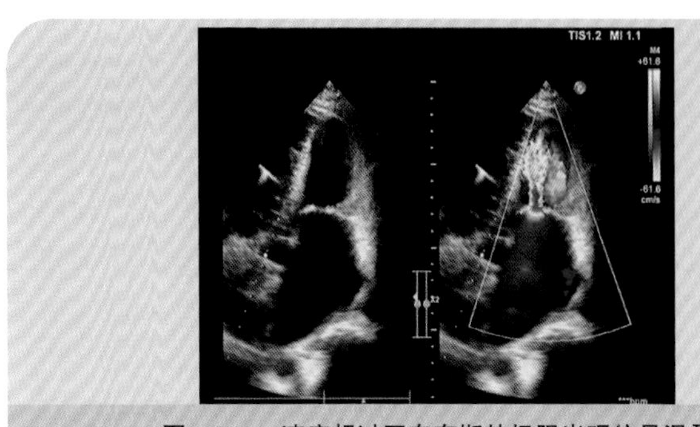

图1-2-1 速度超过了奈奎斯特极限出现信号混叠

• 将基线移至显示器边缘。

连续波多普勒是解决高速混叠的可靠方法。当混叠速度适度超过奈奎斯特极限（如高达奈奎斯特极限的两倍）时，还可采用提高多普勒脉冲重复频率（高脉冲频率多普勒）来增加超声心动图可以测量的最大速度（图1-2-2）。当换能器发出脉冲时，来自超声波束整个长度的反向散射信号返回到换能器，换能器通过范围分辨率仅对在感兴趣区相应深度短时间间隔内的那些信号进行采样，实现来自取样区域的整数倍远的信号到达传感器。因此，来自样本体积深度的2×、3×、4×等"谐波"信号被采集和分析。通常信号强度低，并且在上述深度处存在很少的移动散射体，因此可以忽略此种范围模糊性。在较高的脉冲重复频率下记录感兴趣区的信号可以测量较高的速度而不会产生信号混叠。通过额外的（三个或四个）近端取样区域可以实现更高的脉冲重复频率，当然，此种方法的局限性是范围模糊。频谱分析目前包括来自每个取样区域深度的信号，此时与连续波多普勒一样，必须基于其他辅助数据确定感兴趣区信号的原点。然而，高脉冲重复频率多普

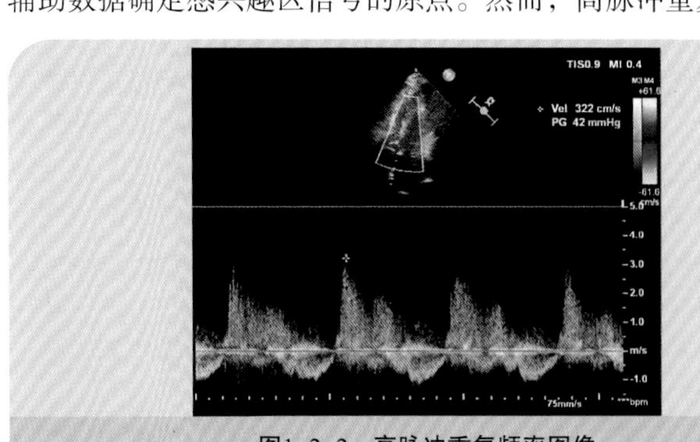

图1-2-2 高脉冲重复频率图像

勒可用于评估刚好高于常规脉冲波多普勒混叠极限的速度。

三、彩色多普勒血流成像

彩色多普勒超声心动图是基于脉冲波多普勒超声心动图的原理，其不是通过沿着超声波束的一条线收集，而是通过沿着每条扫描线收集的。然后，通过扫描线在每个深度接收背向散射信号，并与来自相邻扫描线的数据组合，以形成二维血流图像。与常规脉冲波多普勒一样，脉冲重复频率由多普勒信号的最大深度确定。为了计算准确的速度数据，常使用沿每条扫描线的几个脉冲串（通常为八个脉冲串），即脉冲串长度分析来自每个位置的八个采样脉冲串的信号，以获得沿扫描线每个深度的平均速度估计。速度用色标显示，红色表示朝向换能器，蓝色表示背离换能器，颜色的深浅表示速度的快慢及最高可达到奈奎斯特极限。“方差”显示的选项允许添加额外的颜色（通常为绿色），以指示沿该采样线八个脉冲串的估计平均速度的可变性，从而指示高速信号的流动扰动或混叠。对图像平面上每条相邻扫描线重复该过程。因为上述过程中每一个都需要有限的时间，其取决于组织中声速，所以更新图像的速度（帧速率）取决于此类因素的组合。

四、组织多普勒成像

组织多普勒成像（tissue Doppler imaging，TDI）也可以用来测量心肌的运动，既可以用在心肌特定部位的脉冲波多普勒测量心肌的运动，也可以用彩色多普勒在整个图像平面上显示心肌的运动。多普勒超声的基本原理也适用于组织多普勒。组织多普勒信号振幅很高，因此功率输出和增益设置很低，而因为组织多普勒速度很低，所以速度范围很小。脉冲波和彩色组织多普勒速度都是角度相关的，因而有角度依赖性，在使用中要注意。脉冲波组织多普勒使用频谱的方式显示，可以精确测量速度数据。与其他彩色多普勒图像一样，彩色组织多普勒显示朝向和远离换能器运动分量的平均速度。

第三节 三维超声成像技术

三维超声成像是20世纪80年代后期，医学影像技术快速发展的产物，其是将多幅二维图像存储在数字扫描转换器的储存器里，并给予一定的位置信号，在读出时，按照一定的规律组合形成三维成像。目前三维成像有表面成像、透明成像及多平面成像（切面成像）三种模式。目前，三维图像的成像效果很大程度上取决于二维图像的质量，但是帧频存在差异。

一、采集与操作

1.静态三维超声

静态三维超声成像方式相对简单，重组图像是以空间分辨率为主。屏气时活动范围较小的器官，如肝脏、肾脏和脾脏等，不同方位所获取的二维图像位移较小，易于叠加，三维图像较清晰。

2.动态三维超声

动态三维超声重组图像是以时间分辨率为主，将同一时相、不同方位上的解剖结构组成一幅三个立体平面上的立体图像，再将不同时相的立体图像按顺序显示。该方法起初用于产科胎儿成像，基本步骤是利用二维超声成像的探头，按照一定的空间顺序采集一系列的二维图像存入重建工作站中，计算机对按照某一规律采集的二维图像进行空间定位，并对按照某一规律采集的空隙进行像素差补平衡，形成一个三维立体数据库，即图像的后处理，然后勾勒感兴趣区，通过计算机三维重建，将重建好的图像在计算机屏幕上显示出来。

3.实时三维超声心动图

实时三维超声心动图（real time three-dimensional echocardiography，RT-3DE）已经适用的方法包括机械定位方式和应用二维面阵探头。三维成像技术的发展趋势是应用二维面阵探头，在保持探头完全不动的情况下，直接获取三维体积的数据。目前还有一种技术是通过容积探头实现的实时三维成像技术，是将二维探头加载在一个步进马达上，二维切面会沿着一个方向进行三维扫查，形成整体纵向应变三维图像。

获取图像质量较好的实时三维超声图像，要求探头的体积较小且易于操作，检查时探头固定不动，切面的间距均匀，取样的时相和切面的方向易于控制，能够在较大的容积内提供相当于二维图像扫描线密度的实时三维图像。

二、临床应用

1.心脏血管

实时三维超声通过观察心脏血管的立体解剖结构显示心脏组织结构的动态变化、测量心脏各腔室的容积、评价心功能，在诊断冠状动脉粥样硬化性心脏病、心肌病、占位病变、血栓等方面是重要的辅助手段。实时三维超声结合彩色多普勒能观察反流或分流的路径、范围和程度，尤其是在心脏内科介入和心脏外科开胸的围术期实时监测方面独具优势。

三维超声除了可帮助判断血管畸形的部位、类型外，还可判断血管狭窄程度、分级。三维超声可动态观察斑块的位置、范围和体积大小，初步判断斑块的稳定性。

2.腹部器官

（1）肝脏：在有腹腔积液作为透声窗的情况下，表面成像可清楚显示肝脏的整体形态、轮廓、边缘及表面光滑度。透明成像最小回声模式可清晰显示肝内连续的血管结构，明确各分支间的空间关系。多平面成像将中心点固定于感兴趣区的中心位置，可获取病变位置的正交切面，多角度、多切面显示病变信息；平行切割则可对感兴趣区进行逐层观察，可获取更多的解剖结构信息。三维彩色多普勒成像能够更好地观察病变区的血供，用于肿瘤良、恶性的鉴别及判断术后疗效。

（2）胆囊：表面成像可直观显示胆囊结石及息肉的部位、大小、数目、形态及基底部范围。在进食前后通过三维超声测量胆囊的容积，能够更准确地反映胆囊的收缩功能。

3.泌尿生殖系统

（1）肾脏：三维超声能够从多个角度观察肾肿瘤与周围肾实质、集合系统、肾血管的位置关系，可清楚显示肾囊肿壁的厚度、内部间隔等细微结构，与其他囊性病变相鉴别。三维超声血流成像可观察病变区域血供的减少或消失，判断局部血流灌注情况。

（2）输尿管：经腔内三维超声可发现肾盂输尿管连接部的

畸形、准确定位狭窄程度和范围、判断输尿管肿瘤的大小和浸润范围。

（3）膀胱：三维超声能够显示膀胱肿瘤的形态、与膀胱壁的空间关系、基底部及表面情况，有助于与血凝块的鉴别。

（4）前列腺：三维超声成像技术可对前列腺增生进行精确分区，明确增生类型，准确测量膀胱残余尿量。而且三维超声可通过多角度观察，判断肿瘤有无浸润及浸润范围。

4.介入性超声引导

介入性超声是指在实时超声监测和引导下，将特制的针具、导管导丝、消融电极等器械或造影剂引入人体，对病变进行诊断和治疗的过程，是超声与介入融合而成的交叉学科。1974年Pedersen等在超声引导下进行第一例肾造瘘术，标志着介入性超声治疗的开始，此种治疗方法能够实时监测诊断及治疗的全过程，不但安全、简便，而且定位精准，取材满意，并发症较少，目前已用于全身多系统组织器官的穿刺活体组织检查（活检）及射频消融治疗，而且建立了诊疗规范，成为介入治疗学的重要分支。

实时三维超声可计算病灶的体积，对病灶位置、穿刺针、穿刺针和病灶之间的空间关系做出判断，选择更佳的穿刺点确定穿刺路径。术中超声引导穿刺针到达靶区，判定穿刺针和病灶之间的位置关系，确认穿刺针没有出现偏离情况，并且在术中还能够对位置进行调整，如果在术中发现针尖偏离的可能性，那么可以及时调整针尖位置，术中观察针尖是否出现移位等情况、病灶是否出现变化，如囊肿在抽液后发生变化、治疗过程中针尖形态及位置的变化。

心脏疾病围术期监测多采用经食管三维超声心动图检查，与经胸超声心动图（transthoracic echocardiography，TTE）相比，该检查能够从心脏后方近距离观察心脏的结构和功能，避免了胸壁和肺气等因素的干扰，操作简便。该技术主要应用于几类疾病的围术期诊疗：先天性心脏病[房间隔缺损（atrial septal defect，ASD）多见]、心脏瓣膜病（二尖瓣脱垂多见）、左心房及左心耳血栓等。尤其是房间隔缺损介入封堵术，超声引导导丝及鞘管通过右心房、房间隔及左上肺静脉，定位精准，即刻评估手术效果及有无心包积液。

第四节　造影增强超声

造影增强超声，简称超声造影，是医学超声发展的里程碑。

一、超声造影的原理

超声造影的物理基础是利用血液中气体微泡在声场内产生的强烈背向散射及非线性特征来获得对比增强图像。

1.超声造影剂

目前市面上使用的造影剂几乎都是包被成膜材料的氟碳气体微泡，小于红细胞的直径，可通过毛细血管且不会产生气体栓塞，稳定性好，清除时间短。

目前全球市场上可临床使用的超声造影剂有四种，三种为磷脂外壳[商品有SonoVue（商品名：声诺维，意大利Bracco公司）、Sonazoid（商品名：示卓安，美国GE healthcare AS药业）、Definity（商品名：迪分，加拿大Lantheus医学影像有限公司）]，一种为白蛋白外壳[通用电气药业（上海）有限公司，GE药业]。目前通过国家食品药品监督管理总局批准临床使用的超声造影剂包括SonoVue、Sonazoid和Optison的仿制品（商品名：雪瑞欣，湖南康润药业股份有限公司；信苏，扬子江药业集团）。Definity（LAN-THEUS，华润双鹤药业股份有限公司）已完成中国注册临床试验。中国临床应用主要以SonoVue和Sonazoid为主，安全性好。Sonazoid对声压的抵抗力稳定性及使其微泡可以被网状内皮系统吞噬的特性，使其在肝脏可被库普弗细胞吞噬摄取，使其具备长达1小时的独特血管后相成像（也称kupffer相）。在临床工作中可根据不同的使用目的对造影剂的种类进行合理的选择，同时亦需要对仪器参数、使用剂量进行相应的调整。

（1）微气泡的散射：血液中的造影剂微泡是很好的散射体，散射声强Is与入射声强I_0和散射体横截面σ的关系为$Is=I_0\sigma/4\pi z^2$。其中z是散射声强的测量点离开散射体的距离。散射体横截面σ取决于散射体和周围媒介之间的可压缩系数和密度。理论上，气体微泡的散射横截面比同样大小的固体粒子大一亿倍，因此，气体微泡造影剂有非常强的对比增强效果，然而强散射必然带来强衰减。

（2）微气泡的共振特征：当入射超声波的频率等于微泡的固有振动频率时，血液中微泡产生共振，有效吸收入射声波的能量，形成共振散射，其振幅被显著放大，产生很强的回声信号，即谐波，从而达到造影效果。

（3）微气泡的非线性特征：非线性特征是指在入射声压的交替变化下，微气泡产生膨胀（负压）和收缩（正压）振动，但膨胀速度大于收缩速度，导致微泡散射的声波发生畸变。微气泡在强烈声压交替振动下破裂，也发射短暂且强烈的非线性信号。非线性信号包含在微泡散射信号的频谱中，经快速傅里叶转换分解的非线性谐波中，主要是基波频率二倍的二次谐波信号，其次是三次、四次等谐波，信号强度递减。

（4）靶向造影微泡：在微泡表面桥接特异性配体，如抗体等，此种微泡可以通过血液循环积聚在特定的靶组织上，从而使靶组织在超声影像中得到特异性增强，提高诊断和治疗的敏感性与特异性。

2.超声造影成像方法

超声造影成像方法异常复杂，主要取决于基波信号的抑制、微泡散射信号的获取和处理，较有代表性的常用方法为低机械指数成像。

（1）反向脉冲谐波成像：超声波发射第一个脉冲信号，随后发射第二个位相相反脉冲信号。与基波回声信号叠加后，基波回声几乎被完全抑制。而微气泡产生的很强的谐波信号得以保留，获得高增强造影效果。

（2）功率调制的反向脉冲成像：反向脉冲与功率调制联合应用可获取比二次谐波更强的造影微泡信息，达到更高的空间分辨力和灵敏度。

（3）时间-强度曲线：造影剂的增强强度随着时间的变化可被描记为时间-强度曲线，通过曲线分析感兴趣区的动态血流灌注等信息，可定量计算开始增强时间、开始增强强度、峰值强度、达峰时间等参数，动态观察感兴趣区域的血流灌注信息。

二、超声造影操作

1.团注法

团注法也称为弹丸式注射法，是按剂量将造影剂经静脉一次性快速注入。组织灌注的时间–强度曲线表现为增强强度迅速达到峰值，随后逐渐下降。优点在于操作简便，缺点是血中造影剂浓度的迅速增高可引起图像过度增强和深部衰减等伪像。

2.静脉滴注法

将造影剂按照一定的比例稀释后持续静脉滴注，滴注速度（或使用输液泵）按照体重来计算或根据增强效果来调控。强度曲线表现为缓慢上升支，当造影剂滴入与廓清达动态平衡时，曲线表现为平台，停止滴注后，曲线逐渐下降。静脉滴注法主要应用在评价组织或肿瘤的灌注，其主要缺点是不易控制。

3.击破–再灌注法

击破–再灌注模式最初应用于心肌灌注，在低机械指数条件下造影剂为持续输入并且达到稳定浓度时，使用高机械指数脉冲对检查切面的微泡进行击破，检查切面邻近组织内的微泡就会再灌注，能够实现组织的血管框架和微细血管的实时成像，还可得到组织的再灌注曲线，是研究组织血流灌注较为理想的方法。

三、临床应用

1.心脏及血管

《中华医学超声杂志（电子版）》在2019年第10期刊载了《心脏超声增强剂临床应用规范专家共识》，指南更新将“超声造影剂”更名为“超声增强剂”。心脏超声造影已成为超声心动图检查不可或缺的组成部分，在常规超声心动图检查基础上应用心脏超声造影，可清晰地显示左心室心内膜边界，提高左心室射血分数（left ventricular ejection fraction，LVEF）测量的准确性，并在判断左心室壁运动、心肌血流灌注及心脏解剖结构等方面为临床提供重要的诊断信息。

2.腹部脏器

超声造影可用于腹腔脏器（肝、胆、胰、脾、肾、膀胱、胃肠道等）可疑病灶的评估，在较大程度上对病灶良恶性进行初步诊断，并筛选出可进行穿刺活检的结节，较大程度上减少患者不必要的创伤。超声造影还可用于实质脏器创伤部位、范围的评估，创伤灶是否累及肝、脾及肾门部的大血管，明确有无活动性出血；还可结合常规超声所示腹腔、腹膜后积液量最终判断创伤程度。超声造影在肝脏上还可以参与超声介入诊疗，可在超声造影的引导下对常规超声无法检出且其他影像学怀疑的病灶，或无法区分活性部位及坏死部位的病灶等进行穿刺活检；还可在治疗前检出病灶、筛选适应证，辅助消融治疗方案的制定；可进行针对局部疗效的即刻评估；还可用于肝囊肿硬化治疗中观察囊腔是否与胆道相通；还可在胆系介入操作中用于观察胆道梗阻部位、程度及引流管的放置位置等。

3.妇科

主要用于检查普通超声难以确诊的妇科病变、子宫肌瘤非手术治疗后的疗效评估及怀疑输卵管阻塞的患者。

经周围静脉超声造影的适应证：①附件区肿块：A.普通超声无法判断附件区囊实性肿块内部类实性成分血流情况时，可借助超声造影明确有无血流灌注，鉴别其是否为有活性组织；B.在普通超声的基础上，须进一步了解附件区囊实性肿块的良恶性，以及附件区实性肿块的组织来源；②子宫肌瘤非手术治疗，如动脉栓塞、消融治疗后，评估技术是否成功，判断局部治疗效果。

经子宫输卵管超声造影的适应证：①不孕症，疑有输卵管阻塞；②输卵管绝育术、再通术或成形术后或其他非手术治疗后的效果评估；③对于轻度输卵管管腔粘连有疏通作用。

4.浅表器官

超声造影可用于浅表器官，如涎腺、甲状腺、乳腺、浅表淋巴结及阴囊可疑结节的超声诊断及鉴别诊断。在乳腺病灶中，超声造影还可用于引导穿刺活检术，针对乳腺造影增强区域进行活检，有助于提高活检的阳性率；还可针对非手术治疗的乳腺肿块进行新辅助化学治疗和消融化学治疗的疗效评估；还可针对乳腺所属区域转移性淋巴结和前哨淋巴结的诊断，引导乳腺癌所属区域淋巴结穿刺活检，准确评估有无转移。超声造影在阴囊疾病中可用于睾丸或附睾肿块的超声诊断及鉴别诊断；睾丸附睾缺血性病变的超声评估；还可用于阴囊外伤（睾丸挫伤、睾丸血肿、睾丸破裂等疾病）的超声评价。

第五节　常见的超声伪像

目前，超声波仪器可以提供清晰且即时的图像，我们认为可以“看见”各种脏器和血液的运动，但事实上，我们始终只能够看到复杂的超声波分析所得的图像和数据，而其必然导致伪像的产生，正确理解伪像对于正确的超声诊断至关重要，被误认为是解剖结构异常的超声伪影，可能会使患者经历其他不必要的检查或治疗干预。

超声伪像主要包括三种情况：①导致实际不存在的“结构”出现在图像中；②真实的结构未能够显示；③显示的结构大小或形状与其实际不符。超声图像伪影的识别对进行超声检查和解释超声心动图图像数据都很重要。最常见的图像“伪影”是较差的图像质量，其是由于与患者本身相关的超声组织穿透性差，或者换能器和心脏结构之间插入了高衰减组织（如肺或骨）或距离增加（如肥胖患者的脂肪组织）引发的。虽然严格地说，差的图像质量不是“伪影”，但低信噪比使得准确诊断变得困难。在许多超声穿透不理想的患者中，通过使用组织谐波成像改善图像质量。在另外一些情况下，需要经食管超声心动图成像来做出准确的诊断。

需要注意的是，受检查时间限制与某些产生伪像的疾病基础影响，本书中常见超声伪像的配图均来自人类的超声图像，而非动物超声影像，以便广大读者快速学习和理解超声成像的物理基础，正确解读超声图像。

声影：当声阻抗明显不同的结构（如人工瓣膜、钙化）阻止超声波超过该点时，此类结构反射和（或）吸收几乎100%的超声束，结果是没有回声越过表面进入更深的组织，其在合成的图像上显示为表面的一条明亮的回声线，而远处是无回声的或黑色的，从而产生声影（图1-5-1）。强回声的后方看起来没有反射信号，声影的形状沿超声波的传播路径，产生的阴影类

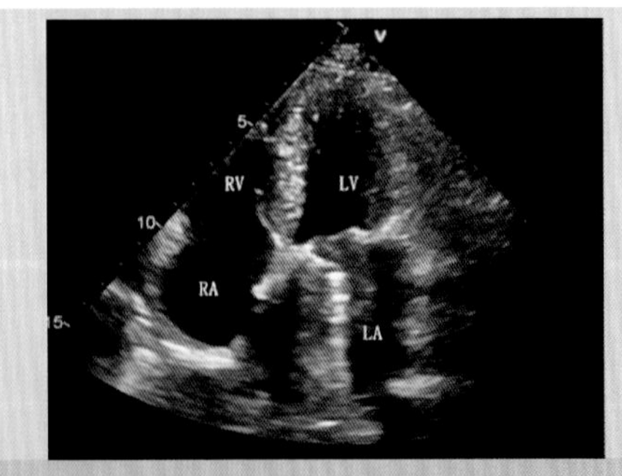

LV：左心室；LA：左心房；RV：右心室；RA：右心房。

图1-5-1　二尖瓣机械瓣置换术后，机械瓣后方（左心房侧）形成声影

型不仅取决于对象的类型，还取决于结构的大小、组成和表面，以及其相对于换能器焦域的位置，换能器附近的小结构会产生大的声影。当出现声影时，通常需要另一个声窗来评估感兴趣的区域。在某些情况下，不同的经胸切面就足够了，但某些特殊情况下（如人工二尖瓣与主动脉瓣），经食管超声心动图检查是必要的补充手段。

声学回声增强：超声束通过组织时能量会衰减。当通过衰减较低的结构时，声束损失的能量比周围组织中能量要少，其结果是从远处返回到该结构的回波强度增加，并且在屏幕上显示为亮度增加的区域，该情况主要发生液体结构的深方，如胆囊、膀胱或其他囊性结构。在实际运用中，有助于区分低回声和液性结构（图1-5-2）。当然，一些固体低回声结构也可能表现出一定的远距离声学增强。

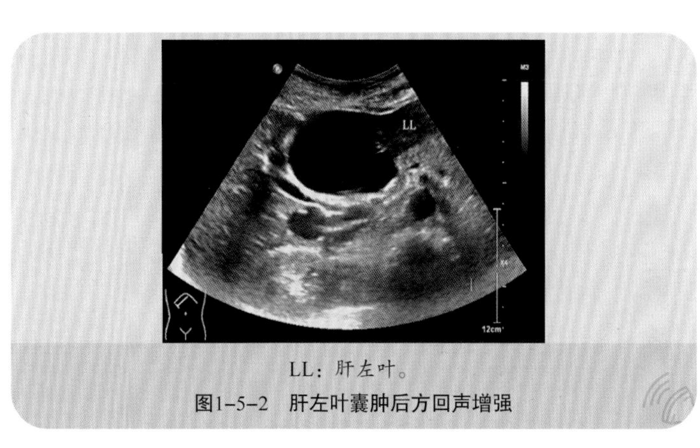

LL：肝左叶。

图1-5-2　肝左叶囊肿后方回声增强

混响：源自两个强镜面反射镜的多个线性高幅度回波信号，导致超声信号在返回换能器之前来回反射。在图像上，混响表现为从结构延伸到远场的相对平行、不规则、密集的线（图1-5-3）。与声影一样，混响限制了对远场结构的评估。混响伪影包括超声波在换能器和高反射镜面之间的前后反射（即外部混响，通常发生在换能器和体壁的交界处）及发生在超声波路径上的高反射镜面交界处（即内混响，通常发生在小肠或体壁和肺之间）。以胸部超声为例，超声束从换能器通过胸壁进入组织，到达肺表面时被空气反射回换能器。换能器记录下返回的信号，并在图像上显示一条回声线。同时超声波被换能器再次反弹回肺表面，并再次反射回换能器。此信号也会被换能器记录下来，但由于此回声经过了两倍的距离，花了两倍的时间才回来，在图像上就表现为在第一个回声深处的第二条回声线。如此重复多次，在图像上就得到了同心线。除了肺表面外，没有获得任何有效信息，因此超声在肺部疾病研究中的应用有限，声窗对超声心动图十分重要。而彗星尾征是一种特殊形式的混响伪影，是由表面上小异物或气泡产生的规则的明亮、连续回声。

旁瓣伪像：超声束由主瓣和较弱的旁瓣或副瓣组成。通常情况下，图像是由主瓣路径上的反射物体产生的。然而，旁瓣路径中的高反射界面（曲面和强反射体，如空气）也可能导致旁瓣回波返回到换能器。返回的回声将“错位”进入主瓣的路径，就会产生此种伪影（图1–5–4）。

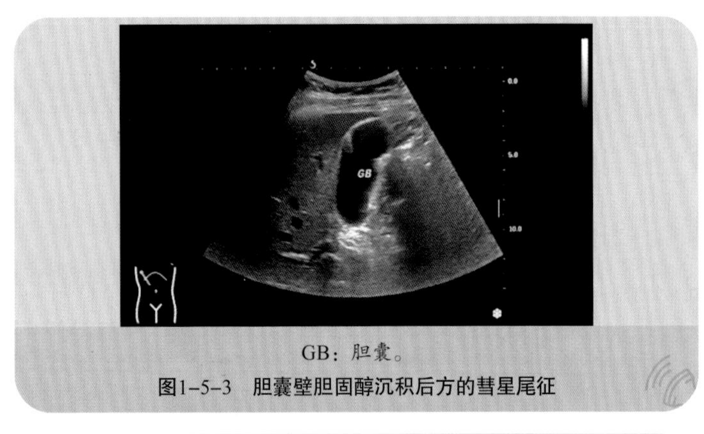

GB：胆囊。

图1–5–3　胆囊壁胆固醇沉积后方的彗星尾征

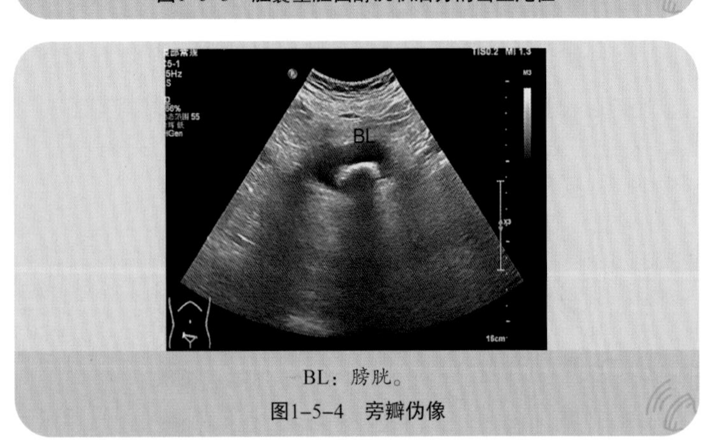

BL：膀胱。

图1–5–4　旁瓣伪像

声束宽度伪像有两种，第一种是超声波束三维体积内的所有结构都显示在一个平面中。在声束的聚焦区域中，超声波束三维体积非常小，声束切面很窄。但在远场图像中，信号强度在声束边缘下降，在较大声束边缘处的强反射也会叠加在声束中心区域的结构上。另外，声束旁瓣中的强反射也会显示在主声束相对应的超声图像上（图1–5–5）。第二种类型的声束宽度伪像是在不同成像深度处横向分辨率改变的结果，导致点目标显示为一条线，其长度取决于该深度处的声束特性和反射信号的幅度。例如，由于横向分辨率差，人工瓣膜上的支柱可能比其实际尺寸长得多。有时，声束宽度伪影可能被误认为是异常结构，如瓣膜赘生物、心内肿块或主动脉夹层瓣。

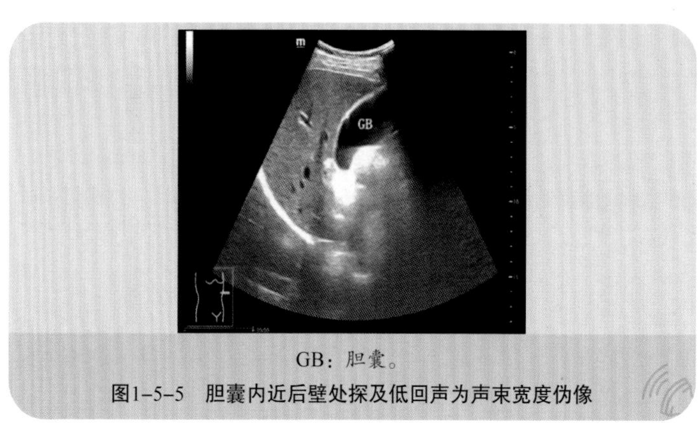

GB：胆囊。

图1–5–5　胆囊内近后壁处探及低回声为声束宽度伪像

折射伪像：非常常见。超声束在经过声阻抗有显著差别的界面时，声束就会发生折射。界面两侧的介质声阻抗差别越大，此种折射就越显著，同时，折射还与界面和声束的夹角有关。折射导致声束的传播方向发生弯曲，但是，超声仪器在成像的过程中都是假定声束是直线传播的，就会导致显示的位置与实际位置出现偏差，从而形成伪像，也就是透射的超声波束在穿过换能器附近的组织时通过折射偏离直线路径（扫描线）。当该折射光束通过组织界面反射回换能器时，仪器假定反射信号源自传输脉冲的扫描线，因此显示在图像上的错误位置。临床工作中，折射伪像主要导致深方结构的变形、移位和重复，此种伪影可以在主动脉瓣或左心室的胸骨旁短轴及剑突下切面中看到，其中第二个瓣膜或左心室在实际瓣膜或左心室的内侧“看到”并部分重叠。

镜面伪像：超声波从组织反射回换能器所花费的时间不同，因此换能器能在不同位置或深度生成超声图像，而当回波被靠近换能器的结构（如肋骨）重新反射，并由心脏结构再次反射，此时被换能器接收的回波花费了两倍正常时间，因此造成此种类型的距离模糊，在正常解剖结构的两倍深度产生一个额外的超声图像（图1–5–6）。减小深度或将换能器位置调整到更好的声学窗口，可以用来消除（或遮蔽）该伪影。

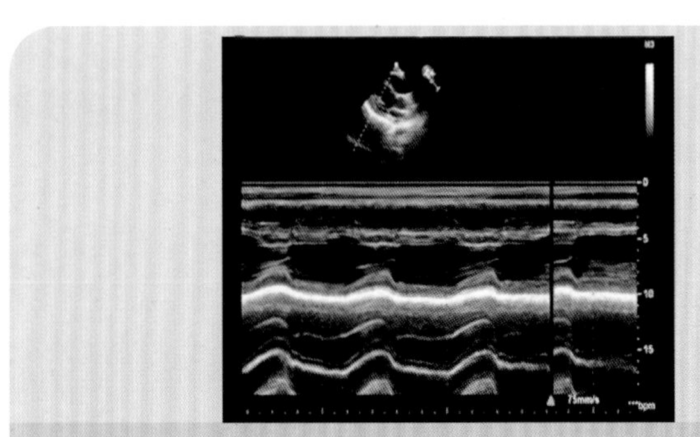

图1–5–6　胸骨旁左心室长轴切面M型超声心室波群的镜面伪像

声束宽度及旁瓣或光栅瓣会影响多普勒信号，就像二维成像一样，并导致频谱显示上空间相邻的流动信号叠加。例如，左心室流出道和流入道血流信号经常出现在同一记录中，特别是在连续波多普勒上。同样，左心室流入道血流信号也可以叠加在主动脉反流频谱上。左心室流出道血流信号也可以与二尖瓣反流血流信号叠加，尤其是梗阻性肥厚型心肌病，受二尖瓣反流影响，连续波多普勒容易高估左心室流出道梗阻的程度。

镜像伪影：在频谱分析中，镜像混叠通常显示为对称信号，在相反方向上，流动强度略低于实际流动信号。一般来说，可以通过降低仪器的功率输出或增益来减少或消除镜像。在血流的垂直方向去测量血流频谱时，也会得到频谱基线上下方对称的频谱。

彩色多普勒血流成像伪影：涉及二维和多普勒血流图像生成的物理学原理，声影的远端在声影内没有血流信号显示。

混叠：在任何深度，超过了奈奎斯特极限的血流，流速都会导致信号混叠，即fd_{max} = 脉冲重复频率/2。彩色血流图像上的混叠非常普遍（图1–5–7）。当fd_{max}＞脉冲重复频率/2时，一方面多普勒频谱出现混叠、折返或模糊频率伪差；另一方面，超出最大测量深度的多普勒信号回声出现在本来不应该有多普勒回声的表浅部位，此种现象称为模糊范围。彩色血流上的混叠会导致速度信号“五彩镶嵌”或“反转”，类似于朝向换能器的混叠速度（应为红色）似乎正在远离换能器（以蓝色显示）。

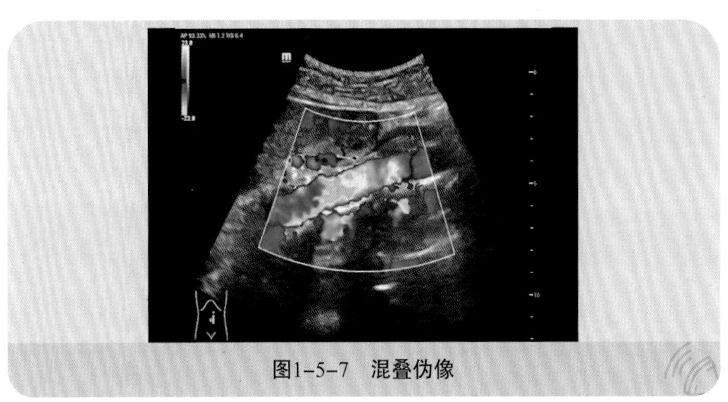

图1-5-7　混叠伪像

强回声后的快闪伪像：表现为在肾盂、输尿管、膀胱等处不光滑结石表面很高频率的彩色噪声，并向声束入射方向延伸。快闪伪像有助于发现和确认不典型尿路结石（图1-5-8）。

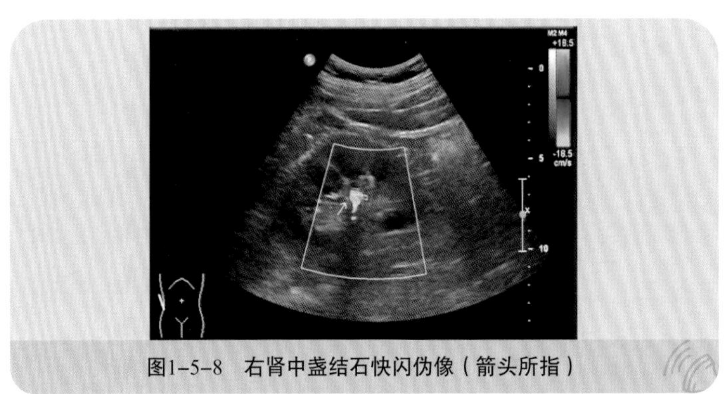

图1-5-8　右肾中盏结石快闪伪像（箭头所指）

闪烁伪像：对于简短且（通常是一帧或两帧）大的彩色血流显像，其覆盖了一个与血流解剖结构不匹配的区域。由呼吸、心脏跳动等引起的此种伪影，通常表现为每次都不一致的大片红色或蓝色信号。

角度依赖：在任何多普勒技术中，每个扫描光束的超声波束与血流方向之间的角度都会影响颜色指示的方向和速度。因此，在扇区一侧（换能器方向）的图像平面上，均匀的流速显示为红色（朝向换能器），扇区另一侧显示为蓝色（远离换能器），而在流动方向垂直于超声波束的中心处具有黑色区域（图1-5-9）。

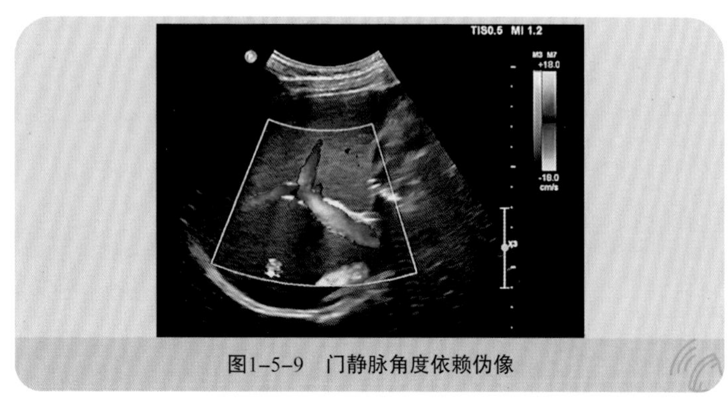

图1-5-9 门静脉角度依赖伪像

电子干扰：彩色显示器上的电子干扰取决于仪器。与其他电干扰伪影一样，其最有可能发生在使用许多其他仪器或设备的医疗场景中（如手术室、重症监护室）。有时其会显示在图像上的多条多色扫描线样的条纹，有时你会看到更复杂的纹路。

第二章

心　脏

第一节 超声检查技术

一、动物准备及体位

诸多动物中，大型动物的心脏解剖结构与人较为接近，尤其是猪更适合构建心血管动物的研究模型。按体型可分为大、中、小三种类型：大型猪体型较大，面平直，额宽，耳稍大，多向两侧平伸或直立，颈部短、厚，背腰平直，腹大而不下垂，四肢较粗壮，毛色以全黑为主，间在额心、尾尖或四肢以下有白毛；小型猪体型短小，头小，额扁平、无皱纹，耳小、直立而灵活，嘴筒稍长，颈短肥厚，下有肉垂，背腰多平直，臀部丰圆，大腿肌肉丰满，四肢短细、直立，蹄小而坚实；中型猪体型外貌介于大、小型猪之间。小型猪因体型小、耐粗饲、易养殖、皮下脂肪少、节省空间等优点多应用于科学研究。

目前，我国的小型猪品种主要包括五指山小型猪、贵州小型香猪、藏香猪、版纳微型猪、广西巴马小型猪等。版纳微型猪来源于云南西双版纳的地方小型品种——版纳小耳猪，1980年云南农业大学开始进行近交培育，至1991年已初步形成两个体型大小不同、基因型各异的近交系——JB系（成年体重约70 kg）和JS系（成年体重约20 kg），2002年，版纳微型猪近交培育进入20世代，在原来形成的2个近交系的5个家系中，进一步分化出具有不同表型和遗传标记的18个亚系。目前，由于近交使基因得以分离、重组而形成具有表型标记的亚系共计30种以上，而且性状已基本稳定。因为数量多、易繁殖、费用相对较低，可在无病原体条件下培育，不涉及伦理问题，所以版纳微型猪是最理想的异种器官供体。另外，由于该猪种为近交系、基因纯合度高、遗传稳定、体型矮小、生长缓慢，因此有利于今后对其进行基因改造。

本书研究对象主要选取版纳微型猪（图2–1–1），体重20～25 kg，由云南农业大学提供。实验过程中对动物处置符合2006年中华人民共和国科学技术部发布的《关于善待实验动物的指导性意见》。检查时将版纳微型猪置于检查床上，平卧或左侧卧位，通过瑞沃德小动物麻醉机进行吸入式麻醉（图2–1–2），吸入药物为异氟烷，诱导麻醉所需要的异氟烷浓度为3%～5%，与其他麻醉剂配合使用时可减少异氟烷的用量，也可根据个体需求调节异氟烷的用量。检查全程连接心电图，心电图直接夹在皮肤上，无须剃毛（图2-1-3）。版纳微型猪的正常心率为150～200次/分钟。

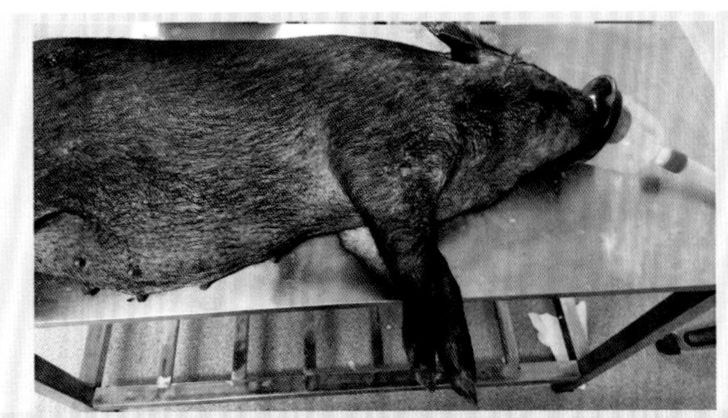

图2-1-1 版纳微型猪

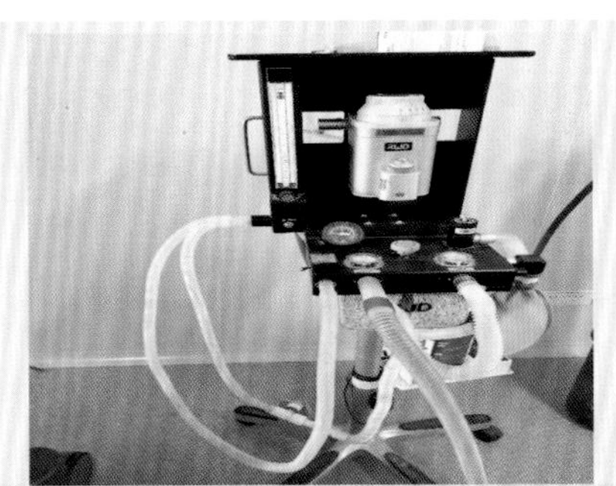

图2-1-2 瑞沃德小动物麻醉机

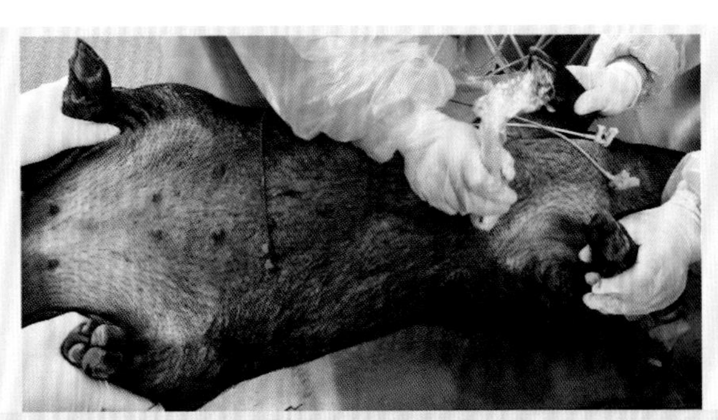

图2-1-3 连接心电图

常规大型动物模型的麻醉多采用戊巴比妥和氯胺酮来诱导和维持麻醉，但大剂量戊巴比妥会导致明显的呼吸和中枢神经的抑制，而氯胺酮是一种短效麻醉剂，即使采用较大剂量，对复杂手术也仍不能够达到深度镇静。本书中经胸超声心动图的图像获取主要采用呼吸麻醉，经食管超声心动图联合使用舒泰50（注射用替来他明盐酸唑拉西泮）肌内注射或丙泊酚耳缘静脉注射。

二、仪器

心脏图像的获取要求采用配备相控阵探头的彩色多普勒超声诊断仪。本书中主要采用Philips EPIQ CVx和Toshiba Artida 880彩色多普勒超声显像诊断仪（图2–1–4，图2–1–5），前者配备经胸二维探头S5-1（频率：1～5 MHz）及经食管三维矩阵探头X7-2t（频率：2～7 MHz）、X8-2t（频率：2～8 MHz），后者配备PST-30SBT二维探头（频率：2.5～5.0 MHz）及PST-25SX三维矩阵探头（频率：1～3 MHz）。

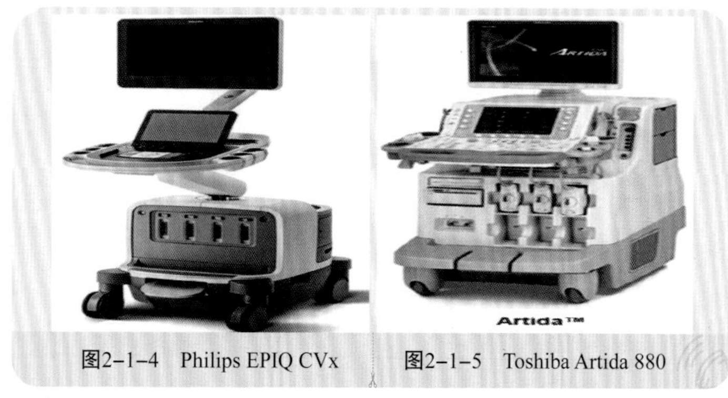

图2–1–4　Philips EPIQ CVx　　图2–1–5　Toshiba Artida 880

采集二维图像要求帧频＞50帧/秒。三维斑点追踪成像（three-dimensional speckle tracking imaging，3D-STI）采用矩阵探头PST-25SX探头，将探头置于心尖部，在显示心尖四腔心切面后，适当调节扇角与深度，同时调节帧频，使其＞20帧/秒，启用谐波及最佳优化模式，直至显示最佳的心尖四腔图，启动“4D”，仪器自动收集连续3个心动周期的15°×60°的窄角立体图像，形成60°×60°的宽角“金字塔”样实时三维全容积成像数据库，获取满意的左心室全容积图像并储存。

三、检查方法

1.检测部位

主要包括胸骨旁区和心尖区。

2.常用切面

常规超声心动图切面包括胸骨旁左心室长轴切面、胸骨旁右心室流入道切面、左心室短轴切面（包括二尖瓣、乳头肌和心尖水平）、胸骨旁心底短轴切面、心尖四腔心切面、心尖五腔心切面、心尖两腔心切面、心尖三腔心切面、剑突下四腔心切面、剑突下两房心切面和胸骨上窝主动脉弓长轴切面。本书采集超声图像时可基本获取大部分胸骨旁切面及心尖切面图像，但通过多次尝试，均未能够获取理想的剑突下四腔心切面、剑突下两房心切面和胸骨上窝主动脉弓长轴切面图像。剑突下切面无法显示，可能与版纳微型猪是四肢着地的爬行动物，其心脏呈锥形垂位有关，受异常突起的胸骨影响，胸骨上窝亦无法获取标准切面，非标准切面可显示主动脉的两个分支和部分降主动脉长轴。

3.检查技术

常规检查包括二维、M型、彩色及频谱多普勒超声。瓣膜病中二尖瓣关闭不全是较为常见的动物模型，有学者从事经皮二尖瓣钳夹术、保留瓣下结构的人工瓣膜置换术等相关动物实验研究，需要研究不同时相（收缩期、舒张期等）动物模型的心脏超声指标变化情况。既往动物实验中多采用经水囊心外膜实时观察猪的心脏结构与功能，本研究认为经体表也可获取满意图像，同时也尝试了经食管超声心动图检查，为版纳微型猪二尖瓣病变的定量评估提供了新方法。另外，我们通过超声检查新技术，包括左心及右心声学造影、斑点追踪成像和智能心脏三维定量等，探讨动物实验中自动心肌定量、心肌微循环灌注评估的价值。

4.检查内容

确定心脏的位置；检测心脏解剖结构有无异常；测量心脏各腔室的大小、室壁的厚度与运动幅度、各瓣膜的启闭和血流频谱；评估心脏的收缩和舒张功能。通过对正常版纳微型猪常规超声图像的获取，为从事心血管疾病研究制备动物模型与围术期超声指标评估提供参考。

第二节　心脏解剖结构

本书中的实验对象是云南特有的滇南版纳微型小耳猪，其解剖结构和功能与人类有90%的相似性，心肌中没有预先存在的侧支血管供血，大动脉具有与人类相似的组织解剖结构。

一、心脏的外形

版纳微型猪为四脚着地的哺乳类动物，心脏与其头部和尾部处于同一水平面，心脏形如倒置的锥形，其上下轴呈前上向后下倾斜，前后轴则呈右前向左后方倾斜。其长径（肺动脉根部至心尖的距离）平均（9.3980 ± 0.0158）cm，横径（左右心室最宽处的距离）平均（8.230 ± 0.0557）cm。心脏的前后轴与正中矢状面呈左偏27° ~ 28°。

左侧面的上1/3前部为右心房，后部为左心房，两者间是肺动脉；左侧面的下2/3主要为右心室，后方有小部分左心室。心房与心室间的冠状沟呈一环形。右侧面的上1/3为心房，右心房占大部分，位置靠前，而左心房只占一小部分，位置靠后；下2/3主要为右心室，后方有小部分左心室。后背侧面的绝大部分是左心房和左心室，右心房和右心室只占右侧的一小部分。前腹侧面的绝大部分是右心房和右心室，左心室（包括心尖）只占左下方的一小部分，在此面看不到左心房。

二、心脏的腔室及大动脉

1.右心房

位于右心室的背侧，形成心底的前右部，由右心耳和静脉窦组成。左侧壁光滑，右侧壁和右心耳相对粗糙，其内有发达的梳状肌。静脉口处存在静脉瓣，静脉窦有4条静脉口汇入：前腔静脉、后腔静脉、奇静脉和冠状窦，半奇静脉回流入冠状静脉窦。人是直立行走动物，腔静脉称为上、下腔静脉，而版纳微型猪是四脚着地的爬行类动物，腔静脉称为前、后腔静脉。人心脏的上、下腔静脉相当于猪心脏的前、后腔静脉。前腔静脉的心包内段比较短，而连接前腔静脉的右无名静脉相对较长且在心包外；后腔静脉的心包内段比较短，而心包外段长。另外，需要注意的是，奇静脉的汇入途径不同，版纳微型猪的奇静脉直接汇入右心房，而人心脏奇静脉的上端汇入上腔静脉，而下端起自下腔静脉系的腰升静脉。因此，奇静脉是沟通上、下腔静脉的重要通道之一，当人体上腔静脉或下腔静脉回流受阻时，则上述通道即成为重要的侧支循环途径之一。在进行版纳微型猪心脏移植前应先将奇静脉分离出来并妥善处理，以避免发生植入后大出血。

2.右心室

位于前腹侧面的大部分，右心房的后方。入口为右心房室口，有三尖瓣装置相连，包括瓣环、瓣叶、腱索与乳头肌。三尖瓣瓣叶分为隔瓣、前瓣和后瓣，并借助腱索与乳头肌相连。右心室出口与肺动脉相连处，为动脉圆锥，肺动脉口有肺动脉瓣。右心室腔内靠心尖部有许多纵横交错的肉柱，为调节束。

3.左心房

位于右心房的左后方，是最靠后的一个腔室。左心房腔较小，有4条肺静脉开口，心房壁较薄。肺静脉口无瓣膜，但左心房壁的肌肉可伸展到肺静脉根部1 ~ 2 cm，有括约肌的作用，以减少心房收缩时，血液向肺静脉逆流。左心房的前下部有左心房室口，其与左心室相通，前上部向左前外侧延伸，内有许多梳状肌，是左心耳。

4.左心室

位于左心房的左后下方，占整个心室的左下部分，呈倒置的圆锥形，锥尖指向心尖，室壁很厚。左心室分为流入道和流出道两部分。流入道为左心房室口至心尖一段的室腔，内有二尖瓣，分为前瓣和后瓣，两瓣间有细小的瓣膜相连，并借助腱索与粗大的乳头肌相连。流出道是由心尖至主动脉口的一段左心室腔，又称主动脉前庭，出口有半月形主动脉瓣，瓣膜相对应的主动脉壁向外膨出，称为主动脉窦，分为左冠窦、右冠窦和无冠窦。在左冠窦和右冠窦分别发出左冠状动脉和右冠状动脉的开口。

5.主动脉

起于左心室主动脉口，其根部膨大，向头侧延续为升主动脉。在第3胸椎平面向右头背侧发出右无名动脉，此后在第4胸椎平面向左侧弯曲形成主动脉弓，在此平面分出左无名动脉，主干在脊柱左腹侧向尾部延续为胸降主动脉。降主动脉穿过膈肌至腹腔形成腹主动脉，沿途发出腹腔动脉和肾动脉，主干继续向尾部延伸至骨盆入口处，分为左、右髂总动脉。右无名动脉发出后向右外侧头部走行，首先发出颈内动脉总干，颈内动脉总干又分为左、右颈内动脉上行。右无名动脉发出颈内动脉总干后，向尾腹外侧发出共干的右胸廓内动脉及沿脊柱右侧下行的右折返动脉，然后再向头侧依次发出椎动脉及右颈外动脉，主干则延续为右腋动脉，供应右前肢。左无名动脉自主动脉弓，向头背左外侧走行，首先向头侧发出椎动脉，向尾侧发出沿脊柱左侧走行的左折返动脉，随后向头侧发出左颈外动脉，向尾腹外侧发出左胸廓内动脉，沿胸骨左缘1 ~ 2 cm走行，主干则延续成为左腋动脉供应左前肢。本书中版纳微型猪的主动脉弓分支与人类不同：前者的升主动脉较短，主动脉弓呈“二分支”，分别是左、右无名动脉（图2-2-1）；人类主动脉弓是“三分支”，分别是右无名动脉、左颈总动脉和左锁骨下动脉。需要注意的是，本书仅采集可显示部分的超声图像，主动脉弓仅可显示左、右无名动脉，未解剖主动脉弓远端分支的实体标本，关于分支的具体走行情况主要参考了首都医科大学附属北京安贞医院刘锋等的文献。

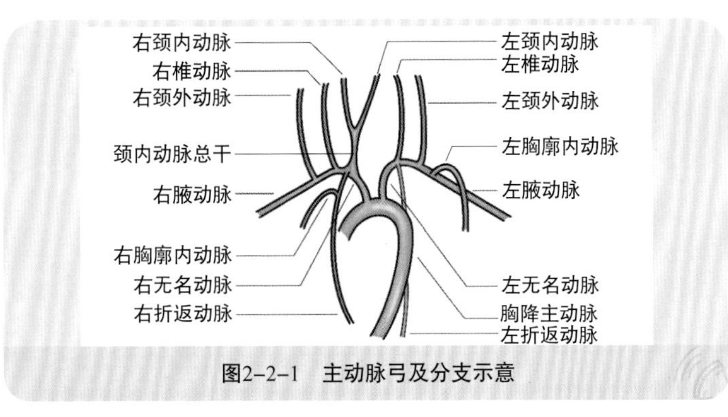

图2-2-1　主动脉弓及分支示意

6.肺动脉

肺动脉干短而粗，起自右心室，在升主动脉前方向左后上方斜行，至主动脉弓下方分为左、右肺动脉。左肺动脉较短，分两支进入左肺上、下叶；右肺动脉较长而粗，经升主动脉和上腔静脉后方向右横行，至右肺门处分为三支进入右肺上、中、下叶。在肺动脉干分叉处稍左侧有一纤维性的动脉韧带，连于主动脉弓下缘，是动脉导管闭锁后的痕迹。

三、心脏的传导系统

心脏的传导系统包括窦房结、房室结和房室束。窦房结位于心外膜下、前腔静脉和右心耳之间，是白色的疏松网状结构，含有最多的起搏细胞，具有最强的自律性。房室结位于心内膜下，在房间隔的右侧面，卵圆窝的前下方和右心房室口之间，呈白色条状。房室束走行于膜中隔前方，室上嵴和肌中隔之间的心内膜之下，呈白色细条索状。本系统能够按时发出冲动，并将冲动迅速传到普通心肌，使之兴奋而收缩，是心脏自律性的物质基础。

四、心脏的血供

版纳微型猪的左、右冠状动脉的起始、行程及分支与人基本相似，分别起于主动脉的左冠窦和右冠窦。左冠状动脉经左心耳于肺根间向左行；右冠状动脉在右心耳与肺根间入冠状沟向右行。不同的是猪的右冠状动脉也发出旋支，沿右冠状沟向后行，与左旋支吻合。冠状动脉直接开口于主动脉根部，开口处血压约等于主动脉压，冠状动脉的血流途径较短，因此具有灌注压高、血流量大的特点。当心肌耗氧量增加时，冠状动脉会扩张以增加冠状动脉血流量，满足心肌耗氧需求。另外，由于冠状动脉的大部分分支埋藏在心肌组织中，因此冠状动脉的血流量也会受心肌舒缩运动的影响，心肌收缩时，压迫冠状动脉小血管，血流量减少，心肌舒张时，心肌对冠状动脉的压迫解除，血流量增加，因此冠状动脉的供血主要在心室舒张期。

冠状静脉窦收集心大静脉、心中静脉及半奇静脉血，心小静脉直接开口于右心房。熟悉心脏血供是急性心肌梗死、慢性心肌缺血等动物模型制备的前提。

五、心脏的组织学

心脏主要由心肌细胞构成，其收缩和舒张推动血液循环，是循环系统的中枢。心壁分为三层，主要由心外膜、心内膜及二者间的心肌组成。

心外膜：心包的脏层，表面覆盖一层间皮细胞，深面为一层结缔组织膜，紧附着于心肌，内含小动静脉、淋巴管、神经束及脂肪细胞，心脏各腔室的外膜厚度基本一致。心肌分为心房肌和心室肌。心房肌较薄，心室肌较厚，左心室壁比右心室壁厚3～4倍。光镜下心肌纤维呈圆柱状分支，与邻近的肌纤维彼此相连，而且有横向、纵向和斜向等不同方向的心肌纤维，构成了交织的立体肌纤维网。相邻心肌纤维及其分支的连接处有闰盘。心肌肌膜光镜下不明显，心肌细胞核大呈卵圆形，位于肌纤维的中央，着色淡、肌浆丰富。心房的肌纤维较细且短，心室的肌纤维较粗而长，其基本结构相似。

心内膜：贴在心肌内面，由内皮细胞、平滑肌纤维和结缔组织组成，其厚度在不同部位有差异，在心室较薄，心房尤其是左心房较厚，心房的内膜层非常疏松。较厚的心内膜一般分为三层：最内面是由一层多边形的内皮细胞组成的，称为内皮层，其表面光滑，并与出入心脏的大血管内皮相延续；内皮之下是由致密结缔组织构成的内皮下层，其中含有大量的平滑肌和弹性纤维；内皮下层之外，是由疏松结缔组织构成的内膜下层，其中含有脉管、神经和传导系统纤维。光镜下可见浦肯野纤维粗大，胞核1～2个，位于中央。较薄的心内膜，如心室心内膜，则只有内皮层和内皮下层。心瓣膜：主要由心内膜折叠而成，两面均有内皮覆盖，中心是以胶原纤维为主的结缔组织。

六、心脏的生理学

心血管系统由心脏、血管和存在于心腔与血管内的血液组成，血管部分又由动脉、毛细血管和静脉组成。在整个生命活动过程中，心脏不停地跳动，推动血液在心血管系统内循环流动，称为血液循环。血液循环的主要功能是完成身体内的物质运输，首先运送组织细胞新陈代谢所需的营养物质和氧气到全身，然后运送代谢产物和二氧化碳到排泄器官。除了血液循环，还包括体液调节，由内分泌细胞分泌的各种激素及生物活性物质也可以通过血液循环运送到相应的靶细胞。机体内环境理化特性相对稳定的维持及血液防卫免疫功能的实现也依赖于血液的循环流动。循环系统的活动受神经和体液因素的调节，且与呼吸、泌尿、消化、神经和内分泌等多个系统相互协调，从而使机体能够更好地适应内外环境的变化。

心脏的泵血功能

心脏的泵血功能主要是通过心脏节律性收缩和舒张驱动体内的血液流动（表2-2-1）。心脏收缩时血液被射入动脉，并通过动脉系统将富含氧气的动脉血分配到全身各组织；心脏舒张时全身各组织产生的二氧化碳会通过静脉系统回流到心脏，而后进入肺循环内通过呼吸排出体外。心脏的一次收缩和舒张构成的一个机械活动周期，称为心动周期。在一个心动周期中，心房和心室的机械活动都可分为收缩期和舒张期。由于心室在心脏泵血活动中起主要作用，故心动周期通常是指心室的活动周期。

心动周期的长度与心率呈反变关系。在一个心动周期中，心房和心室的活动按照一定的次序和时程先后进行，左心房和右心房的活动是同步进行的，左心室和右心室的活动也是同步进行的，心房和心室的收缩期都短于各自的舒张期。心率加快时，心动周期缩短，收缩期和舒张期都相应缩短，但舒张期缩短的程度更大，该情况对心脏的持久活动是不利的。

（1）左心室的泵血功能

收缩期：可分为等容收缩期和射血期，而射血期又可分为快速射血期和减慢射血期。

等容收缩期：心室内的容积不改变，但压力急剧升高，主动脉瓣与二尖瓣均关闭。该时期，左心室的心肌开始收缩后，心室腔内的压力逐渐升高，当心室压高于心房压时，房室瓣（二尖瓣）关闭，血液不会回流入左心房，但心室压仍低于主动脉压，因此，主动脉瓣仍处于关闭状态，心室持续收缩，直到主动脉瓣开放。

射血期：主动脉瓣开放后，血液由左心室流入主动脉，为射血期。射血期又分为两个时期：①快速射血期：射血早期，二尖瓣关闭，主动脉瓣开放，由于左心室和主动脉间的压力差较大，由心室射入主动脉的血流量较大，流速较快，此时，心室容积快速缩小，而心室肌仍在强烈收缩，心室压上升并达到峰值，同时主动脉压也逐渐上升；②减慢射血期：射血后期，二尖瓣关闭，主动脉瓣仍处于开放状态，心肌收缩强度降低，心室压降低，主动脉压升高，二者的压力差变小，射血速度则逐渐减慢。

舒张期：可分为等容舒张期和心室充盈期，心室充盈期又可分为快速充盈期和减慢充盈期，也包括心房收缩期在内。

等容舒张期：收缩期结束后，心室开始舒张，左心室压下降，主动脉内的血液向心室方向反流，主动脉瓣关闭，但此时室内压仍高于房内压，故房室瓣仍处于关闭状态，心室又暂时成为一个封闭的腔。从半月瓣关闭至房室瓣开启前的该段时间内，心室舒张而心室的容积并不改变，故称为等容舒张期。由于此时心室肌继续舒张，因而室内压急剧下降。

心室充盈期：当心室内压力下降并低于心房压时，心房内的血液会冲开房室瓣进入心室，为心室充盈期。心室充盈期的三个时期：①快速充盈期：该时期房室瓣开放，半月瓣关闭，在充盈早期，由于心室肌快速舒张，心室压迅速降低甚至形成负压，心室与心房间压力梯度较大，因此心室对心房和大静脉内的血液可产生“抽吸”作用，血液快速流入心室，使心室容积迅速增大；②减慢充盈期：充盈晚期，房室瓣继续开放，半月瓣仍维持关闭状态，随着心室内血液充盈量的增加，房、室间的压力梯度逐渐减小，血液进入心室的速度也逐渐减慢；③心房收缩期：在心室舒张期的最后期，心房收缩期使心室进一步充盈。此后，心室的活动周期就进入了一个新的周期。

表2-2-1　心动周期中左心室压力、瓣膜、容积、血流方向变化

时相		压力变化关系	V_{A-V}	V_A	心室容积	心内血流方向
心房收缩期		$P_a>P_v<P_A$	开	关	继续↑→最大	心房→心室
心室收缩期	等容收缩期	$P_a<P_v<P_A$（P_V上升速度最快）	关	关	不变	血液存于心室
	快速射血期	$P_a<P_v>P_A$	关	开	迅速↓	心室→动脉
	减慢射血期	$P_a<P_v<P_A$*	关	开	继续↓→最小	心室→动脉
心室舒张期	等容舒张期	$P_a<P_v<P_A$（P_V下降速度最快）	关	关	不变	血液存于心房
	快速充盈期	$P_a>P_v<P_A$	开	关	迅速↑	心房→心室
	减慢充盈期	$P_a>P_v<P_A$	开	关	继续↑	心房→心室

注：P_a：房内压；P_v：室内压；P_A：动脉压；V_{A-V}：房室瓣；V_A：动脉瓣；*：此时心室内压略低于主动脉压，但血液仍有较高的能量，可逆压力梯度继续射入主动脉。

（2）右心室的泵血功能

右心室的泵血过程与左心室基本相同，但由于肺动脉压约为主动脉压的1/6，因此在心动周期中右心室内压的变化幅度要比左心室内压的变化幅度小得多。

（3）心房的泵血功能

心房肌包括浅层和深层心肌，其中浅层心肌沿横径方向运行，深层心肌沿纵向和周向走行。在心动周期的大部分时间里心房处于舒张状态，其主要作用是接纳、储存从静脉不断回流的血液，承担管道与储存功能，对心室充盈的贡献分别约35%、40%。在心室收缩和射血期间及心室舒张的大部分时间里，心房

处于舒张状态，此时心房只是静脉血液反流回心室的一个通道。心房收缩只出现在心室舒张后期，对心室充盈的贡献约25%。由于心房壁薄，收缩力量不强，收缩时间短，其收缩对心室的充盈仅起辅助作用，但是心房的收缩可使心室舒张末期容积进一步增大，即心室肌收缩前的初长度增加，从而使心肌的收缩力加大，提高心室的泵血功能。如果心房不能够有效地收缩，那么房内压将增高，不利于静脉回流，并间接影响心室射血功能。因此，心房的收缩起着初级泵的作用，有利于心脏射血和静脉回流。

如果出现心律失常，如心房颤动等，心房不能够正常收缩，初级泵的作用丧失，则会影响心室的充盈。此时，如果机体处于安静状态，心室的每次射血量则不会受到严重影响；但是，如果心率太快或心室顺应性降低，心室舒张期的被动充盈量减少，则会因心室舒张末期容积减少而影响心室的射血量。

第三节　经胸超声心动图

经胸超声心动图是将探头放置于受检者心脏前部的左侧胸壁，利用超声的特殊物理特性检查心血管系统结构和功能有无异常的一种检查方法。常规超声心动图检查主要包括二维、M型、彩色和频谱多普勒超声，是目前临床诊断常见心血管疾病（冠心病、高血压、心肌病、心脏瓣膜疾病、先天性心脏病、心脏占位性病变等）的首选检查手段。随着超声设备的不断更新和检查医师诊断技术的不断提高，其已取代了大部分术前心导管和心血管造影检查，可使绝大部分先天性心脏病在术前得到准确诊断，而造影的目的主要是明确肺动脉发育和主–肺动脉侧支情况，以补充超声心动图诊断。经胸超声心动图可观察各腔室的形态大小、血流、瓣膜功能、大血管及有无血栓等心脏情况，尤其对观察瓣膜结构、位置、发育不良、瓣叶裂、瓣下结构、瓣口面积、狭窄及心功能等独具优势，较其他影像学检查方法价格便宜、操作简单、无创伤及辐射，尤其是检查仪器可移动提供床旁服务，为危重症患者降低了转运风险。

动物实验中心血管疾病模型的建立都需要评估心脏的结构与功能，经胸超声心动图是首选的无创超声检查方法。我们通过对版纳微型猪进行常规经胸超声心动图检查，采集了正常猪心脏的标准切面。本节内容主要介绍版纳微型猪的常用心脏切面的采集方法、图像识别和参数测量，为非超声专业的实验人员提供一定的参考。

一、二维超声心动图

二维超声心动图，又称为切面超声心动图，可实时、动态、直观地观察心脏和大血管的空间位置、连续关系，评估心脏整体及局部室壁运动。二维超声属于亮度调制型，单条声束的传播途径中遇到各个界面所产生的系列散射和反射信号，在示波屏扫描基线上将回声信号以光点亮度或灰度形式显示。回波信号反射越强，则光点越亮；若回波信号无反射，则在扫面部位表现为无回声暗区。

本节将详细介绍临床及科研工作中常用的心脏标准切面的采集方法与图像识别，需要注意的是，在实际操作中，受到动物体型的大小、胸骨及肋骨的遮挡、皮毛的覆盖、体位的摆放等因素影响，部分标准切面的获取不太理想，如剑突下切面、胸骨上窝切面。由于版纳微型猪是垂位心，因此剑下切面无法显示。受异常突起的胸骨影响，胸骨上窝区亦无法获取标准切面。

1.胸骨旁左心室长轴

检查时探头放置于猪胸骨左缘（左侧卧）或右缘（仰卧位）第2～4肋间，声束大致与右前腿平行，根据图像是否标准适当调整探头角度，即可获得图像（图2-3-1～图2-3-4）。

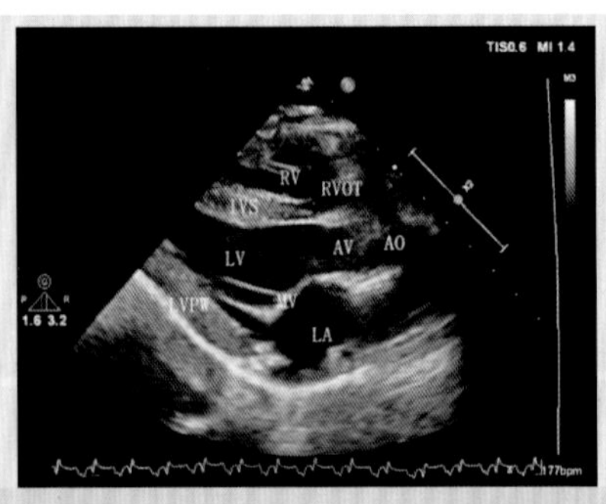

LV：左心室；LA：左心房；RV：右心室；RVOT：右心室流出道；AO：主动脉；AV：主动脉瓣；MV：二尖瓣；IVS：室间隔；LVPW：左心室后壁。

图2-3-1　胸骨旁左心室长轴（收缩期）

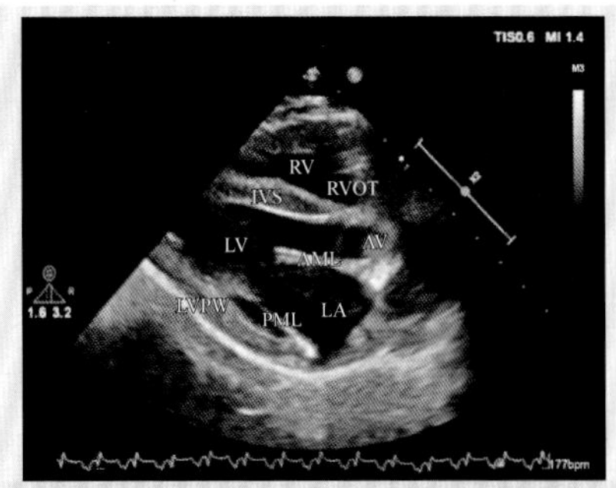

LV：左心室；LA：左心房；RV：右心室；RVOT：右心室流出道；AV：主动脉瓣；IVS：室间隔；LVPW：左心室后壁；AML：二尖瓣前叶；PML：二尖瓣后叶。

图2-3-2 胸骨旁左心室长轴（舒张期）

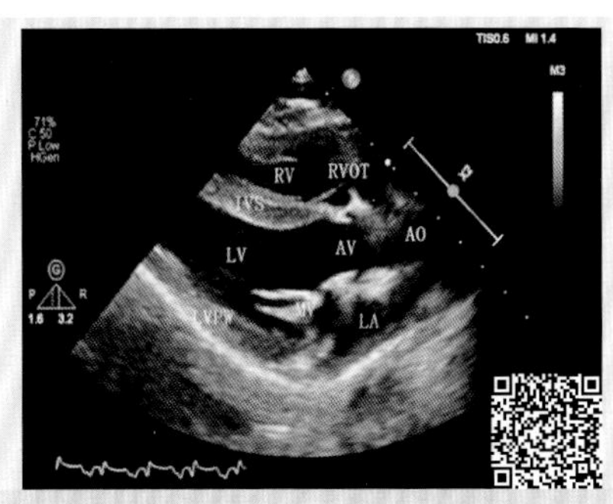

LV：左心室；LA：左心房；RV：右心室；RVOT：右心室流出道；AO：主动脉；AV：主动脉瓣；MV：二尖瓣；IVS：室间隔；LVPW：左心室后壁。

图2-3-3 胸骨旁左心室长轴（动态）

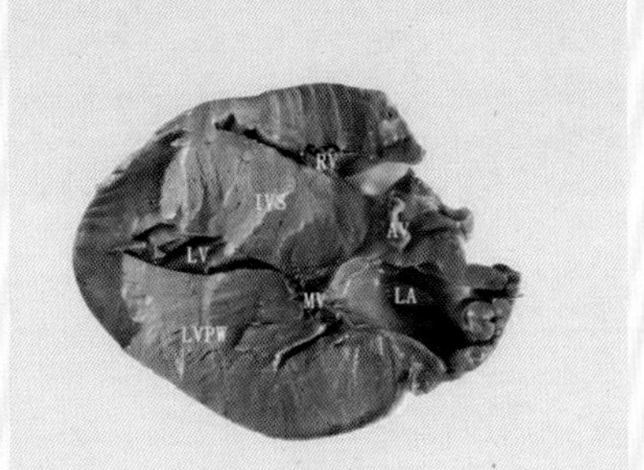

LV：左心室；LA：左心房；RV：右心室；AV：主动脉瓣；MV：二尖瓣；IVS：室间隔；LVPW：左心室后壁。

图2-3-4 胸骨旁左心室长轴实体标本

图像近场正中为胸壁，图像左侧由前至后依次是右心室前壁、右心室、室间隔、左心室、左心室后壁。正常情况下室间隔参与左心室运动，与左心室后壁呈反向运动。图像右侧由前至后依次为右心室流出道、主动脉和左心房。主动脉根部可见右冠瓣和无冠瓣分别附着于主动脉前后瓣环，主动脉根部瓣环上方动脉壁稍向外膨出，为主动脉窦，窦部以远为升主动脉，窦与升主动脉交界处称为主动脉窦管交界。受检查声窗影响，升主动脉远端的获取相对困难，检查时探头可上移一个肋间。正常主动脉根部前壁与室间隔相延续，后壁与二尖瓣前叶呈纤维连续，二尖瓣前、后叶舒张期开放，收缩期关闭。该切面可观察二尖瓣、主动脉瓣的瓣叶形态、活动。有时可观察到房室沟切迹处可见一个圆形无回声结构，此为冠状静脉窦。

舒张末期测量主动脉根部不同节段（瓣环、窦部、窦管交界、升段）的直径（图2-3-5，图2-3-6），收缩末期测量左心房前后径（图2-3-7）。正常情况右心室流出道（图2-3-8）、主动脉和左心房内径大致相等。二尖瓣腱索水平测量左心室舒张末期和收缩末期内径、室间隔和左心室后壁厚度和运动幅度（图2-3-9，图2-3-10）。舒张期测量右心室前壁厚度和右心室前后径（图2-3-11）。

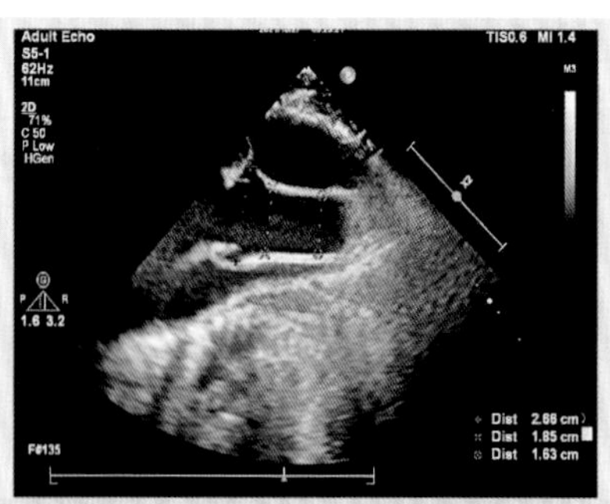

Dist：距离。

图2-3-5　主动脉窦部（红虚线）、窦管交界（绿虚线）、升段（蓝虚线）测量值

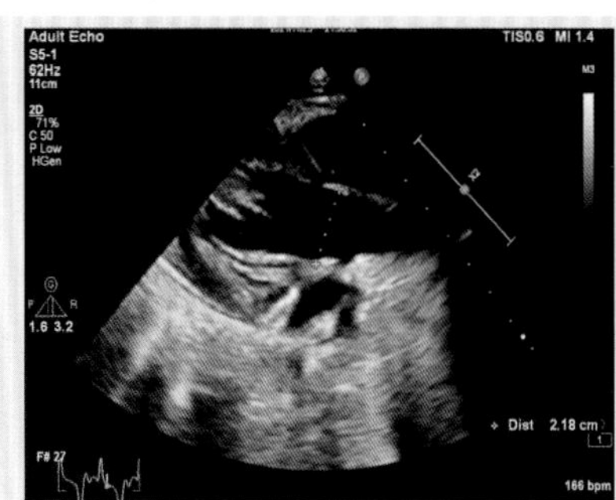

图2-3-6　主动脉瓣环径测量值

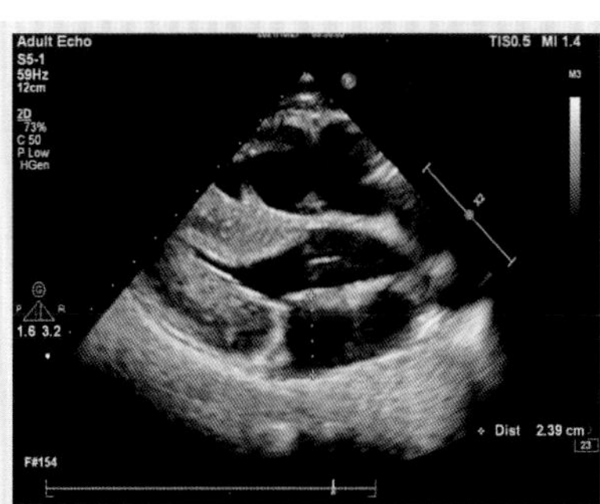

图2-3-7　左心房前后径测量值

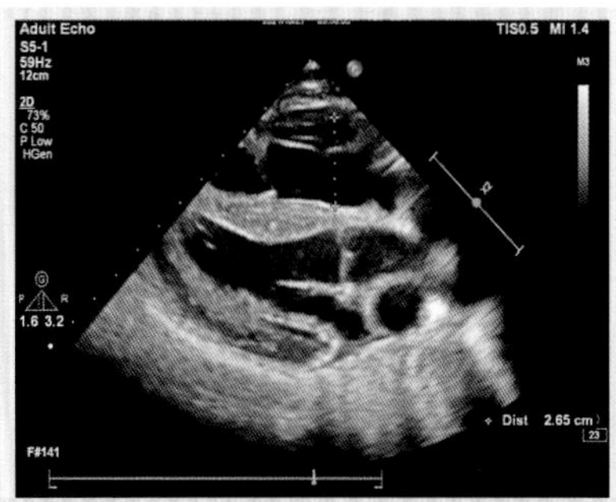

图2-3-8　右心室流出道测量值

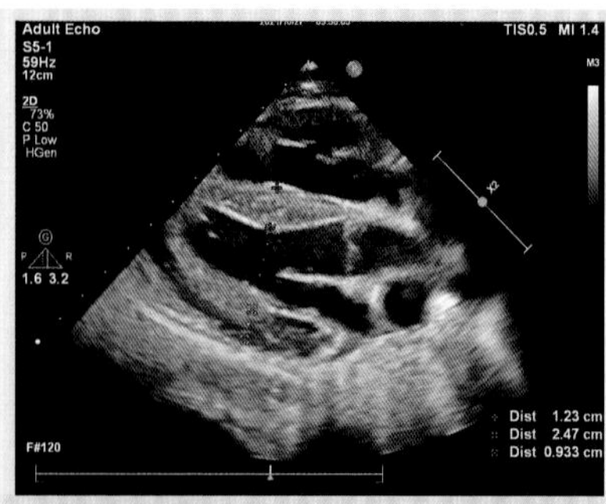

图2-3-9　左心室舒张末期内径（绿虚线）、室间隔厚度（红虚线）和左心室后壁厚度（黄虚线）测量值

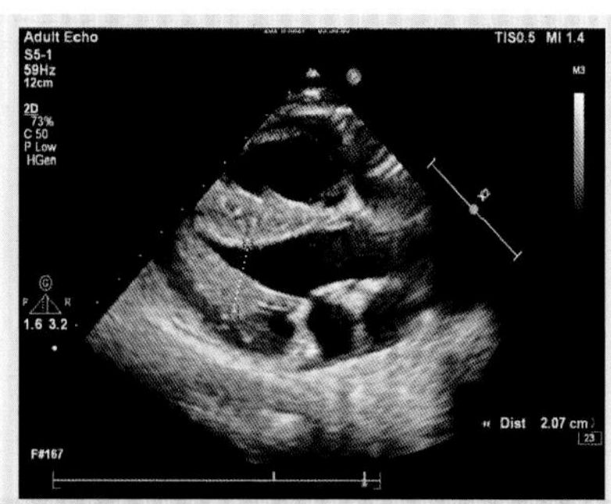

图2-3-10　左心室收缩末期内径测量值

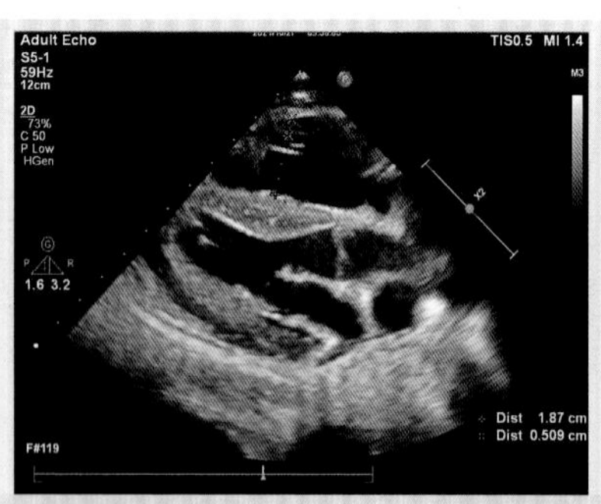

图2-3-11　右心室前壁厚度（绿虚线）、右心室前后径（红虚线）测量值

2.右心室流入道长轴切面

探头置于猪胸骨左缘或右缘，在胸骨旁左心室长轴基础上顺时针旋转探头15° ~ 30°，声束指向剑突，即可获得图像（图2-3-12，图2-3-13）。

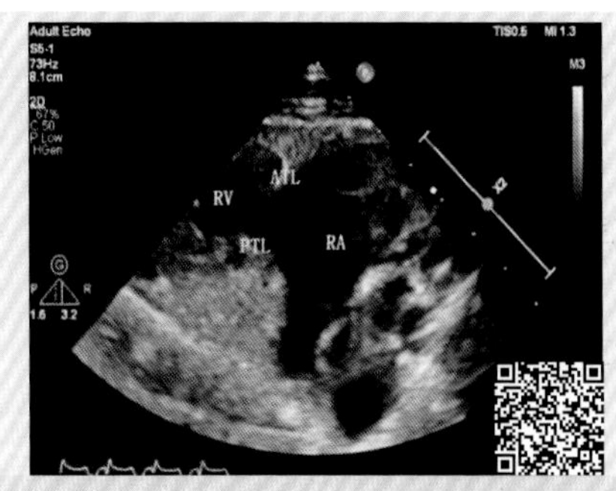

RV：右心室；RA：右心房；ATL：三尖瓣前叶；PTL：三尖瓣后叶。

图2-3-12　右心室流入道长轴切面（动态）

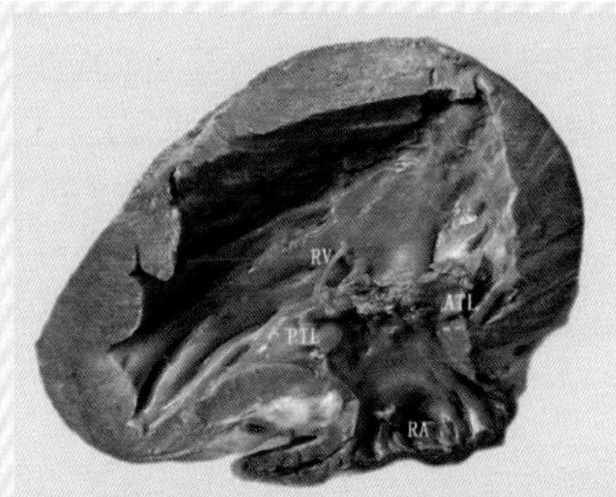

RV：右心室；RA：右心房；ATL：三尖瓣前叶；PTL：三尖瓣后叶。

图2-3-13　右心室流入道长轴实体标本

该切面主要显示右心房、三尖瓣、右心室流入道和右心室。重点观察三尖瓣前叶和后叶，可评价三尖瓣的结构和功能，直观显示有无瓣叶脱垂或瓣叶缺如。该切面有时还可探及下腔静脉入口及冠状静脉窦长轴结构。右心室形状不规则，此切面测量右心室内径往往不如心尖四腔心切面准确。右心室流入道长轴切面一般不测量腔室大小。

3.心底短轴切面

心底短轴切面也称为大动脉短轴切面，探头放于胸骨左缘/右缘第3～4肋间，在胸骨旁左心室长轴切面基础上顺时针旋转90°，即可获得心底短轴切面（图2-3-14）。

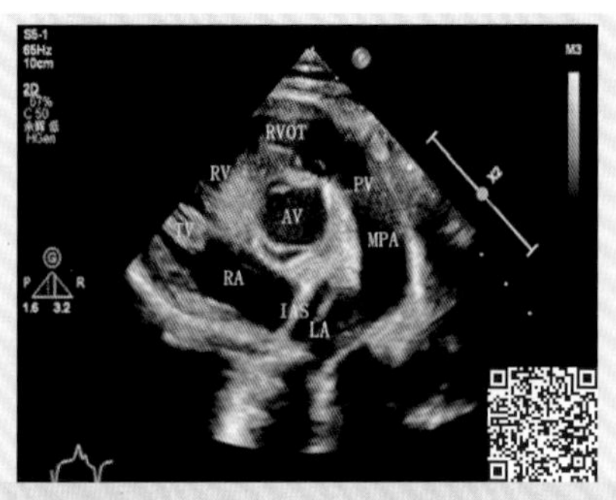

LA：左心房；RV：右心室；RVOT：右心室流出道；RA：右心房；MPA：主肺动脉；PV：肺动脉瓣；IAS：房间隔；AV：主动脉瓣；TV：三尖瓣。

图2-3-14　心底短轴切面全貌（动态）

图像正中是主动脉，呈圆形，自12点位顺时针转，依次可见右心室流出道、肺动脉瓣、主肺动脉及左肺动脉分支、右肺动脉分支、左心房、房间隔、右心房、三尖瓣和右心室流入道等结构环绕其周围（图2-3-15）。上述结构的细微解剖结构通常不能够在一个切面上清楚显示，需要微调角度，必要时局部放大，分别显示局部细微结构。正常主动脉瓣呈三叶，回声纤细，舒张期关闭呈“Y”字形，收缩期开放呈“▽”形。对主动脉瓣的观察通常需要采用局部放大“zoom”功能（图2-3-16），对瓣叶数目存疑时，需多角度扫查或行经食管超声心动图检查进一步确认。微调探头角度还可观察左、右冠状动脉开口（图2-3-17）。观测右心室流出道和肺动脉的形态、腔内结构及内径，探头稍向上翘，可显示主肺动脉（图2-3-18）及左、右肺动脉（图2-3-19，图2-3-20）。有时左、右肺动脉不能够同时显示，尤其是右肺动脉显示相对困难，适当上移探头可单独观察右肺动脉。

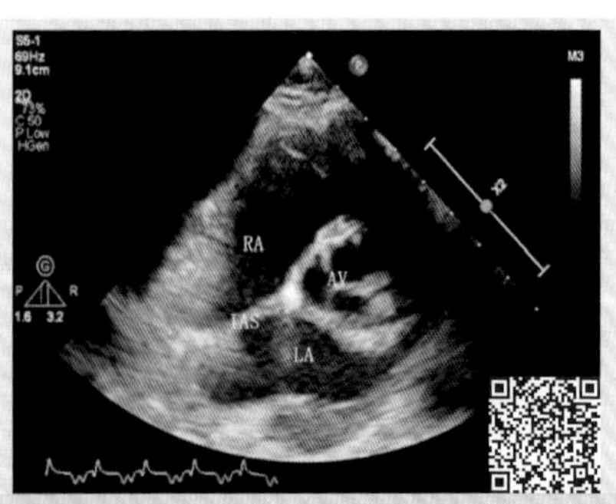

LA：左心房；RA：右心房；IAS：房间隔；AV：主动脉瓣。

图2-3-15　心底短轴切面聚焦房间隔（动态）

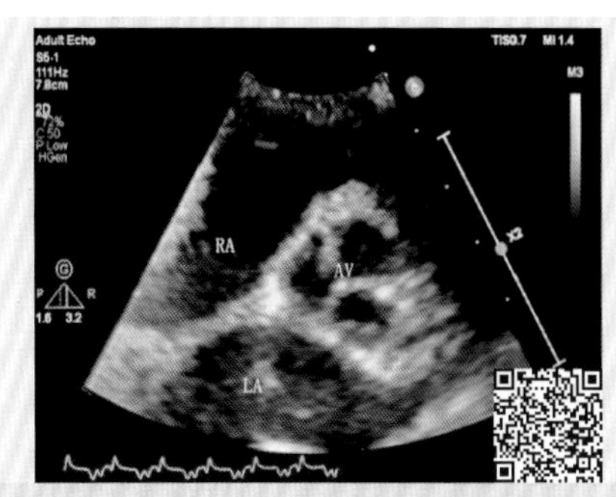

LA：左心房；RA：右心房；AV：主动脉瓣。

图2-3-16 局部放大主动脉瓣（动态）

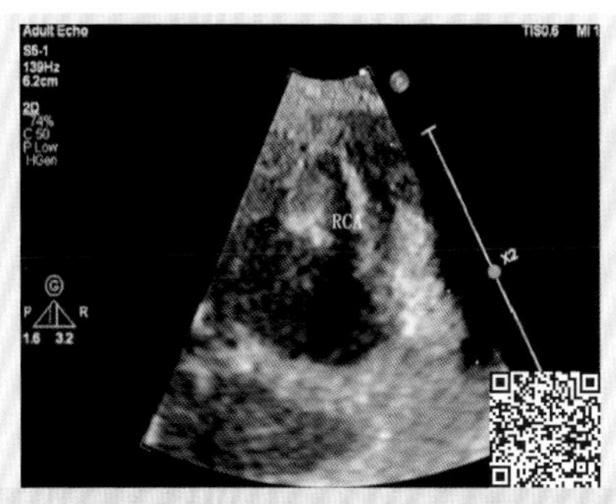

RCA：右冠状动脉。

图2-3-17 右冠状动脉（动态）

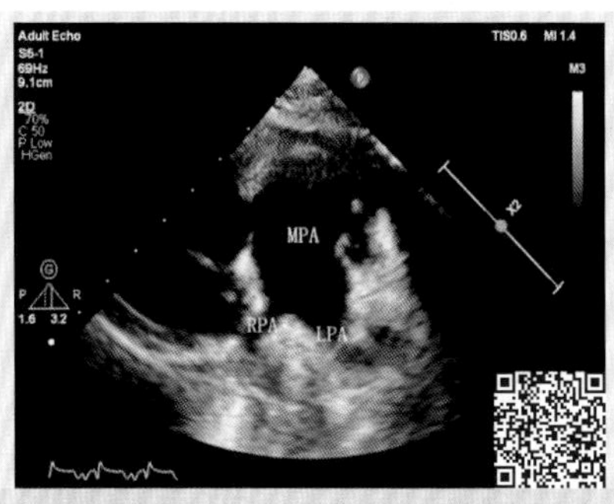

MPA：主肺动脉；LPA：左肺动脉；RPA：右肺动脉。

图2-3-18 肺动脉主干及分叉处（动态）

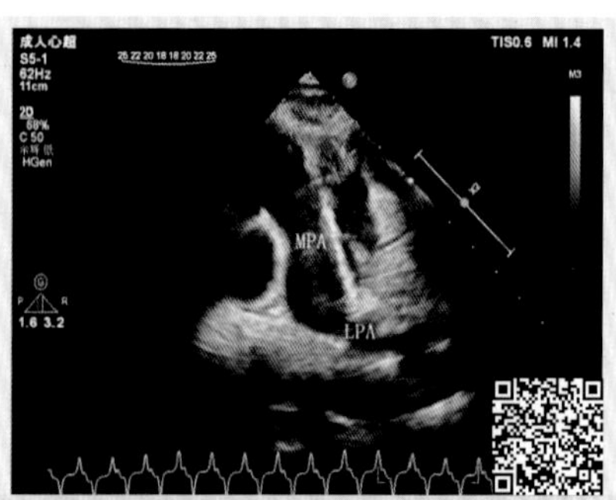

MPA：主肺动脉；LPA：左肺动脉。

图2-3-19　左肺动脉（动态）

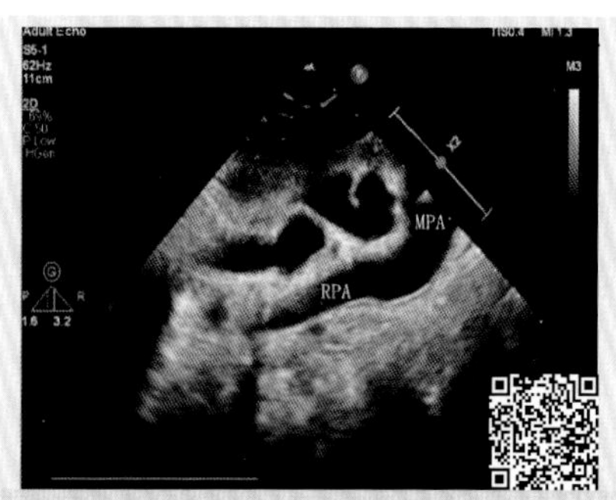

MPA：主肺动脉；RPA：右肺动脉。

图2-3-20　右肺动脉（动态）

该切面可二维测量主肺动脉及左、右肺动脉分支的内径（图2-3-21～图2-3-23），必要时测量右心室流出道内径（图2-3-24）。

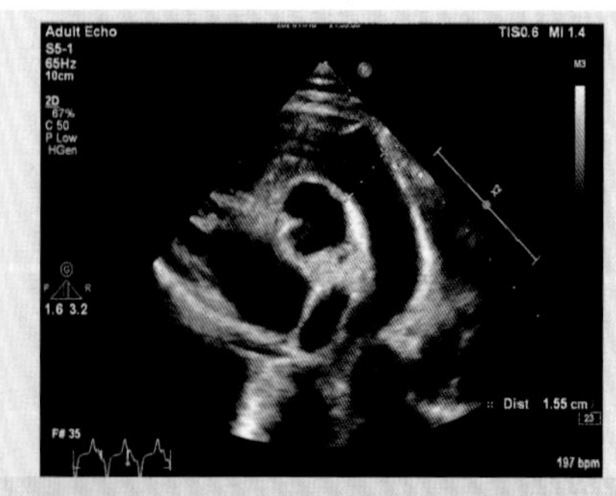

图2-3-21　主肺动脉内径测量值

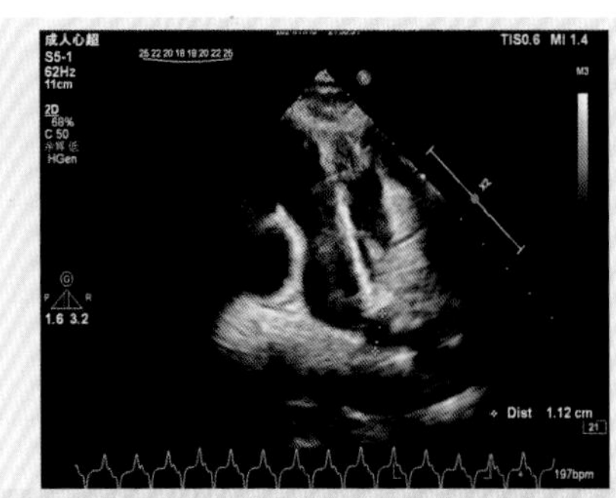

图2-3-22　左肺动脉内径测量值

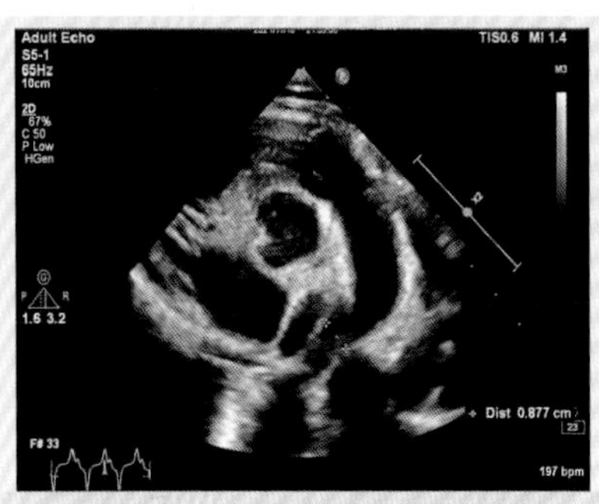

图2-3-23　右肺动脉内径测量值

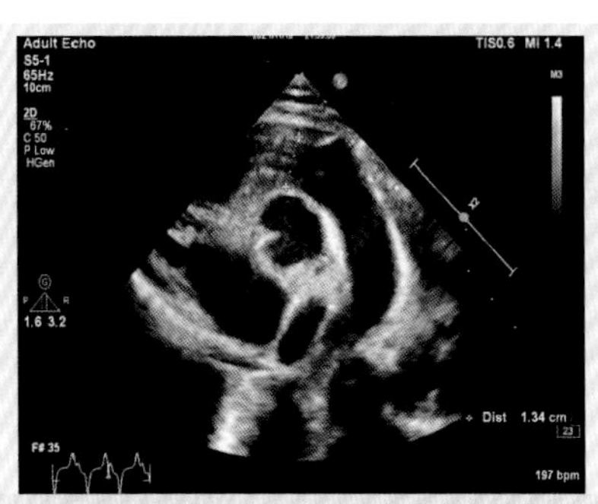

图2-3-24　右心室流出道内径测量值

4.二尖瓣水平左心室短轴切面

探头放置于版纳微型猪的胸骨右缘第3～5肋间（仰卧位），由胸骨旁心底短轴切面稍向心尖偏斜，即可获得该切面（图2-3-25，图2-3-26）。

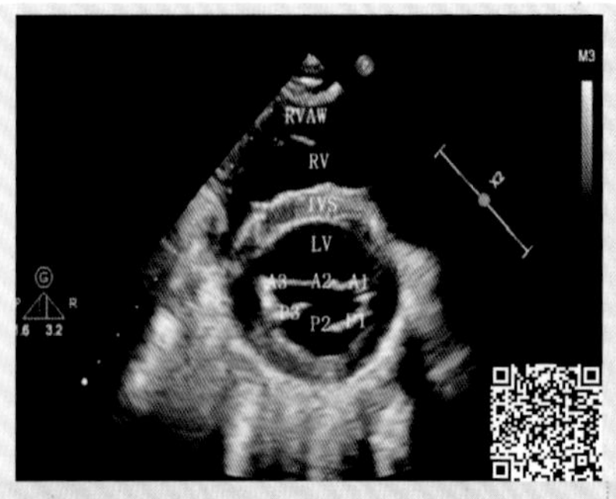

RVAW：右心室前壁；RV：右心室；IVS：室间隔；LV：左心室；A1：二尖瓣前叶的外侧叶；A2：二尖瓣前叶的中间叶；A3：二尖瓣前叶的内侧叶；P1：二尖瓣后叶的外侧叶；P2：二尖瓣后叶的中间叶；P3：二尖瓣后叶的内侧叶。

图2-3-25 左心室短轴二尖瓣水平（动态）

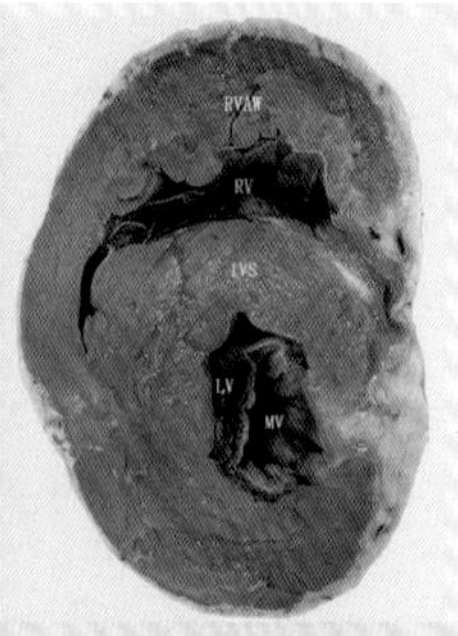

RVAW：右心室前壁；RV：右心室；IVS：室间隔；LV：左心室；MV：二尖瓣。

图2-3-26 左心室短轴二尖瓣水平实体标本

切面图像从前向后依次是右心室前壁、右心室腔、室间隔、左心室和二尖瓣。左心室在解剖结构上位于心脏的左后方，横断面图像呈一个圆形结构位于图像下方；右心室形态不规则，位于心脏的右前方，断面图像呈月牙形结构位于图像的上方。该切面可清晰显示二尖瓣前、后叶活动，舒张期瓣口开放呈"鱼嘴"状，收缩期合拢成一条线；显示二尖瓣的分区，图像从右至左依次为二尖瓣前叶A1、A2、A3区及二尖瓣后叶P1、P2、P3区。另外，该切面还能够观测肌部室间隔的完整性，目测左心室壁基底段的厚度及运动幅度、右心室游离壁的运动幅度，可定量、定性评估节段性室壁运动异常和心脏收缩功能。

5.乳头肌水平左心室短轴切面

探头置于猪胸骨右缘（仰卧位），超声扫查方向与二尖瓣水平短轴切面相似，探头略偏向心尖或下移一个肋间，即可获得该切面（图2-3-27，图2-3-28）。

该切面可显示右心室、室间隔、左心室及左心室壁中间段，左心室内可见两组乳头肌的横断面回声，前外组乳头肌位于图像的右上方，后内组乳头肌位于图像的左下方。需要注意的是，图像上两组乳头肌的上、下方向可能与探头放置的位置、猪受检时的体位有关系。仰卧位胸骨左缘获取的切面，乳头肌的排列可呈前、后位。

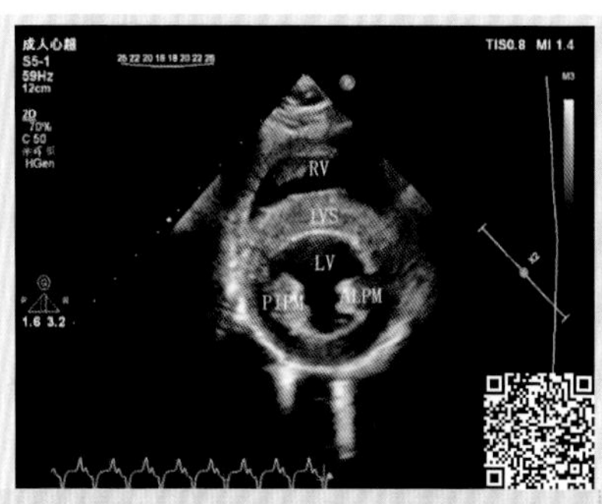

RV：右心室；IVS：室间隔；LV：左心室；ALPM：前外侧乳头肌；PIPM：后内侧乳头肌。

图2–3–27 左心室短轴乳头肌水平（动态）

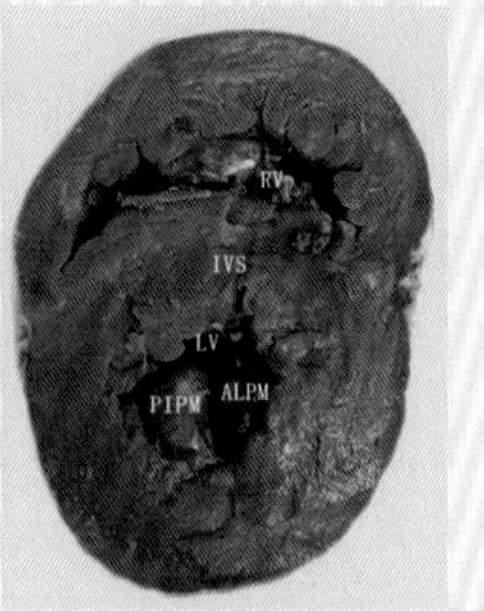

RV：右心室；IVS：室间隔；LV：左心室；ALPM：前外侧乳头肌；PIPM：后内侧乳头肌。

图2–3–28 左心室短轴乳头肌水平实体标本

该切面可测量左心室壁中间段的厚度及运动幅度，可用于估测左心室心腔大小和乳头肌功能，判断有无单组乳头肌、乳头肌功能不全或断裂等疾病。

6.心尖水平左心室短轴切面

超声扫查方向与二尖瓣及乳头肌短轴切面大致相同，探头位置通常低于乳头肌短轴切面一个肋间隙。该切面仅显示左心室心尖部的心腔和周围心肌，可测量心尖段的厚度及运动幅度（图2–3–29，图2–3–30）。该切面可发现心尖部异常结构或病变，如左心室心尖部肥厚、血栓或心肌致密化不全等。

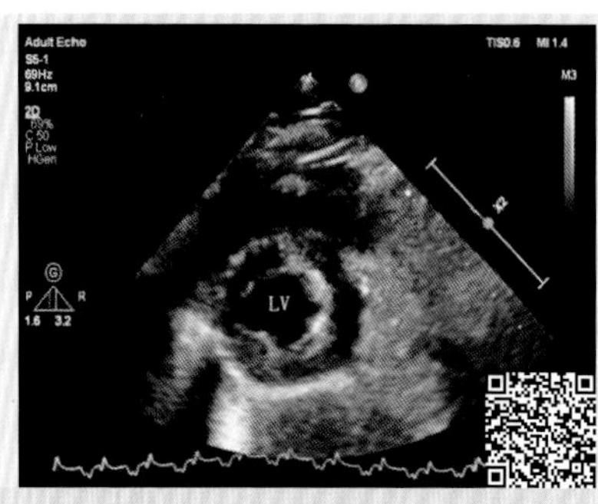

LV：左心室。

图2–3–29 左心室短轴心尖水平（动态）

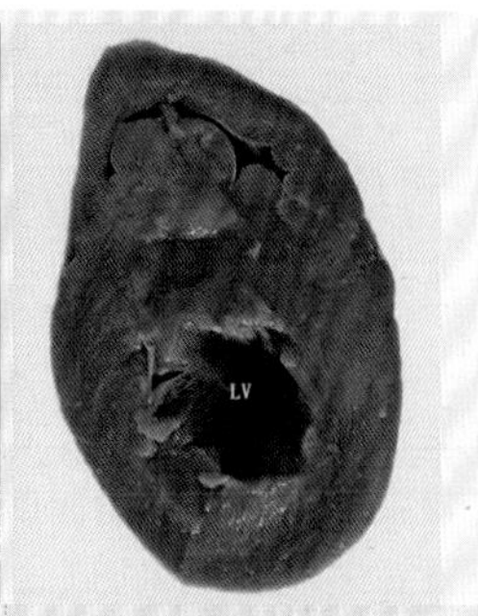

LV：左心室。

图2–3–30 左心室短轴心尖水平实体标本

7.心尖四腔心切面

探头置于猪胸骨下端、靠近剑突，探头示标指向左肋弓、左前腿方向。需要注意的是获取版纳微型猪心尖各切面时探头放置的位置相对局限，紧贴剑突，调整幅度不能够太大，否则图像偏斜，不能够完整显示四个腔室。

二尖瓣前叶、三尖瓣隔叶、房间隔下端及室间隔上端形成十字交叉，将心脏的四个心腔分为四部分，心室位于图像的上方，心房位于图像的下方（图2-3-31，图2-3-32）。左心室位于图像的右上方，呈椭圆形，内膜较光滑；右心室位于图像的左上方，呈三角形，内壁回声较粗糙，可见调节束。三尖瓣隔叶瓣根附着点较二尖瓣前叶瓣根附着点低，略靠近心尖。

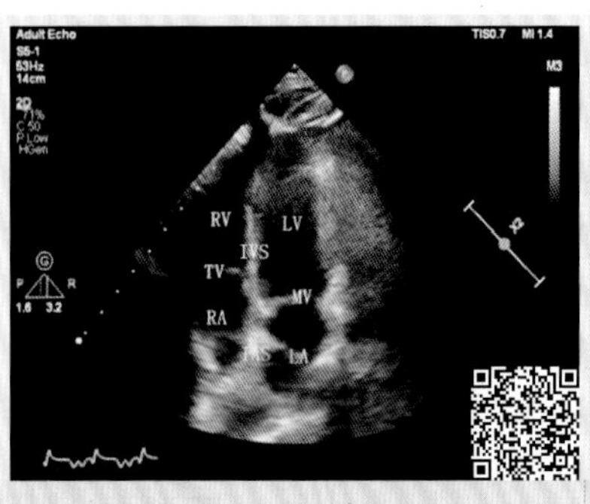

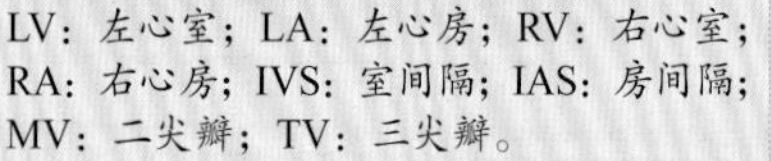
LV：左心室；LA：左心房；RV：右心室；RA：右心房；IVS：室间隔；IAS：房间隔；MV：二尖瓣；TV：三尖瓣。

图2-3-31　心尖四腔心切面（动态）

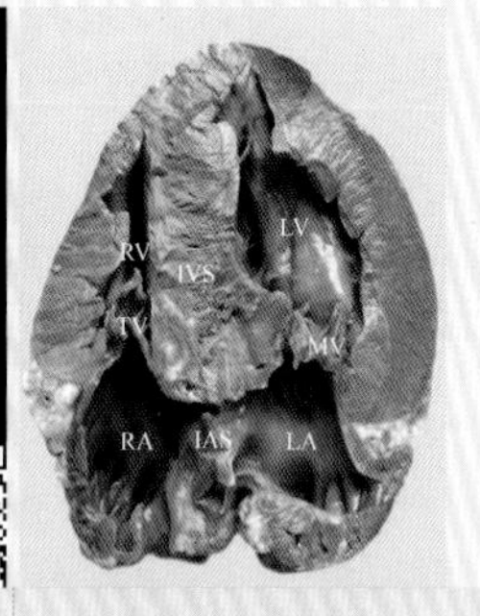

LV：左心室；LA：左心房；RV：右心室；RA：右心房；IVS：室间隔；IAS：房间隔；MV：二尖瓣；TV：三尖瓣。

图2-3-32　心尖四腔心切面实体标本

心尖四腔心切面是重要的标准切面之一，其主要临床应用包括判定心房和心室的连接关系，测量三尖瓣隔叶与二尖瓣前叶附着点间的距离，观察房室瓣发育形态和启闭活动，观察室间隔及房间隔有无回声中断，确定各房室腔内有无肿物及血栓等的异常回声并明确其位置、大小、有无包膜及活动情况，观察肺静脉形态、走行、数目有无异常。该切面主要测量心房收缩期（图2-3-33）及心室舒张期内径和容积、室间隔和左/右心室游离壁的厚度（舒张期）和运动幅度，评估左心室壁运动、左/右心室心功能，判断有无室壁瘤形成等。

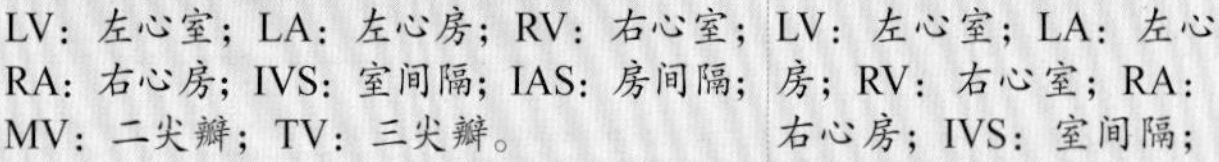

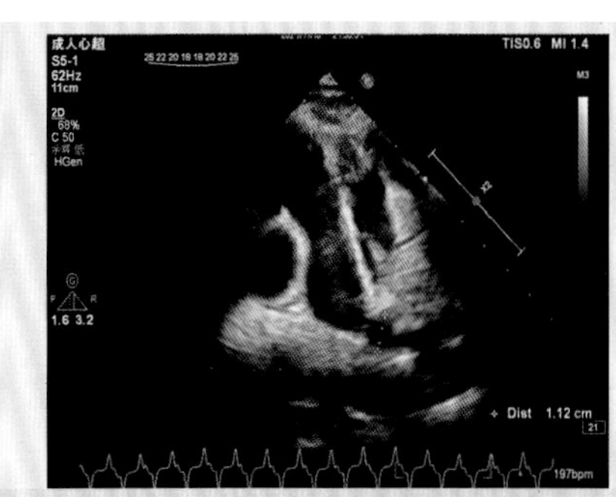

图2-3-33　右心房内径测量值

8.心尖五腔心切面

在心尖四腔心切面基础上将探头扫查方向轻度向前上方偏斜，即可见心脏十字交叉结构消失，出现左心室流出道和主动脉根部管腔。主动脉根部管腔位于左、右心房之间，近侧内有主动脉瓣回声，远侧是升主动脉近段（图2-3-34，图2-3-35）。

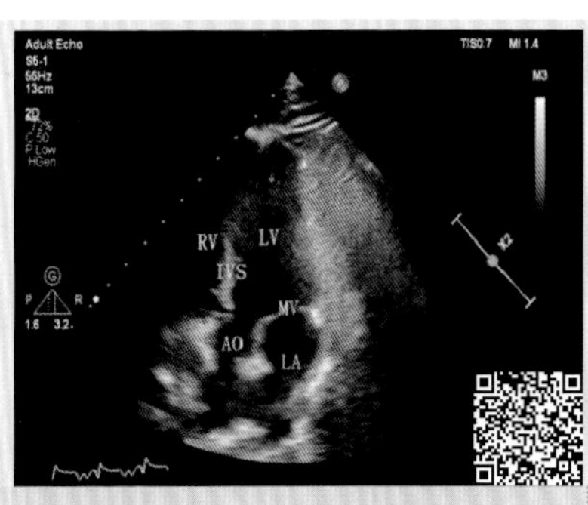

LV：左心室；LA：左心房；RV：右心室；IVS：室间隔；MV：二尖瓣；AO：主动脉。

图2-3-34　心尖五腔心切面（动态）

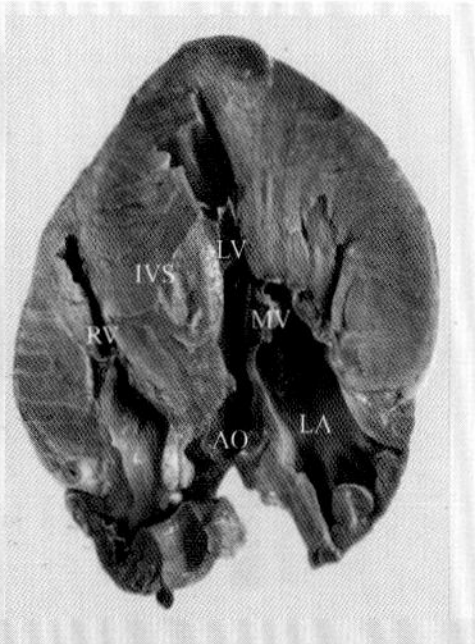

LV：左心室；LA：左心房；RV：右心室；IVS：室间隔；MV：二尖瓣；AO：主动脉。

图2-3-35　心尖五腔心切面实体标本

该切面主要用于评价主动脉瓣结构及功能、室间隔的连续性和左心室流出道病变，观察有无主动脉瓣下或瓣上隔膜或肌性狭窄，合并室间隔缺损可判断是否存在主动脉骑跨，观察二尖瓣前叶有无“收缩期前向活动（systolic anterior motion，SAM）”征。因主动脉血流方向与超声束方向平行，该切面是测量左心室流出道、主动脉瓣峰值流速和跨瓣压差的最佳切面。

9.心尖两腔心切面

探头在心尖四腔心切面基础上逆时针旋转探头约60°，直至右侧心腔完全从图像中消失。该切面图像显示左心室、二尖瓣和左心房，图像右侧是左心室前壁和二尖瓣前叶，图像左侧是左心室下壁和二尖瓣后叶（图2–3–36，图2–3–37）。该切面可测量室壁厚度及运动幅度，观察有无左心室节段性运动异常及室壁瘤形成，通过Simpson法测量左心室射血分数，进一步评估左心室收缩功能。

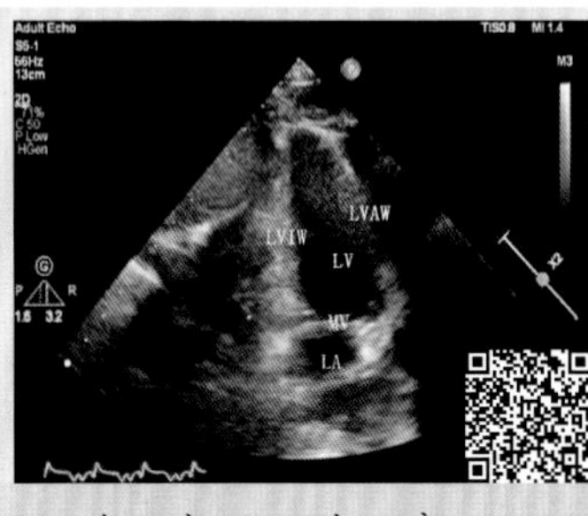

LV：左心室；LA：左心房；LVAW：左心室前壁；LVIW：左心室下壁；MV：二尖瓣。

图2–3–36　心尖两腔心切面（动态）

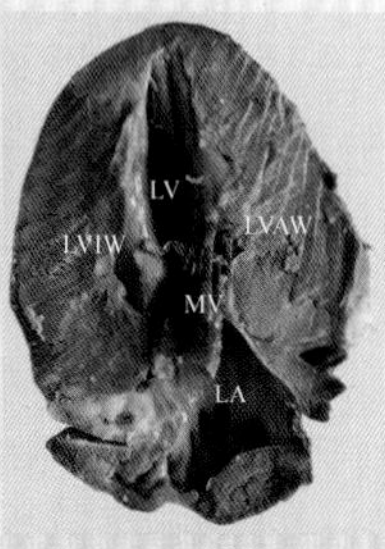

LV：左心室；LA：左心房；LVAW：左心室前壁；LVIW：左心室下壁；MV：二尖瓣。

图2–3–37　心尖两腔心切面实体标本

10.心尖左心室长轴切面

探头在心尖两腔心切面基础上继续逆时针旋转探头约60°直至出现主动脉根部长轴。此切面可显示左心室心尖、左心室流入道和流出道、二尖瓣及主动脉瓣，可观察左心室流出道、二尖瓣、主动脉瓣的结构和功能，可测量前间隔和左心室后壁的室壁厚度与运动幅度（图2–3–38）。

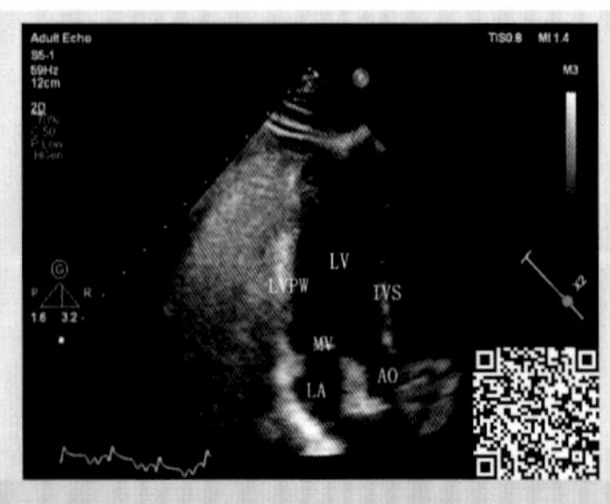

LV：左心室；LA：左心房；IVS：室间隔；LVPW：左心室后壁；MV：二尖瓣；AO：主动脉。

图2–3–38　心尖左心室长轴切面（动态）

二、M 型超声心动图

1955年瑞典学者Edler研发了M型超声心动图，是在A型超声基础上发展起来的检查方法，又被称为时间–运动扫描法。M型超声具有独特的快速时间取样技术，利用探头发出一条声波，记录声束方向上心脏各组织反射回波形成的运动–时间图，是一种记录界面厚度、距离、活动方向与速度和心动周期关系的曲线。其以二维超声为基础，记录在不同心动周期中心脏结构的细微结构和运动状态，测量各腔室大小和心功能。本部分主要讲述M型超声在胸骨旁左心室长轴切面各结构的时间–运动曲线，主要包括心底部（主动脉瓣波群）、二尖瓣瓣叶和二尖瓣腱索（心室波群）三个水平。

1.心底水平

M型取样线置于胸骨旁左心室长轴切面主动脉瓣水平，与主动脉及左心房垂直。图像从前到后依次显示右心室流出道、主动脉前壁、主动脉瓣、主动脉后壁、左心房（图2–3–39，图2–3–40）。

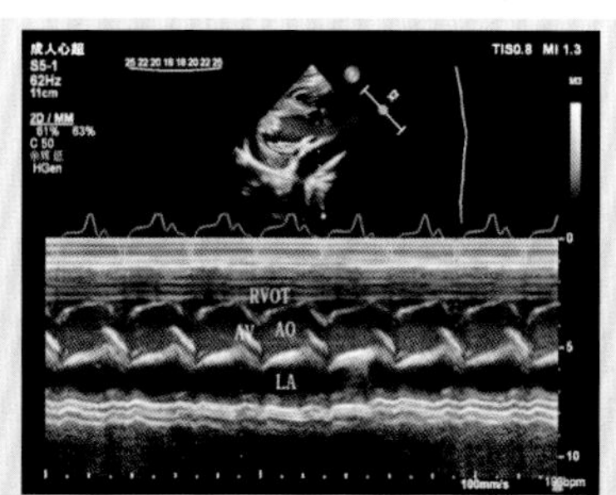

RVOT：右心室流出道；AV：主动脉瓣；AO：主动脉；LA：左心房。

图2–3–39 心底波群

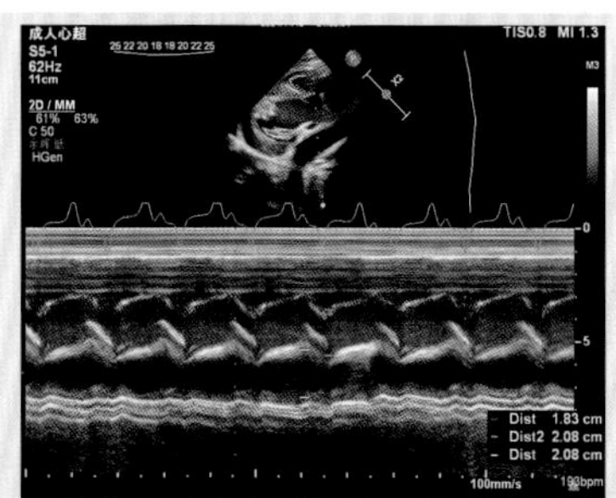

图2–3–40 M型超声测量右心室流出道（红线）、主动脉窦部（绿线）、左心房内径（黄线）

右心室流出道紧贴于胸壁下，动脉根部M型曲线为两条平行的强回声带，分别代表主动脉的前、后壁，主动脉瓣的M型曲线在收缩期主动脉瓣开放，呈六边形盒样，舒张期表现为一条与主动脉壁平行的瓣叶关闭线。右心室流出道前后径应在舒张末期测量，主动脉根部内径也在舒张末期测量，测量主动脉前壁回声前缘至后壁回声前缘的距离。舒张末期的界定可参考瓣膜启闭和心电图，定义为心电图QRS波起点，国内学者定义为R波顶点。

左心房内径随心动周期而改变，在收缩末期（心电图T波结束）达最大，在舒张末期心房收缩达最小。左心房前后径，即在收缩末期测量主动脉后壁（左心房前壁）回声前缘至左心房后壁回声前缘的距离。实际操作时还要注意取样线尽量与左心房壁垂直，以保证测量的准确性，减少测量误差。

2.二尖瓣水平

M型取样线置于胸骨旁左心室长轴切面二尖瓣瓣尖水平，图像从前到后依次显示右心室前壁、右心室、室间隔、二尖瓣前后叶和左心室后壁等结构（图2-3-41）。

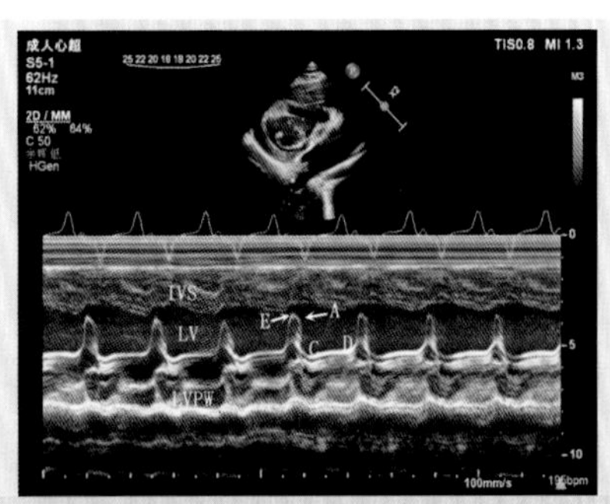

LV：左心室；IVS：室间隔；LVPW：左心室后壁。

图2-3-41　二尖瓣波群

正常人二尖瓣前叶舒张期开放，在M型曲线上表现为向前运动，形成E、A两峰，收缩期瓣叶关闭，形成缓慢向前的CD段。A峰代表舒张晚期左心房收缩，二尖瓣前叶向前运动。C点代表收缩期二尖瓣关闭点，D点标志二尖瓣即将开放，CD段为关闭的二尖瓣前叶随左心室后壁收缩运动一起向前运动。E峰代表快速充盈期，此时二尖瓣前叶距室间隔最近，E点到室间隔的距离称为E峰至室间隔距离（E-point of septal separation，EPSS），EPSS增宽代表左心室扩张和左心室收缩功能减低。曲线达E峰后，迅速下降至F点，下降速度称为射血分数斜率。射血分数斜率减低代表左心室舒张末压增高，左心房排空减慢。二尖瓣后叶活动曲线与前叶相反，互为镜像，舒张期向下两峰分别为E'、A'峰。由于二尖瓣后叶较短，曲线运动幅度较前叶为低。

该切面是观察二尖瓣前叶有无收缩期前向运动，即“SAM”征的常用切面，可观察CD段下移判断有无二尖瓣瓣叶脱垂。需要注意的是，版纳微型猪的心率较正常人明显增快，约为正常成人的2.5倍，检查时采用成人模式扫查，二尖瓣波群的E、A峰可见融合，可通过调节超声检查仪器面板的时间尺度拉长曲线。

3.腱索水平

M型取样线置于胸骨旁左心室长轴切面的腱索水平，并与室间隔及左心室后壁垂直，图像从前到后依次为右心室前壁、右心室、室间隔、左心室腔和左心室后壁等结构（图2-3-42）。

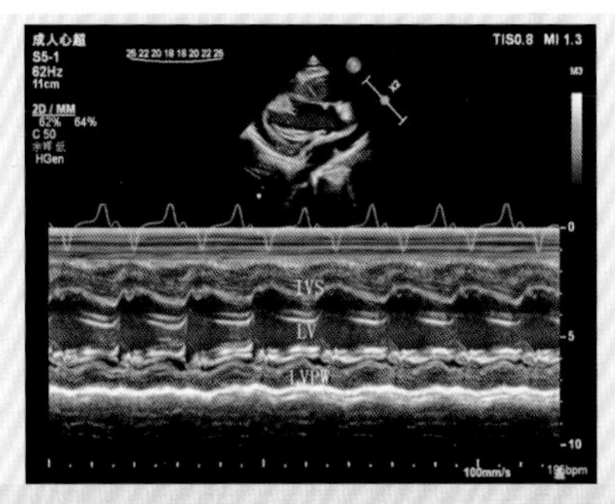

LV：左心室；IVS：室间隔；LVPW：左心室后壁。

图2-3-42 二尖瓣腱索波群

右心室前壁运动曲线与室间隔右心室面活动曲线方向一致，运动幅度较低。右心室前后径，即测量舒张末期右心室心内膜面与室间隔右心室面的垂直距离。收缩期室间隔活动曲线向左心室腔内运动，心肌明显增厚；舒张期室间隔向左心室腔外扩展，心肌变薄。正常情况下左心室后壁曲线与室间隔活动曲线呈反向运动。左心室腔为室间隔与左心室后壁之间的心腔，分别于收缩末期和舒张末期测量室间隔左心室心内膜与左心室后壁心内膜间的距离，即为收缩末期和舒张末期的左心室内径。

该切面是临床测量左心室大小、左心室短轴缩短率和射血分数的最佳切面，观察室间隔异常运动的常用切面。室间隔与左心室后壁呈同向运动，反映右心容量负荷增高；室间隔异常弹跳或呈“呼吸性飘移”，可间接提示有缩窄性心包炎的可能。

三、彩色及频谱多普勒

多普勒超声心动图是基于多普勒效应原理探查心血管系统内血流的方向、速度、性质、途径和时间等血流动力学信息，主要包括彩色多普勒超声、频谱多普勒超声。彩色多普勒血流成像采用多声束进行快速采样，将所获得的多普勒信息进行相位检测、自相关处理、彩色编码，以不同的颜色标识血流的方向，彩色信号的明暗反映血流速度的快慢。仪器默认朝向探头的血流以红色显示，背离探头的血流以蓝色显示。频谱多普勒超声又包括脉冲波多普勒、高脉冲重复频率多普勒和连续波多普勒，主要用于显示一维方向上的血流信息。脉冲波多普勒的成像原理是晶片发射超声短脉冲后，通过控制电子门开放时间的早晚和持续时间的长短来调节接收回声的深度，实时测量不同深度和范围内的血流速度，优点是具有距离选通功能，可定点测量血流速度，缺点是不能够测量高速血流，主要用于测量正常房室瓣和半月瓣的前向血流速度。连续波多普勒的成像原理是采用两个换能器晶片，一个连续发射超声波，一个无选择性接收频移信号，缺点是不能够定点测量血流速度，主要用于测量狭窄瓣膜的高速血流、房室瓣收缩期反流与半月瓣舒张期反流的血流速度。

1.左心室流入道和二尖瓣

在心尖四腔心切面上，彩色多普勒显示舒张期自二尖瓣口进入左心室的血流呈宽阔、明亮的红色，近二尖瓣瓣尖处颜色最鲜亮（图2-3-43）。二尖瓣血流频谱一般选取心尖四腔心切面，取样容积置于二尖瓣瓣尖左心室侧。舒张期二尖瓣血流频谱呈正向、双峰波形，第一峰（E峰）较高，由心室舒张早期快速充盈所致；第二峰（A峰）较低，由心房收缩心室缓慢充盈所致（图2-3-44，图2-3-45）。版纳微型猪受其心率影响，二尖瓣舒张期E、A峰有时不易分辨或呈单峰。

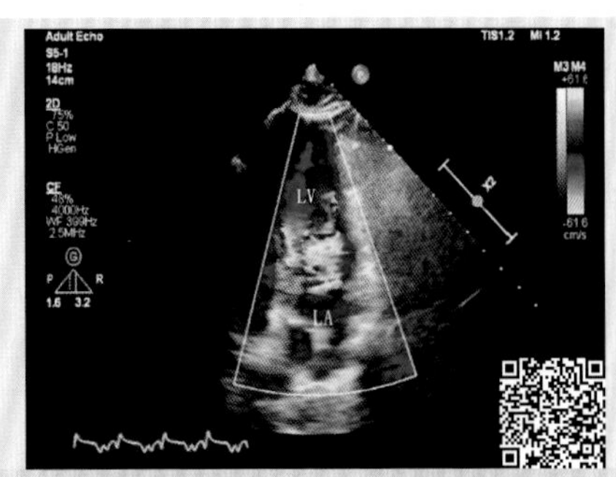

LV：左心室；LA：左心房。

图2-3-43　左心室流入道和流出道血流（动态）

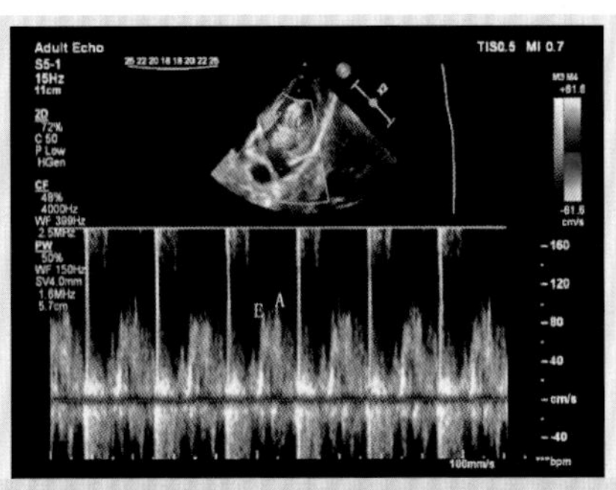

图2-3-44　二尖瓣血流频谱

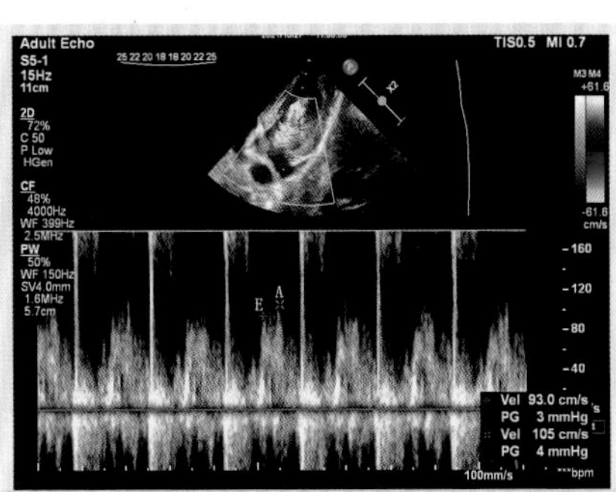

Vel：流速；PG：压差。E峰流速=93.0 cm/s，压差=3 mmHg；A峰流速=105 cm/s，压差=4 mmHg。

图2-3-45　测量舒张期二尖瓣峰值血流速度

2.左心室流出道

心尖五腔心切面及心尖左心室长轴切面是观察左心室流出道血流的较好切面。收缩期主动脉瓣开放，彩色多普勒显示蓝色血流束自左心室流出道经主动脉瓣口，一直延续到升主动脉腔内（图2-3-46）。取样容积置于主动脉瓣下左心室流出道内，探及收缩期负向血流频谱，呈楔形，与主动脉瓣口血流频谱类似，但上升支速度及速度峰值可能略低（图2-3-47，图2-3-48）。

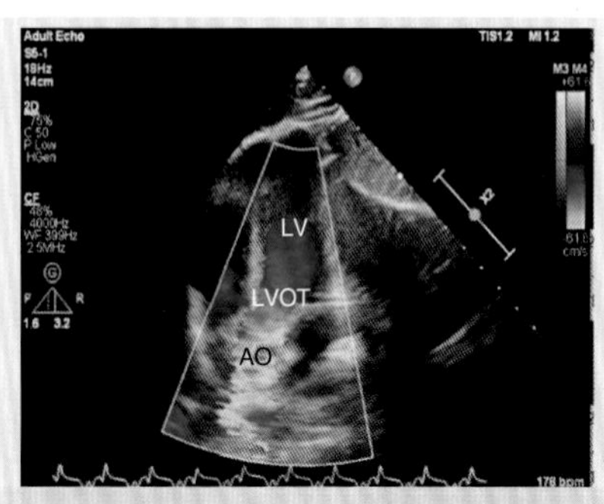

LV：左心室；LVOT：左心室流出道；AO：主动脉。

图2-3-46　左心室流出道血流

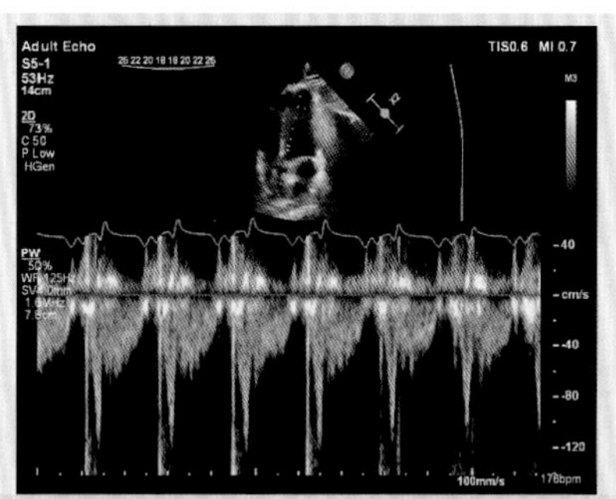

图2-3-47　左心室流出道血流频谱

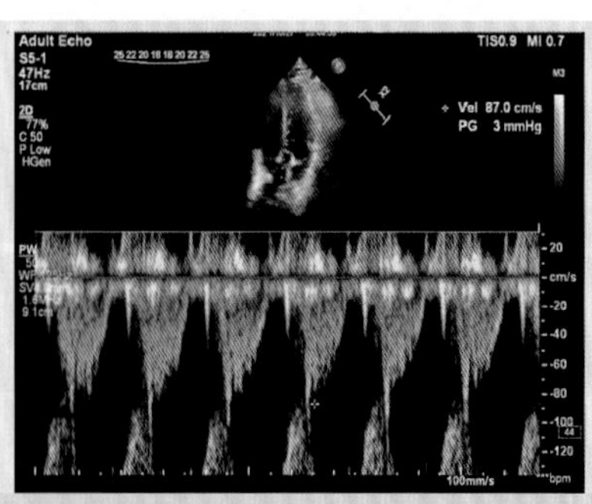

图2-3-48　收缩期左心室流出道峰值血流速度测量值

3.主动脉瓣和主动脉

观察主动脉瓣和升主动脉通常采用胸骨旁左心室长轴切面、主动脉短轴切面、心尖五腔心切面和心尖左心室长轴切面。心尖左心室长轴及心尖五腔心切面显示收缩期主动脉瓣开放，左心室血流通过主动脉瓣进入主动脉腔，血流方向背离探头，蓝色血流信号充满左心室流出道与主动脉，舒张期升主动脉内一般无血流信号（图2-3-49），若有主动脉瓣反流，则见舒张期通过主动脉瓣口的红色血流。一般选取心尖五腔心切面测量主动脉瓣口血流频谱，取样容积位于主动脉瓣瓣尖水平，取样线与血流方向平行。主动脉瓣口及升主动脉血流频谱均呈收缩期单峰窄带波形（图2-3-50，图2-3-51）。

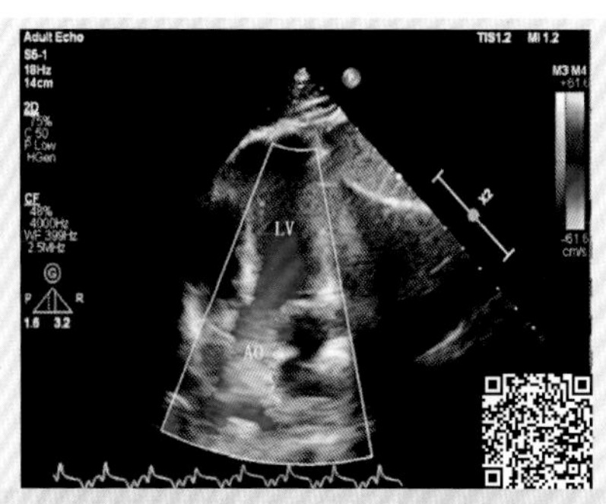

LV：左心室；AO：主动脉。

图2-3-49　主动脉血流（动态）

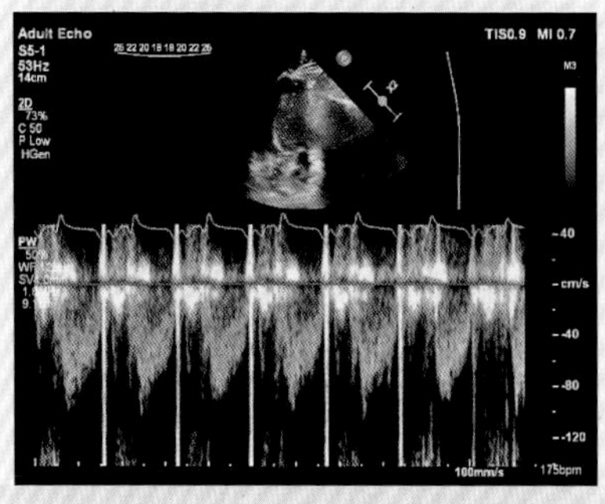

图2-3-50　主动脉血流频谱

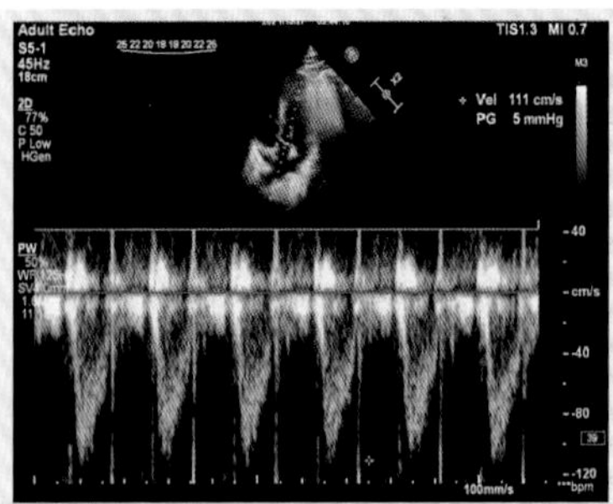

图2-3-51　测量主动脉瓣收缩期峰值流速

4.右心房、三尖瓣和右心室流入道

心尖四腔心切面舒张期可见红色血流束自右心房经三尖瓣口进入右心室。三尖瓣口血流频谱与二尖瓣相似，为舒张期E、A正向双峰窄带血流频谱，幅度较二尖瓣低（图2-3-52，图2-3-53）。虽然胸骨旁右心室流入道、大动脉短轴切面也可

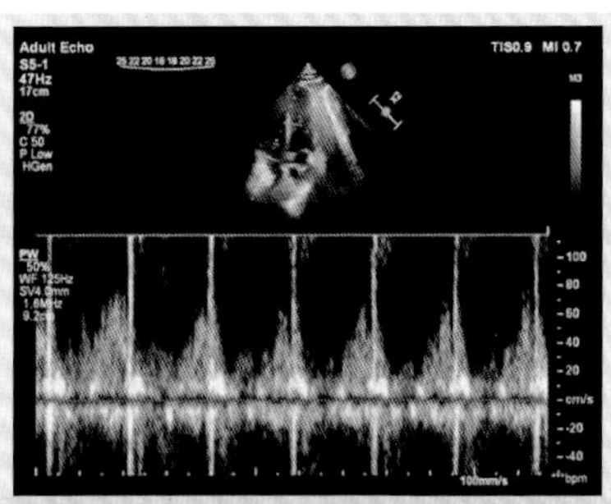

图2-3-52　三尖瓣舒张期血流频谱

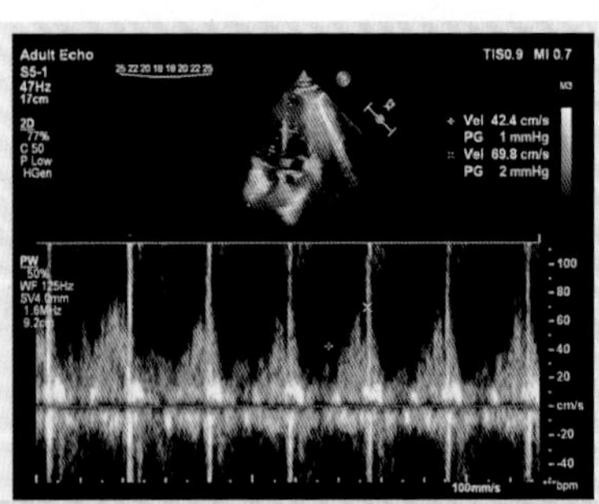

E峰血流速度42.2 cm/s，压差1 mmHg；A峰血流速度69.8 cm/s，压差2 mmHg。

图2-3-53　三尖瓣舒张期血流频谱参数

显示三尖瓣，但心尖四腔心切面三尖瓣血流方向与声束近似平行，测量舒张期前向血流与收缩期三尖瓣反流的峰值血流速度较为准确，因此，心尖四腔心是评估三尖瓣速度的首选切面。

5.右心室流出道

在胸骨旁右心室流出道长轴切面，收缩期肺动脉瓣开放，彩色多普勒显示蓝色血流束自右心室流出道经肺动脉瓣口进入肺动脉。探查右心室流出道血流频谱应将取样容积置于肺动脉瓣瓣下的右心室流出道侧，呈负向、三角形、窄带波形，幅度较低，上升支和下降支均较圆钝，但在标准大动脉短轴切面，右心室流出道与声束方向垂直，不易获得满意的频谱。

6.肺动脉瓣和肺动脉

胸骨旁右心室流出道长轴切面可显示肺动脉瓣，一般仅能够显示前瓣及左瓣，而右瓣则不能够显示。主肺动脉内径明显增宽时，探头稍上移旋转，可显示肺动脉瓣的三叶结构。在胸骨旁大动脉短轴切面，肺动脉瓣收缩期开放，彩色多普勒显示蓝色血流束自右心室流出道经肺动脉瓣口直抵分叉处，舒张期肺动脉瓣关闭，肺动脉腔内无血流信号（图2-3-54），标准的大动脉短轴切面通常仅显示肺动脉瓣、主肺动脉分叉和左、右肺动脉的开口，肺动脉分支（图2-3-55，图2-3-56）的中远端则显示不满意，需要微调探头角度或上移一个肋间检查。取样容积置于肺动脉瓣开放瓣尖水平，收缩期肺动脉血流频谱呈负向、三角形、窄带波形（图2-3-57，图2-3-58）。

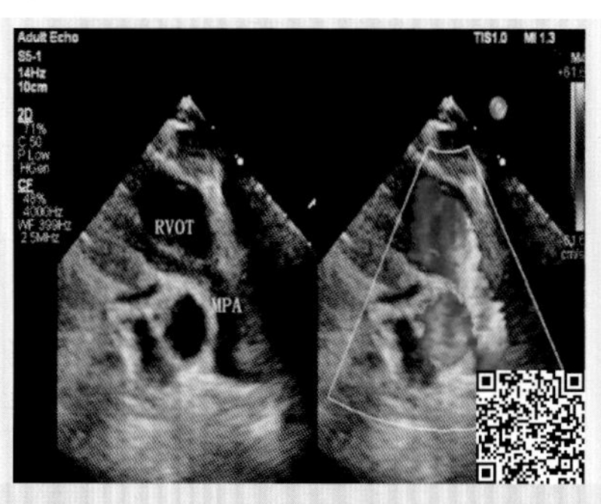

RVOT：右心室流出道；MPA：主肺动脉。

图2-3-54　右心室流出道和肺动脉血流（动态）

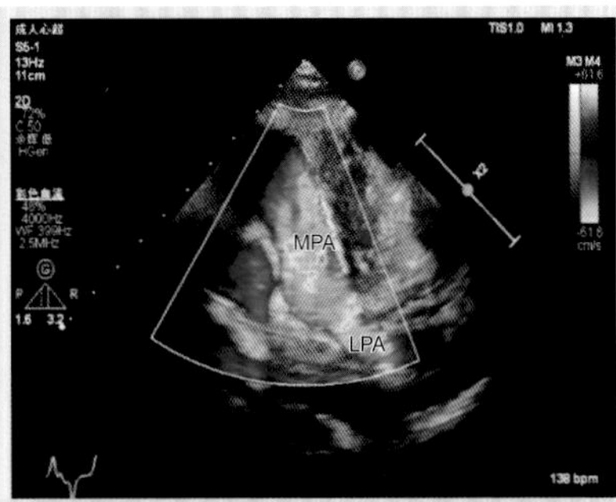

MPA：主肺动脉；LPA：左肺动脉。

图2–3–55　主肺动脉和左肺动脉血流

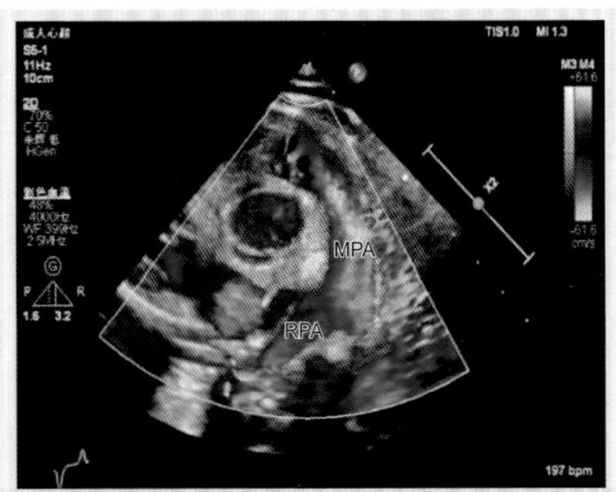

MPA：主肺动脉；RPA：右肺动脉。

图2–3–56　主肺动脉和右肺动脉血流

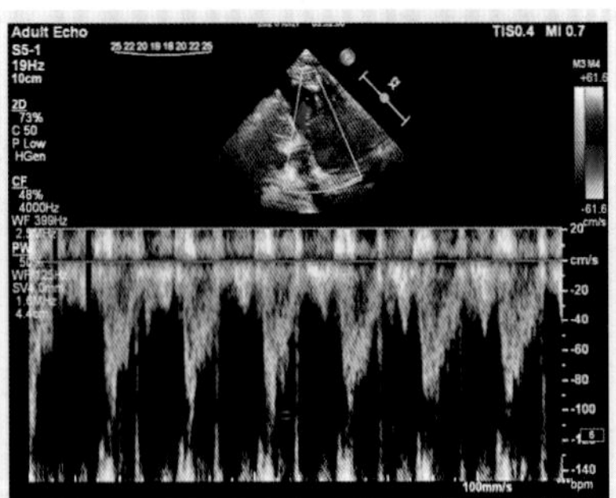

图2–3–57　肺动脉瓣口血流频谱

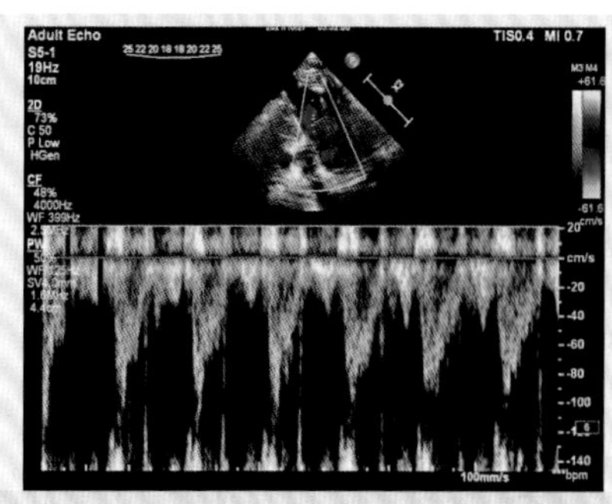

图2-3-58　收缩期肺动脉瓣口峰值血流速度测量值

7.其他

版纳微型猪受突起的胸骨影响而仅获得非标准胸骨上窝切面，探头置于胸骨上窝切面，示标指向猪左耳方向。二维超声有时难以分清主动脉弓及分支结构，通过彩色多普勒可显示两支无名动脉和降主动脉的走行（图2-3-59，图2-3-60），测量降主动脉的收缩期峰值血流速度（图2-3-61，图2-3-62）。胸骨上窝扫查时探头示标指向猪左前腿，有时还可观察到左、右无名静脉汇入上腔静脉（图2-3-63）。在大动脉短轴切面，通过降低彩色标尺还可显示冠状动脉血流（图2-3-64）。

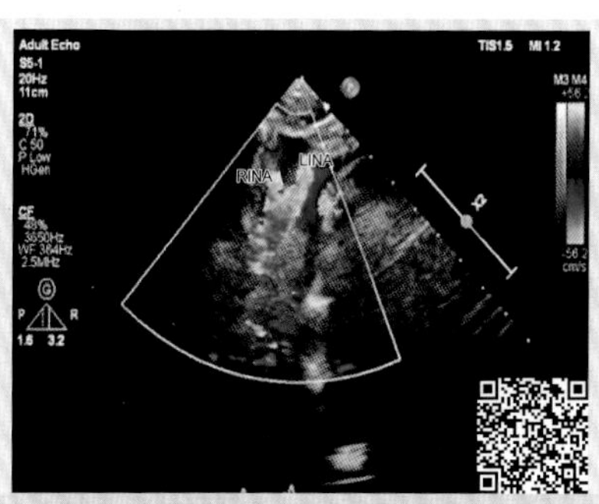

RINA：右无名动脉；LINA：左无名动脉。

图2-3-59　左、右无名动脉血流（动态）

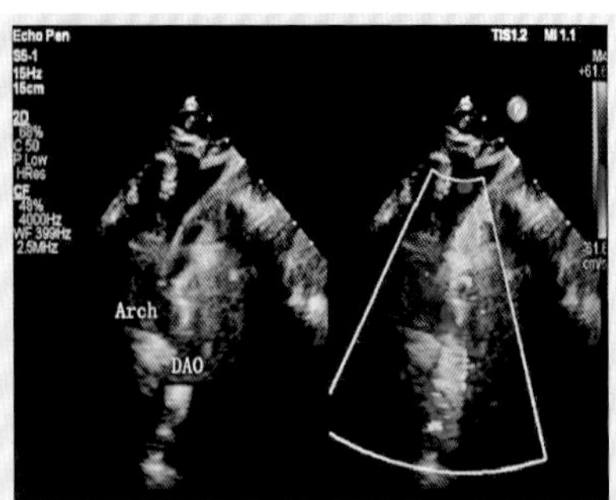

Arch：主动脉弓；DAO：降主动脉。

图2-3-60　主动脉弓降部血流

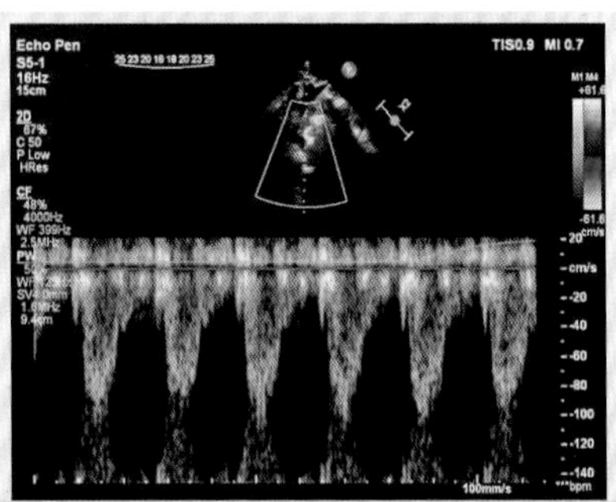

图2-3-61　降主动脉血流频谱

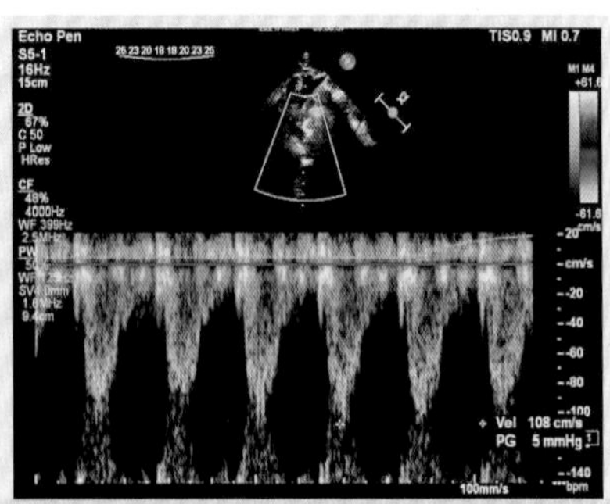

图2-3-62　降主动脉血流频谱测量值

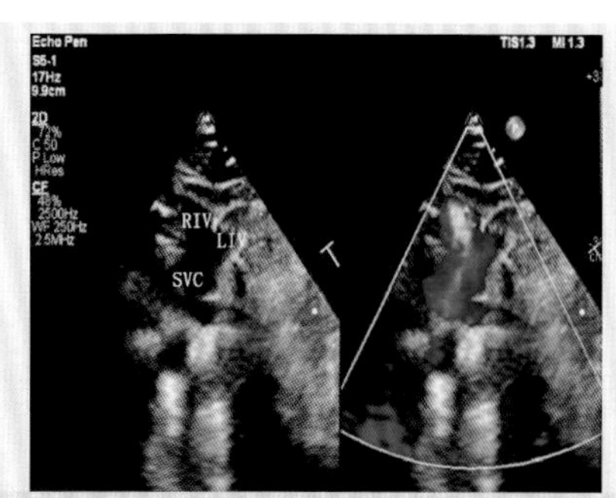

RIV：右无名静脉；LIV：左无名静脉；SVC：上腔静脉。

图2-3-63 左、右无名静脉汇入上腔静脉

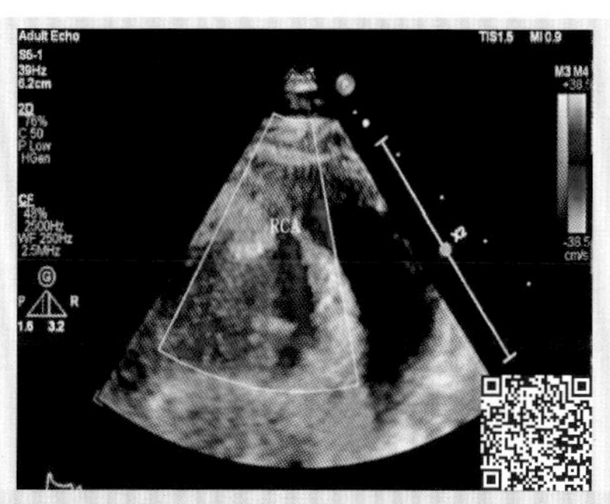

RCA：右冠状动脉。

图2-3-64 右冠状动脉血流（动态）

第四节 经食管超声心动图

经食管超声心动图是将食道探头置于食管或胃底，由后向前观察心脏的结构与功能。经食管超声心动图克服了经胸超声心动图受胸骨、肋骨、肺气或肥胖等因素影响的局限性，但动物实验需要在全麻的条件下行机械通气支持，气管插管并连接呼吸机，切开右颈内静脉置管，建立静脉通道。本书的经食管超声心动图图像均在完成经胸超声心动图检查后，后颈部肌肉注射舒泰50（注射用盐酸替来他明盐酸唑拉西泮0.1 mg/kg）或耳缘静脉注射丙泊酚（0.3 mL/kg）未行气管插管且未建立静脉通道，在检查过程中两只版纳微型猪的心率逐渐变慢，后停止心跳并死亡。因此书中获取的切面相对较少，仅初步探索经食管超声心动图在动物实验中的可行性。

一、检查前准备

仪器：Philips EPIQ CVx，经食管三维探头X7-2t或X8-2t。检查前探头前端涂抹耦合剂，探头顶端稍前倾。经版纳微型猪口腔插入食管超声探头，口腔内可视段探头置保护套筒（图2-4-1），插入深度为45～55 cm，扫查角度为0°～180°。

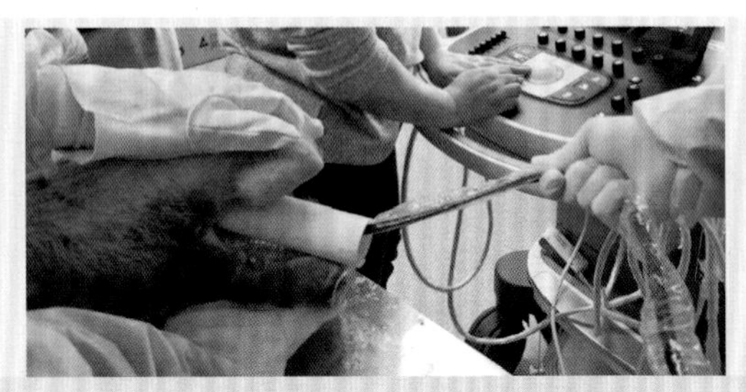

图2-4-1　经食管超声心动图检查插管示意

二、探头的操控

多平面探头已经在临床广泛应用，探头的电子晶片扫查角度为0°～180°，通过探头手柄旋转电子晶片，结合在食管内不同深度上下移动探头、左右旋转探头可对心脏结构进行全面扫查。经食管超声心动图调整图像的方式包括旋转、进退、前屈、后伸和左右摆动，检查者可以通过手柄上的角度控制按钮调整超声扫查扇面的角度。具体调整方式：①（整体移动）推进与后退、左转与右转；②（探头前端）左屈与右屈、前屈与后屈；③（电子晶片）角度向前0°～180°（前旋）、角度向后180°～0°（后旋），见图2-4-2。

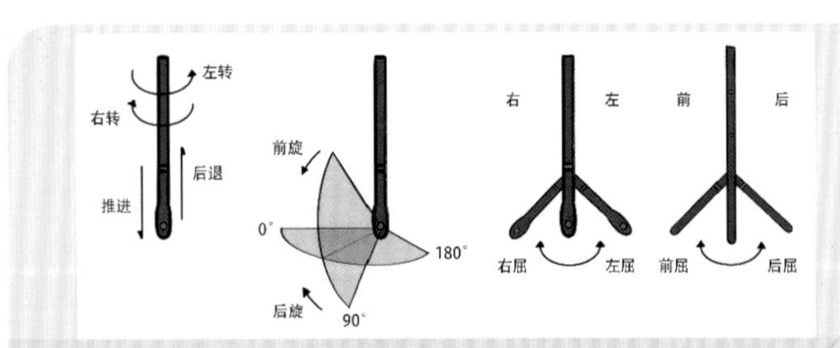

图2-4-2　经食管超声心动图探头的操控

三、经食管超声心动图标准切面

图像显示规律为靠近探头为近场图像，远离探头为远场图像；心脏右方、下方的结构显示在图像左侧；心脏左方、上方的结构显示在图像右侧。切面角度0°、45°、90°、135°和180°在心脏的解剖结构位置相当于人体的横截面、心脏短轴切面、矢状切面、左心室长轴切面和0°的镜像切面。2013年美国超声心动图学会（American Society of Echocardiography，ASE）给出了人体28个经食管超声心动图的标准切面，根据探头的深度不同又分为食管上段切面、食管中段切面、胃底切面、深胃底切面。本次版纳微型猪的经食管超声心动图图像参照美国超声心动图学会指南，结合动物自身条件，获取了部分图像。

1.食管上段切面

通过主动脉弓长轴及短轴切面（图2-4-3，图2-4-4），升主动脉长轴及短轴切面，可以观察升主动脉、主动脉弓结构及其近端分支，探查动脉导管未闭；在短轴切面，肺动脉与声束接近平行，能够获得较好的多普勒频谱，结合食管中段降主动脉切面可较为全面地扫查主动脉情况（图2-4-5，图2-4-6）。

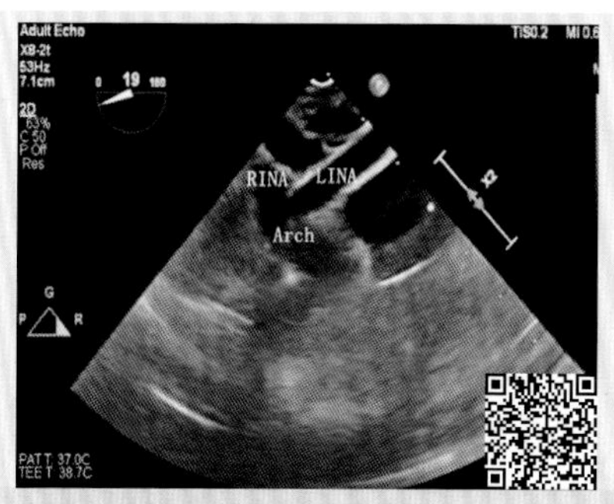

LINA：左无名动脉；RINA：右无名动脉；Arch：主动脉弓。

图2-4-3　主动脉弓及分支切面（动态）

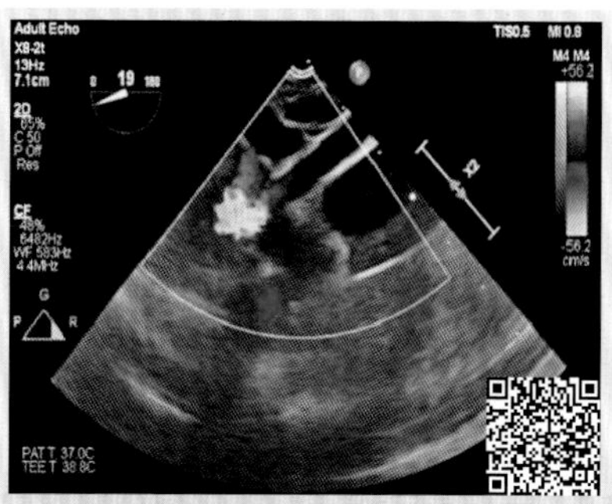

图2-4-4　主动脉弓及分支彩色多普勒血流成像（动态）

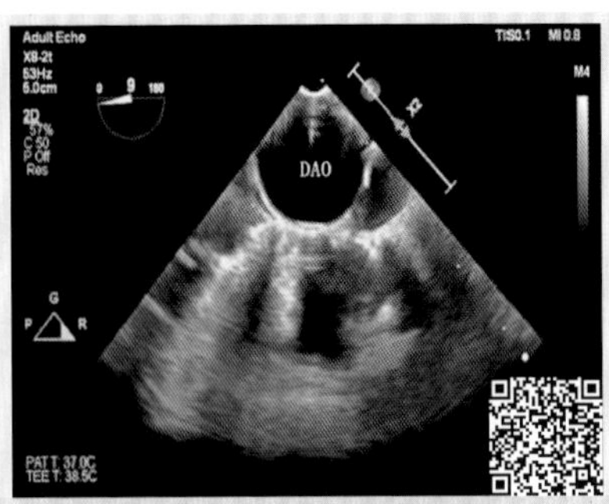

DAO：降主动脉。

图2-4-5　降主动脉短轴切面（动态）

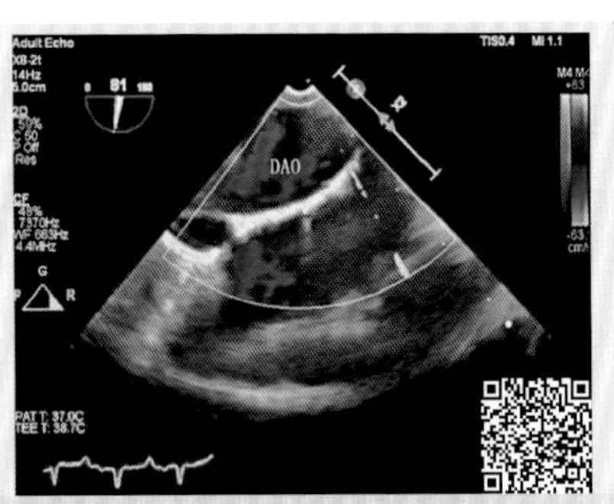

DAO：降主动脉。

图 2-4-6　降主动脉长轴切面（动态）

2.食管中段切面

食管中段切面是经食管超声探查的主要部位，可完成大部分的检查内容。

0°四腔心切面是开始检查的首要切面（图2-4-7），可观察左、右心腔的大小及比例、左右心室壁的运动，是先天性心脏病房间隔、室间隔修补术后有无残余反流，复杂先天性心脏病，如心内膜垫缺损术中探查十字交叉结构的重建及房室瓣修复效果的重要切面。

二尖瓣结构评价的主要切面包括四腔心切面（图2-4-8，图2-4-9）、联合部切面（图2-4-10）、两腔心切面、左心室长轴切面（图2-4-11），或采用Xplane实时多平面功能（图2-4-12）；三尖瓣结构评价的主要切面包括四腔心切面、右心室流入道切面（图2-4-13）、右心室流入-流出道切面（图2-4-14）；主动脉瓣结构评价的主要切面包括主动脉瓣短轴切面（图2-4-15）、主动脉瓣长轴切面（图2-4-16，图2-4-17）。

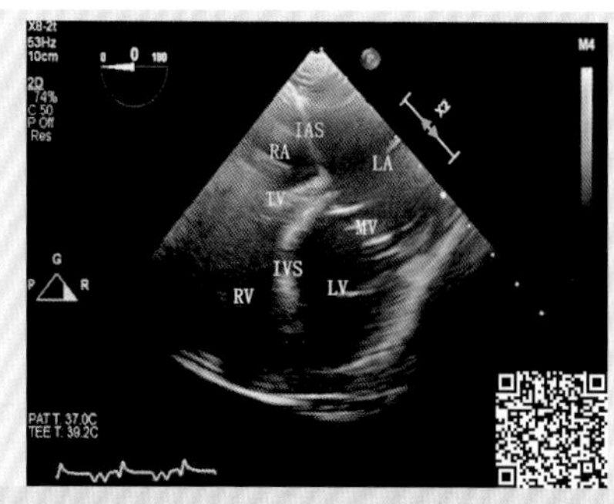

LV：左心室；LA：左心房；RV：右心室；RA：右心房；IAS：房间隔；IVS：室间隔；MV：二尖瓣；TV：三尖瓣。

图2-4-7　四腔心切面（动态）

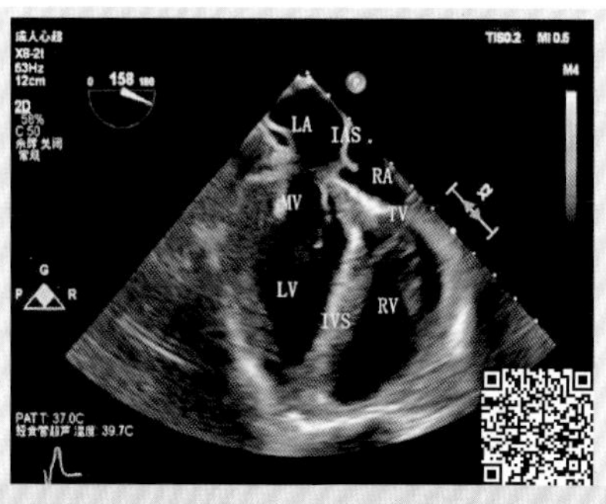

LV：左心室；LA：左心房；RV：右心室；RA：右心房；IAS：房间隔；IVS：室间隔；MV：二尖瓣；TV：三尖瓣。

图2-4-8　镜像四腔心切面（动态）

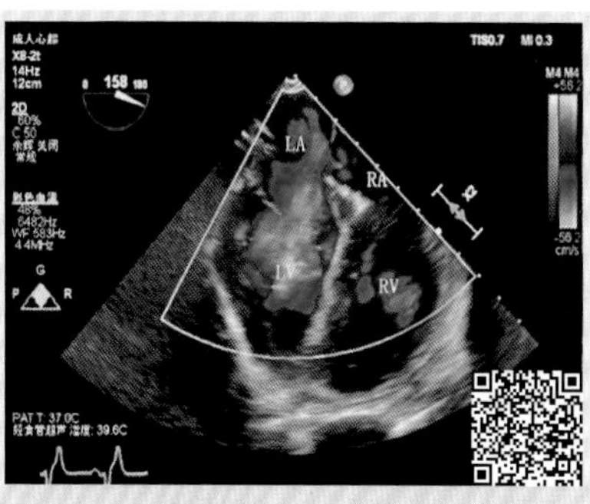

LV：左心室；LA：左心房；RV：右心室；RA：右心房。

图2-4-9　镜像四腔心彩色多普勒血流成像（动态）

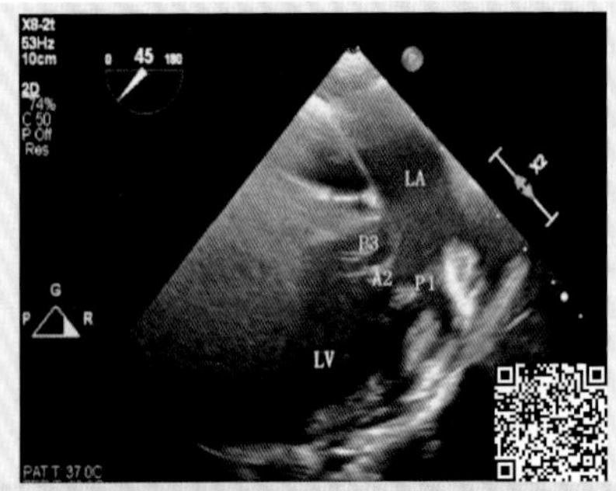

LV：左心室；LA：左心房；A2：二尖瓣前叶的中间叶；P1：二尖瓣后叶的外侧叶；P3：二尖瓣后叶的内侧叶。

图2-4-10　二尖瓣联合部切面（动态）

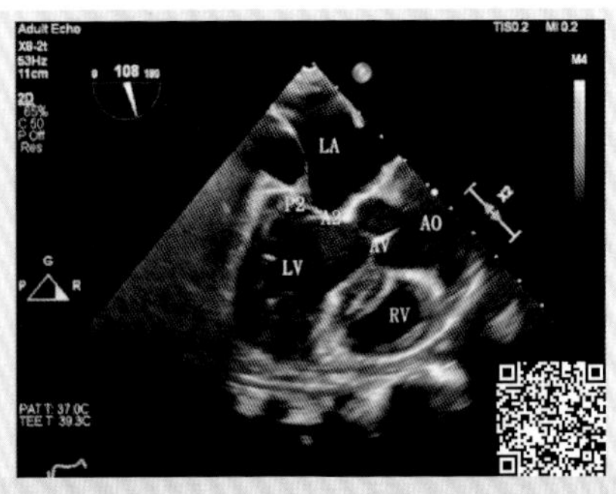

LV：左心室；LA：左心房；RV：右心室；AV：主动脉瓣；AO：主动脉；A2：二尖瓣前叶的中间叶；P2：二尖瓣后叶的中间叶。

图2-4-11　左心室长轴切面（动态）

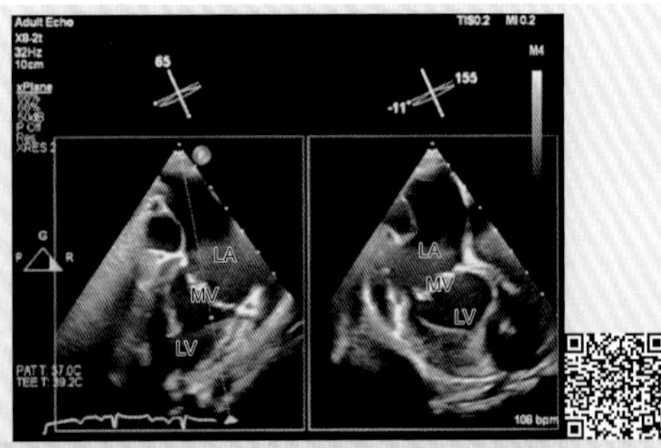

LV：左心室；LA：左心房；MV：二尖瓣。

图2-4-12　二尖瓣XPlane实时多平面（动态）

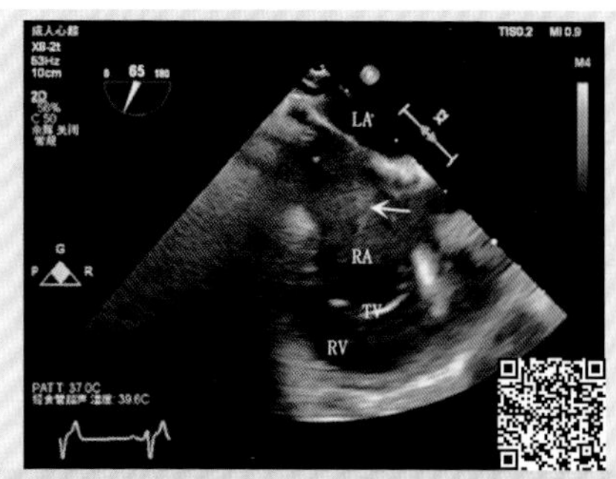

LA：左心房；RA：右心房；RV：右心室；TV：三尖瓣。

图2-4-13　右心室流入道切面，心率逐渐变慢，右心房内血流自发显影（箭头所指，动态）

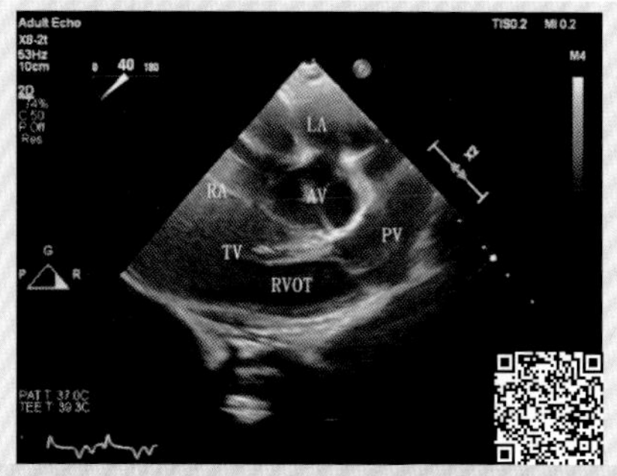

LA：左心房；RA：右心房；RVOT：右心室流出道；TV：三尖瓣；PV：肺动脉瓣；AV：主动脉瓣。

图2-4-14　右心室流出道切面（动态）

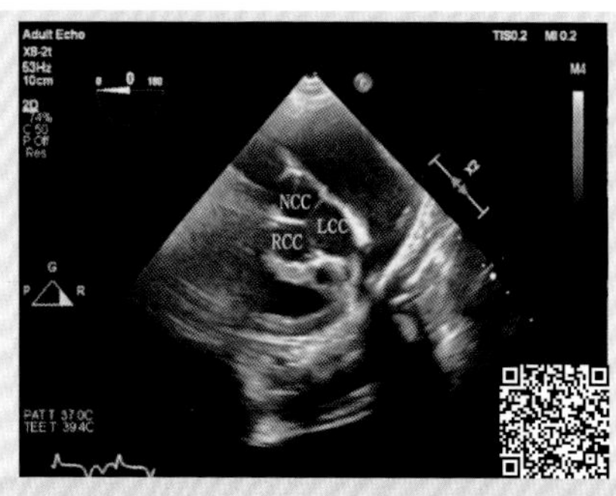

LCC：左冠瓣；RCC：右冠瓣；NCC：无冠瓣。

图2-4-15　主动脉瓣短轴切面（动态）

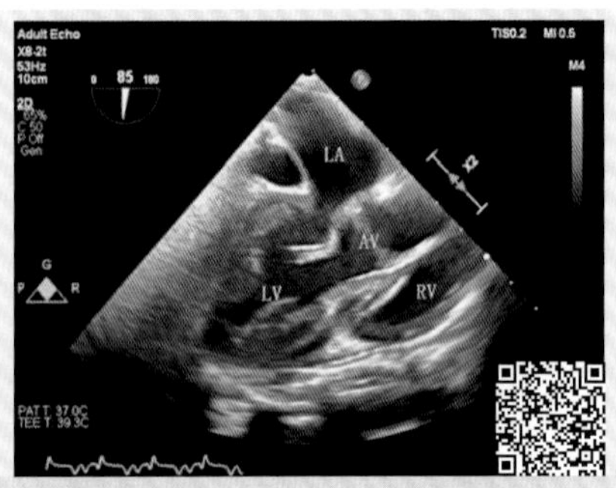

LV：左心室；LA：左心房；AV：主动脉瓣；RV：右心室。

图2-4-16 主动脉瓣长轴切面（动态）

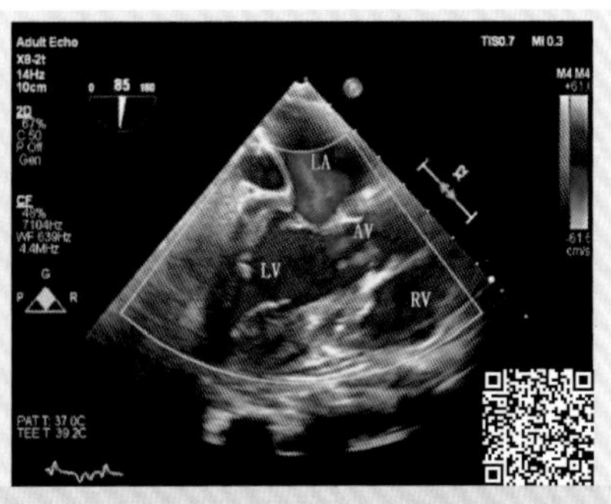

LV：左心室；LA：左心房；AV：主动脉瓣；RV：右心室。

图2-4-17 主动脉瓣长轴切面彩色多普勒血流成像（动态）

如有先天性心脏病房间隔缺损时，术前、术中及术后即刻评估应在食管中段双腔静脉切面扫查，可探查缺损与腔静脉的位置关系，于四腔心切面可探查缺损与房室瓣的距离（图2-4-18），注意观察主动脉瓣短轴切面中主动脉侧的缺损残边长度。观察左心耳时需要在食管中段稍后退探头（图2-4-19）。经皮左心耳封堵术前评估需要在0°、45°、90°、135°分别测量左心耳的开口直径和深度，并确认有无左心耳血栓，在上述切面还可清晰显示梳状肌与华法林嵴等经胸超声不易显示的正常结构。

于食管中段的四腔心切面，左转探头可获得降主动脉短轴切面，探头角度转至90°即为降主动脉长轴切面，从降主动脉短轴切面后退探头至主动脉弓，结合长轴切面可较为全面地扫查主动脉弓部及降部情况，进一步排查有无主动脉夹层，以及辅助确定导丝和置管的位置。

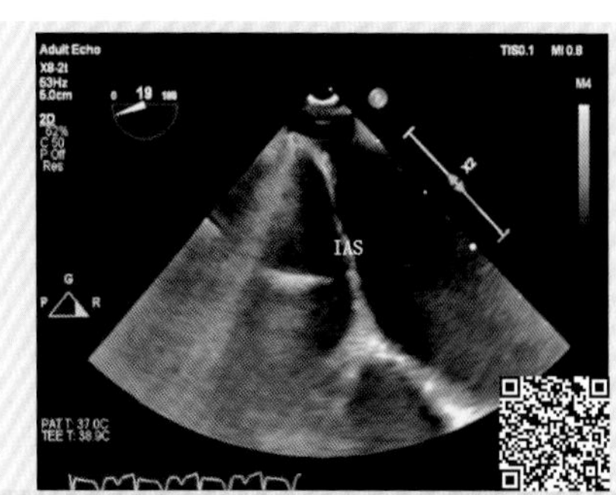

IAS：房间隔。

图2-4-18　非标准四腔心切面显示房间隔（动态）

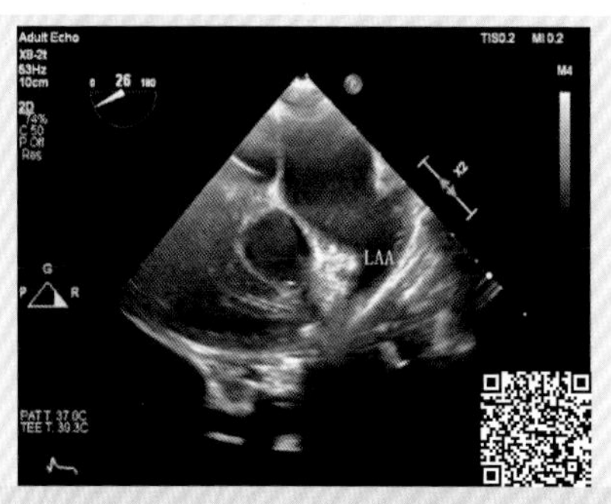

LAA：左心耳。

图2-4-19　左心耳（动态）

3.胃底切面

经胃基底部短轴切面可以观察二尖瓣启闭活动，确认病变位置及范围；经胃中段短轴切面可观察乳头肌横断结构，也是评估左心室壁运动、容量负荷的重要切面；经胃两腔心切面、经胃长轴切面、经胃右心室流入道切面是食管中段相关切面的补充。

4.深胃底切面

经胃深部长轴切面与经胸心尖五腔心切面并非同一切面，但由于此切面及经胃长轴切面的主动脉长轴与声束角度较小，因此其是术中经食管测量左心室流出道、主动脉瓣狭窄血流频谱的较佳位置。

版纳微型猪心脏的结构和功能与正常人类似，理论上经食管超声心动图可获得以上与人体相似的标准切面，但在本书实际操作中，我们采集的部分切面不够理想，如双腔静脉切面无法获得，可能因版纳微型猪是四脚着地的爬行类动物，其腔静脉呈前、后关系，与人类腔静脉呈上、下关系不同，且腔静脉血管在心包外延续距离较长。通过对两只版纳微型猪进行经胸超声心动图检查，我们认为经胸超声心动图可获得与人体相似的切面，但受到猪的体型、体位等影响，探头尖端距门齿的距离不能够完全照搬成人模式，部分切面的旋转角度和操作手法与人也有一定差别。

随着瓣膜疾病的老龄化和危重症患者不能够耐受外科开胸手术，经皮介入治疗瓣膜病的临床需求不断增加，瓣膜及心内解剖结构的可视化成为重要的一环。二尖瓣纤维环是一立体结构，类似马鞍形，其形态和大小会随心动周期的不同时相而发生相应变化，并且受血流动力学状态、缺血、心力衰竭等因素的影响。二尖瓣的开放与闭合取决于二尖瓣装置结构与功能的完整，瓣叶、瓣环、腱索或乳头肌异常均可导致二尖瓣病变。瓣膜的自动建模与评估，也是人工智能（artificial intelligence，AI）应用于超声心动图的一个快速成长的领域，现已开发提供基于人工智能的瓣膜评估软件。

本书采用Philips EPIQ CVx超声诊断仪，内置二尖瓣定量分析软件，通过不同切面的二尖瓣二维图像（绿色、红色、蓝色框内图像分别代表两腔心、三腔心、左心室短轴切面，见图2-4-20），从而获得二尖瓣瓣环及瓣叶的相关参数，包括瓣环横径、瓣环前后径、瓣环面积、瓣环周长；二尖瓣前叶面积、后叶面积、对合高度、瓣叶非平面夹角、前叶角度、后叶角度及主动脉与二尖瓣夹角等，帮助外科医生更加精准地选择手术方式及人工瓣环大小，提高诊断信心，制定手术方案，进行随访治疗，以及改善临床医生之间、医生与患者之间的沟通。基于人工智能的全自动瓣膜快速量化，有助于结构性心脏病的辅助诊断及治疗，具有较好的应用前景。二尖瓣定量分析软件获取二尖瓣的实时三维容积，在较简便的引导步骤下将之转化为易于解读的模型，提供二尖瓣测量和计算的全面列表。通过简单的提示和清晰的模型图引导整个操作过程，使之比以前的二尖瓣量化工具更容易使用。二尖瓣定量分析软件可获得二尖瓣器的一个数据模型，提供瓣环和基本瓣叶的数据，以及一个高级模型，包括二尖瓣叶的联合等（图2-4-21～图2-4-23）。

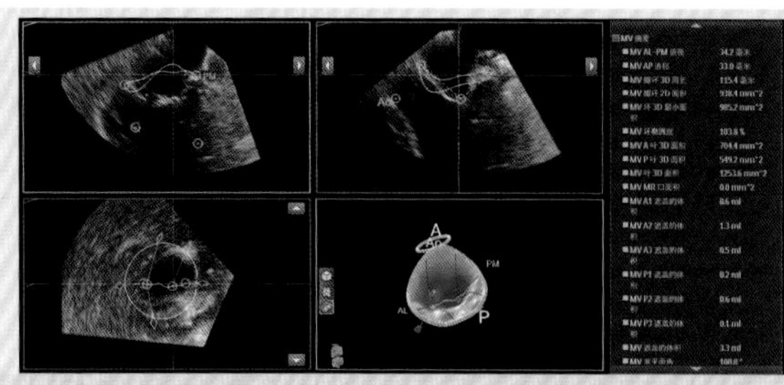

A: 二尖瓣前叶; P: 二尖瓣后叶; AL: 前外侧; PM: 后内侧 ; AO: 主动脉。

图2-4-20　二尖瓣不同切面的二维图像

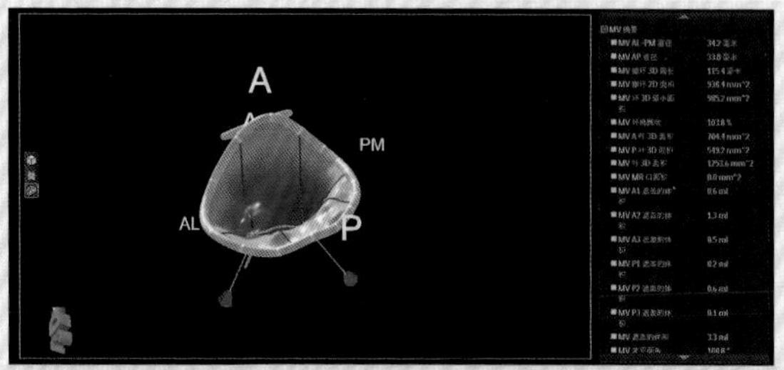

图 2-4-21　二尖瓣三维模型正位图

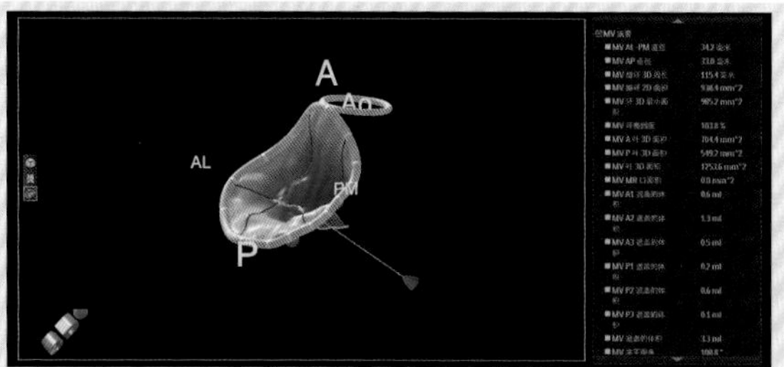

图 2-4-22　二尖瓣三维模型侧位图

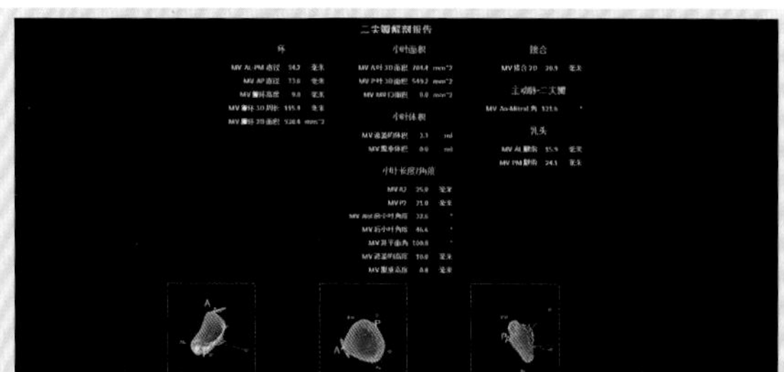

图 2-4-23　二尖瓣器完整测量报告

四、基于经食管超声的动物实验

1.静脉空气栓塞、脂肪栓塞

围术期患者发生静脉空气栓塞与脂肪栓塞会出现呼吸和循环障碍，甚至突然死亡。国内学者张卫兴等建立健康梅白猪的静脉空气栓塞模型，经食管超声心动图可连续观察猪右心腔内点状强回声的声像图变化，能够直接清晰显示直径小于2 mm的栓子，图像分辨率高，不受肺部气体影响，不干扰手术。经食管超声心动图所能监测到的气体量比0.05 mL/kg更少，其研究认为经食管超声心动图能够敏感监测健康梅白猪右心腔内空气栓子的超声表现，其静脉空气栓塞的平均累积致死量为（397 ± 105）mL。也有学者通过经食管超声心动图观察猪心腔中脂肪栓子的超声表现及猪脂肪栓塞的致死量。在临床实践中，实时经食管超声可以指导体外循环的心脏手术排气，避免空气栓塞阻塞冠状动脉，减少手术并发症。

2.经皮人工主动脉瓣置换

随着我国人口老龄化的加剧，为了满足瓣膜狭窄与关闭不全的老年患者提升生活质量的需求，近年来经皮人工瓣膜置换术发展迅速。叶赞凯等通过经食管超声心动图引导经左心室心尖部植入主动脉瓣支架瓣膜到6只30 ~ 40 kg的实验猪心脏主动脉瓣中，他们认为经食管三维超声心动图能够更加有效地引导经心尖主动脉瓣植入术，使用实时三维探头能够在两个互相垂直的切面观察主动脉瓣支架瓣膜（主动脉瓣长轴切面120° ~ 135°，主动脉瓣短轴切面30° ~ 45°），在向主动脉瓣环输送支架瓣膜的过程中可以进行非常重要的精细定位。实验中还发现，虽然实验猪的动物模型和人的心脏解剖结构是类似的，但猪的主动脉瓣是正常瓣膜，瓣叶和瓣环无增厚钙化等病变，同时实验猪的主动脉窦距离二尖瓣环更加接近。实验猪主动脉窦至二尖瓣环的距离是7 ~ 8 mm，而人的距离是15 ~ 16 mm，所以前者植入主动脉瓣支架瓣膜时更容易出现冠状动脉的堵塞和支架瓣膜的移位，引起急性心肌梗死、猝死等并发症。

国际上已有多家心脏中心报道了经食管超声心动图在经心尖主动脉瓣的支架瓣膜植入术中的重要应用病例总结，从研究动物实验的结果来看，出现瓣周漏与瓣膜移位等并发症的概率更小，同时X线的曝光时间也更短一些。基于大量动物实验和长期多中心临床研究，目前认为经食管实时三维超声心动图技术已广泛应用于高龄或重症患者的主动脉瓣病变的围术期评估，包括重度的主动脉瓣狭窄和关闭不全，经心尖或经股动脉人工主动脉瓣置换术发展已臻完善，减少了患者的射线暴露时间和大面积的有创损伤。

经皮人工主动脉瓣置换在临床实践中已经广泛开展，经皮二尖瓣与三尖瓣置换开展得相对较少。一方面可能由于房室瓣病变的适应证更加严格，反流程度与心功能息息相关；另一方面可能更加依赖于经食管超声心动图检查者的操作与配合。技术还不成熟的医院可以先在动物实验中学习手术的操作技巧，完善团队的配合，再进一步开展临床工作。

3.全生物可降解型封堵器

目前市面上常见的房间隔缺损封堵器主要由形状记忆合金支架及合成织物构成，需要终身携带。以Amplatzer房间隔缺损封堵器为例，双盘镍钛合金网状支架展开固定装置，阻挡部分血流，内部聚酯补片进一步堵塞分流，经过3～6个月，肉芽组织长入装置内部使其内皮化。随着科学技术的发展，“生物可降解”的概念被引入封堵器的研制中。研究者对各种多聚高分子可降解材料封堵器均进行了动物实验，探索适用于临床推广的完全生物可降解封堵器，目前主要包括聚左旋乳酸封堵器、二氧环己酮封堵器和聚己内酯（polycaprolactone，PCL）封堵器。

Li等使用Absnow™完全生物可降解材料成功研制聚左旋乳酸封堵器，由支撑网、封头、栓头、缝合线、阻流膜、显影点和锁定件组成，在45只人造房间隔缺损动物的实验中证实了该款封堵器具有良好的安全性和有效性，其中可降解封堵器27只，对照18只，有效封堵率为100%。Zhu等研制的房间隔封堵器采用二氧环己酮单丝编织框架、聚乳酸无纺布和聚乙醇酸缝线制作阻流膜，在封堵器左右盘片对称部位缝上金属钽颗粒作为X线显影标记。应用该款封堵器成功封堵狗房间隔模型16例，失败2例。术后第4周，封堵器部分开始与心内膜融合；术后24周，封堵器盘面覆盖瓷白色内皮组织，二氧环己酮丝不易辨认；术后6个月，未见封堵器脱落和残余分流，未见动物行为异常、偏瘫。病理发现8周时封堵器周围有局部炎性反应，在12～24周炎症明显消退，封堵器盘面内皮化，且有新生血管生长，二氧环己酮丝大部分降解，肺、肝、脾和肾组织未发现明显异常。戴柯等评估全生物可降解型房间隔缺损封堵器封堵10只猪房间隔缺损的疗效、并发症和生物相容性，使用二氧环己酮丝编织封堵器框架和聚乳酸无纺布薄膜做成阻流膜，封堵器输送到位后采用双盘自膨式成形封堵房间隔缺损。经食管超声心动图随访观察术后30天，见新生内膜组织从封堵器边缘逐渐覆盖装置；装置在术后90天基本被新生内膜组织完全覆盖；术后180天可见封堵器完全被光滑致密的内膜组织覆盖。双伞封堵器是由新加坡理工大学研制的房间隔缺损/卵圆孔未闭封堵器，伞盘采用聚己内酯材料制成，锚定性好，两伞盘之间的薄膜由聚己内酯–聚丙交酯共聚物（polycaprolactone-lactide copolymer，LC）制成，两盘之间由一个非弹性的连接杆所连接，封堵器输送到位后可自膨展开成双盘结构封堵缺损。动物实验证实封堵器植入1个月后，X线透视及超声心动图显示装置位置稳定，无分流，具有良好的完整性和机械强度，表现出良好的内皮化，但其中长期安全性及有效性尚有待进一步的研究证实。

近日，国家药品监督管理局正式批准由我国自主研发的全球首款MemoSorb全降解封堵器上市，主要作用是促进自体组织修复后逐步降解。新型可降解封堵器共包含40种规格，4种腰部高度（2.8 mm、5 mm、7 mm、10 mm）全面覆盖不同封堵需求。该封堵器采用聚对二氧环己酮和聚左旋乳酸两种生物高分子材料平衡封堵器自身的降解速度和内皮化速度，并通过设计了独特的成型线解决了可吸收材料弹性差、封堵器难以塑形的问题，并于2017年完成了动物实验。MemoSorb®封堵器上市标志着先天性心脏病介入治疗迈入了完全无残留的新时代，是全球心血管介入治疗领域的重要里程碑。另外，中国原创的介入方法学为可吸收封堵器的研发带来了新的曙光，由中国医学科学院阜外医院原创的超声引导介入技术完全不依赖放射线，采用超声引导介入治疗，可在人体内清晰显示可吸收材料，无需金属标志物，就可以植入“完全可吸收”的封堵器。

2018年2月，MemoSorb全球首个完全可降解封堵器系统临床试验的首例患者成功入组完成手术，此为一项前瞻性、随机对照、非劣效性研究，国内7家知名临床中心参与，充分证明了全降解封堵器系统的安全性和有效性。根据术后12个月随访数据显示，在有效性方面，对照组与试验组封堵成功率均为100%。在安全性方面，试验期间两组均未发生Ⅲ度房室传导阻滞，仅对照组发生1例室性期前收缩。主动脉瓣未观察到新发的少量及以上主动脉瓣反流，术前和术后两组间三尖瓣反流无明显差别，无中量及以上反流。关于该款全降解封堵器系统的降解性能，经过专业的超声测量评估可见，对照组术后1个月、3个月、6个月、12个月时封堵器结构完整，轮廓明确，无残余分流，无其他结构异常；试验组在1个月、3个月、6个月、12个月均封堵完全，无残余分流，周围无其他结构异常，术后6个月可显示封堵器轮廓及形态缩小，术后12个月超声显示封堵器完全消失，恢复正常组织形态。

4.心脏移植

慢性终末期心脏病包括慢性充血性心力衰竭、严重冠状动脉疾病或瓣膜疾病等，严重影响患者的生活质量，心脏移植是针对此类疾病最后的诊疗方法，是将已判定为脑死亡并配型成功的人类心脏完整取出，植入所需受体胸腔内的同种异体移植手术，根据是否保留受体的自体心脏，将其分为原位心脏移植术和异位心脏移植术。目前我们中心已经完成原位心脏移植数十例，明显改善了患者的生活质量。

器官移植主要有两个分支：一个是“同种异体器官移植”，也就是接受器官移植的受体和供体是同一种类，比如人与人之间的器官移植；还有一个是“异种器官移植”，比如将动物的器官移植到人体中。目前，在临床上进行的器官移植手术，绝大多数是同种异体器官移植，但由于供体数量不足，很多人到生命的最后一刻也无法等到适合的器官。据专家估算，我国每年需要进行器官移植来挽救生命的患者大约有30万。2020年我国器官供体与受体的比例为1∶15。为缓解器官移植严重“供不应求”的矛盾，科学家们很早开始尝试动物器官替代的方法，开展异种器官移植也成为世界公认解决器官短缺的重要途径。

人们最先想到的是与人类亲缘关系密切的猴、猩猩和狒狒。它们与人类同属于灵长类，器官结构、生理功能、新陈代谢与人类相似。早在20世纪60年代，外科医生曾试图将猩猩的器官移植到人类身上，受体免疫系统很快对移植的器官产生了排斥，导致移植器官在短时间内发生功能衰竭，从而造成接受器官移植者的死亡。初期探索的反复失败，让人们意识到灵长类的“近亲”们可能并不是理想的器官移植供体，而将灵长类列为器官供体候选者也面临着包括技术、伦理在内的诸多问题。灵长类中大多数体型较小的种类，其器官性能和尺寸又无法承担人类代谢的需要；灵长类繁殖率较低，且体型较大的猩猩和狒狒，本身处于濒危状态，也难以满足人类对器官移植数量的需求。与人类是“近亲”

的它们，还可能带有一些人类易感染的病毒，如猴免疫缺陷病毒和埃博拉病毒等，一旦此类器官移植到人体上，发生重组后就可能产生更有害的病毒。科学家们又将目光转移到了体型、食性、代谢水平等外在指标与人类接近的动物身上。猪因其器官大小与人类相仿，传染病发生风险较低，数量相对更为充足等优势，被认为是现阶段异种器官移植的最佳选择对象。另外植入人体细胞的猪的心脏瓣膜已经在临床上用于治疗瓣膜疾病，猪的韧带肌腱移植也已经成熟。2022年1月7日，美国马里兰州的医生首次将基因编辑猪的心脏移植到了人类患者大卫·贝内特身上。

不管是前期的动物实验还是后期的临床应用，经食管超声心动图都发挥重要作用：术前补充或修正诊断、评估病变严重程度，协助手术医生及时调整手术策略、制定手术方案；术后循环接近生理状态时，即刻评估手术效果，若效果不满意或出现并发症，则建议再次手术干预；术后即刻指导心腔排气，避免残余气体栓塞冠状动脉或脑动脉；经外周体外循环建立过程中，帮助引导定位导管就位；即刻评估左心室整体和局部功能、监测血容量，如果存在难以解释的对治疗无反应的血流动力学不稳定状态、持续低血压、低氧血症，以及出现或怀疑心肌缺血、心肌梗死、心功能不全时，应及时行经食管超声心动图检查。

总之，不管是心血管疾病动物模型的建立，还是新型诊疗材料的研发与使用，都离不开经食管超声心动图的围术期评估。

第五节　心功能的评估

心脏是循环系统的动力泵，分为四个腔室：左侧的左心房和左心室，承担体循环工作；右侧的右心房和右心室，承担肺循环工作。心脏具有主要泵血功能的腔室是左心室，其功能改变对动物模型制备、治疗方案选择、疗效评价及预后评估均有重要意义。而超声心动图是评估心脏功能，尤其是左心室功能的首选工具。

一、左心室功能

左心室在收缩期泵出血液到体循环，舒张期收纳循环系统的回血。左心室功能测定包括收缩功能和舒张功能，超声心动图可计算一系列血流动力学指标，是评估左心室收缩功能的首选方法。

（一）收缩功能

常用指标包括直径和容积参数、心肌组织多普勒心肌运动速度和时间参数、心肌应变和扭转参数等。本节主要讲述常规方法评估左心室收缩功能，包括M型超声、二维超声和多普勒超声。

1. M型超声心动图

采用校正的立方体积法（Teich）计算，适用于无节段性室壁运动异常者。标准的胸骨旁左心室长轴切面、二尖瓣腱索水平，将取样线垂直于室间隔和左心室后壁，测量左心室舒张末期内径、收缩末期内径，设备自动计算左心室舒张末期容积、左心室收缩末期容积、每搏量、心排血量、左心室短轴缩短率及左心室射血分数（图2-5-1）。

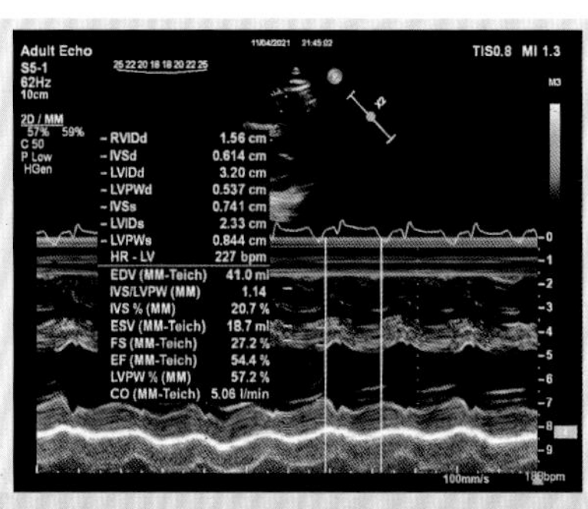

RVIDd：右心室舒张末期内径；IVSd：室间隔舒张末期厚度；LVIDd：左心室舒张末期内径；LVPWd：左心室后壁舒张末期厚度；IVSs：室间隔收缩末期厚度；LVPWs：左心室后壁收缩末期厚度；左心室率：HR-LV；EDV：舒张末期容积；IVS/LVPW：室间隔/左心室后壁厚度比率；IVS%：室间隔收缩期增厚率；ESV：收缩末期容积；FS：短轴缩短率；EF：射血分数；LVPW%：左心室后壁收缩期增厚率；CO：心输出量—基于M型超声Teich法（MM-Teich）测量。

图2-5-1　M型超声测量心功能

2.Simpson法

无论有无节段性室壁运动异常，均可采用该方法。需要获取标准的心尖四腔及心尖两腔心切面，手动描记左心室舒张末期和收缩末期心内膜边缘，根据Simpson公式原理采用碟片法或根据椭球体公式采用面积-长度法，自动计算左心室舒张末期容积、左心室收缩末期容积、每搏量和左心室射血分数（图2-5-2）。

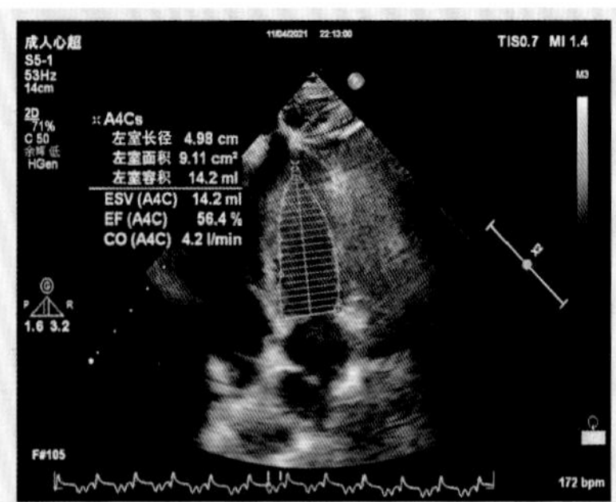

A4C：心尖四腔心。

图2-5-2　心尖四腔心切面（采用Simpson法测量心功能）

3.多普勒技术

（1）脉冲波多普勒技术：适用于无明显主动脉瓣反流者。于胸骨旁左心室长轴切面测量主动脉瓣环径和左心室流出道直径，计算其横截面积；于心尖五腔心切面测量左心室流出道和主动脉瓣口的频谱、描记速度-时间积分（velocity time integral，VTI），$SV = \pi (D/2)^2 \times VTI$，其中SV为每搏量，代表收缩期通过主动脉口的血流量；D是主动脉瓣环直径。

（2）连续波多普勒技术：心尖四腔心切面获取二尖瓣反流频谱，计算左心室压力最大上升速率dp/dt（dp指压力差，dt指时间差），根据简化的伯努利方程计算压力，测量1 m/s（4 mmHg）和3 m/s（36 mmHg）之间的dt，dp/dt = 32/dt。

上述方法主要用于评估左心室整体收缩功能，左心室局部收缩功能的评估建议采用16节段或17节段法（包括心尖帽）。根据冠状动脉血液供应的区域可将左心室分为不同节段（图2-5-3，图2-5-4）。沿左心室长轴将左心室分为基底段、中间段和心尖段3等份，其中心尖四腔心切面主要是后间隔和左心室侧壁，心尖两腔心切面主要是左心室前壁和下壁，心尖三腔心切面主要是前间隔和左心室后壁。以左心室短轴划分节段，分为二尖瓣水平、乳头肌水平和心尖水平，其中二尖瓣水平、乳头肌水平分为6个节段，分别是前室间隔、左心室前壁、前侧壁、后/下侧壁、下壁、下室间隔；心尖水平分为4个节段，分别是室间隔、左心室前壁、侧壁、下壁。

常规评估室壁运动可采用目测法，评分标准：运动正常为1分，运动减低为2分，运动消失（无运动）为3分，反常运动

（矛盾运动）为4分，室壁瘤形成为5分。将所有节段的记分进行平均后，计算出左心室室壁运动积分指数（wall motion scoring index，WMSI），室壁运动积分指数=1为正常，>1为异常，>2为显著异常。对每一心肌节段也可使用室壁运动半定量方法进行评估，同时评估心肌运动的同步性。

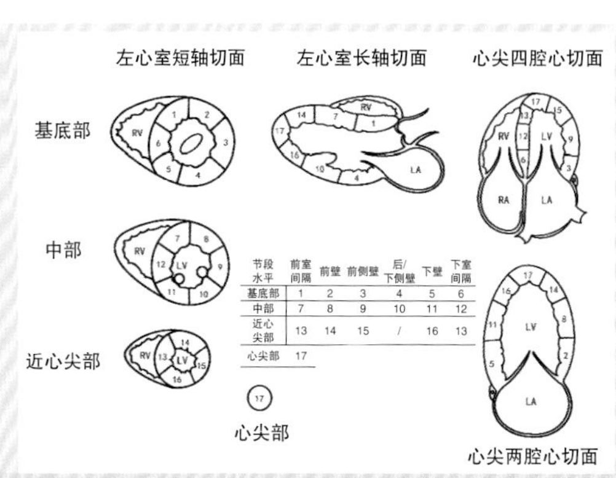

节段水平	前室间隔	前壁	前侧壁	后/下侧壁	下壁	下室间隔
基底部	1	2	3	4	5	6
中部	7	8	9	10	11	12
近心尖部	13	14	15	/	16	13
心尖部	17					

LV：左心室；LA：左心房；RV：右心室；RA：右心房。

图 2-5-3 超声室壁节段划分

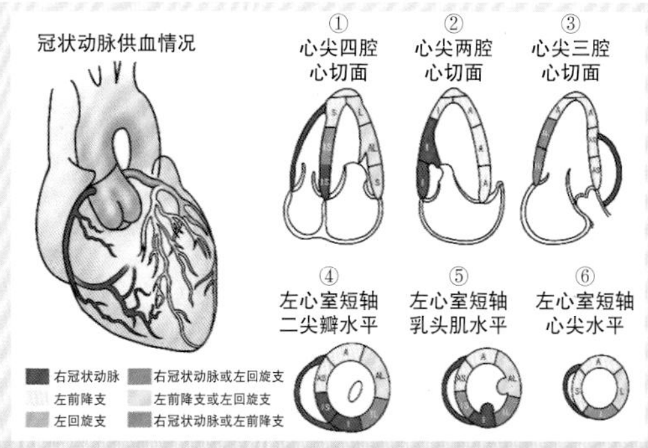

AS：前室间隔；AL：前侧壁；A：前壁；I：下壁；IS：下室间隔；IL：后/下侧壁；S：室间隔；L：侧壁。

图2-5-4 室壁节段与冠状动脉血供关系

超声心动图可采用斑点追踪成像技术测量局部力学参数应变及应变率，从而定量评估局部心肌功能，区别主动收缩和被动牵拉，反映心肌主动收缩功能。目前指南推荐的形变参数是左心室收缩期的长轴峰值应变。左心室不同节段收缩指标达峰时间差可由M型超声、频谱多普勒、组织多普勒、斑点追踪及三维超声获取。由于局部心肌运动力学指标缺乏正常参考值，且各厂家仪器测量的变异较大，因此推荐评估左心室整体心肌运动功能，若确实须评估节段心肌功能，可行术前与术后对比观察。

（二）舒张功能

左心室舒张功能是在左心室收缩后容量和压力恢复的能力，包括等容舒张期和心室充盈期两个时相。舒张过程一般分为松弛期、心室充盈期和心房收缩期。左心室心肌的弹性回缩力、左心室心肌舒张速率、左心室腔顺应性和左心房压力等因素都会影响心室舒张功能。金标准依赖于有创的心导管检查技术，超声心动图是目前最常用的间接估测方法。左心室充盈压的判断至关重要，舒张功能异常及其严重程度的评估需要考虑心率、血压等因素的影响，再结合二维超声心动图和多普勒超声检查，包括左心室容量、室壁厚度、左心室射血分数、左心房容量、二尖瓣病变和基本节律等，另外，还要考虑图像质量和其他影响因素。

1.频谱多普勒

二尖瓣血流频谱（图2–5–5）：目前最简单且常用的方法。心尖四腔心切面彩色多普勒血流条件下，脉冲波多普勒取样容量在二尖瓣瓣尖水平获取，主要参数包括舒张早期E峰流速（E）、舒张晚期A峰流速（A）、E/A比值、E峰减速时间（deceleration time，DT）、A峰持续时间（peak A duration，Ad）等。正常情况下E/A＞1。二尖瓣E/A值用于确定充盈类型：正常、松弛受损、假性正常化和限制性充盈障碍。需要注意的是，版纳微型猪心率较正常成人明显偏快，二尖瓣血流频谱中E峰与A峰会出现融合，并不代表存在舒张功能障碍。

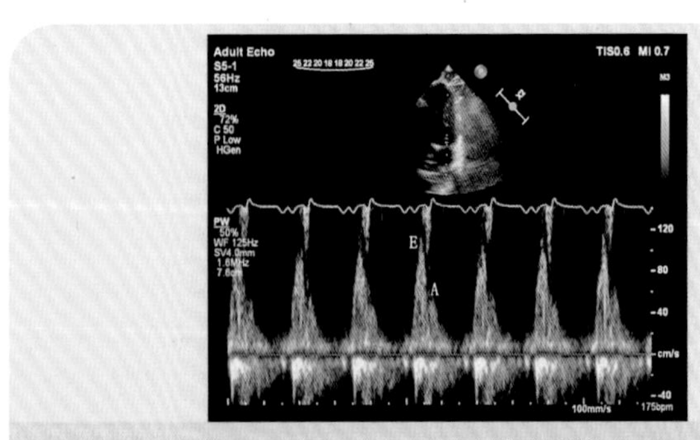

图2–5–5　二尖瓣血流频谱

肺静脉血流频谱：正常肺静脉血流频谱由收缩期正向波（S波）、舒张早期正向波（D波）、舒张晚期负向波（Ar波）3部分组成。常用指标包括S峰值流速、D峰值流速、S/D比值、Ar波峰值流速和Ar波持续时间（Ard）。一般采用右下肺静脉测量，但版纳微型猪受体型、体位影响，有时难以获取满意的肺静脉频谱。

收缩期三尖瓣最大反流速度：心尖四腔心切面采用彩色多普勒血流模式，通过连续波多普勒获取三尖瓣收缩期反流频谱，测量最大收缩期速度（图2-5-6）。主要用于评估收缩期肺动脉压，与无创获取的左心房压之间具有显著相关性。

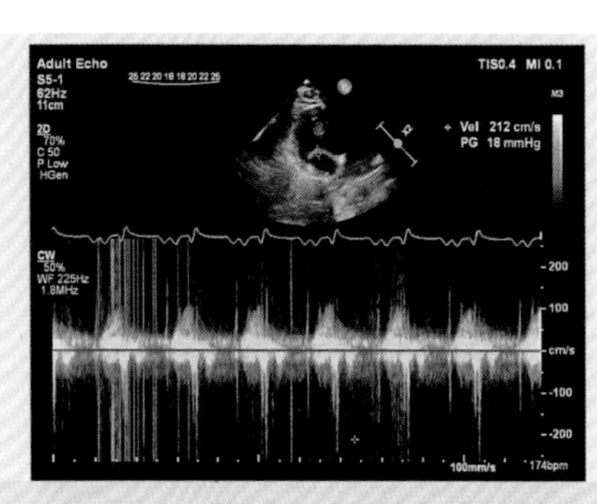

图2-5-6 收缩期三尖瓣最大反流速度

2.组织多普勒

二尖瓣环侧壁和间隔运动速度（图2-5-7，图2-5-8）：取心尖四腔心切面，组织多普勒取样容积5～10 mm，于二尖瓣环处侧壁和室间隔处获取图像，参数包括舒张早期运动速度（Ea）、舒张晚期运动速度（Aa）和收缩期运动速度（Sa）。测量值不受心房颤动和快速心率的影响。二尖瓣血流E峰速度除以二尖瓣环处侧壁和间隔舒张早期速度的平均值Ea，即E/Ea，常用于估测左心室充盈压，正常值<14。

等容舒张时间：指从主动脉瓣关闭至二尖瓣开放的时间，正常值为70～90 ms。

心肌做功指数（myocardial performance index，MPI）：即Tei指数（图2-5-9），是评价整体功能的指标，其中等容收缩时间和等容舒张时间反映左心室整体功能。计算公式为Tei指数=（等容收缩时间+等容舒张时间）/左心室射血时间，可通过采集心尖四腔心的血流多普勒和组织多普勒图像获得。血流脉冲波多普勒超声的取样容积放置于左心室流出道与二尖瓣口之间，获得收缩期左心室流出道及舒张期二尖瓣的血流频谱图；组织多普勒的取样容积放置于二尖瓣环，获得组织多普勒速度图。左心室舒张异常可引起心肌松弛异常，从而延长等容舒张期导致Tei指数增加。Tei指数在心室收缩功能正常时能很好地反映左心室舒张功能的变化。

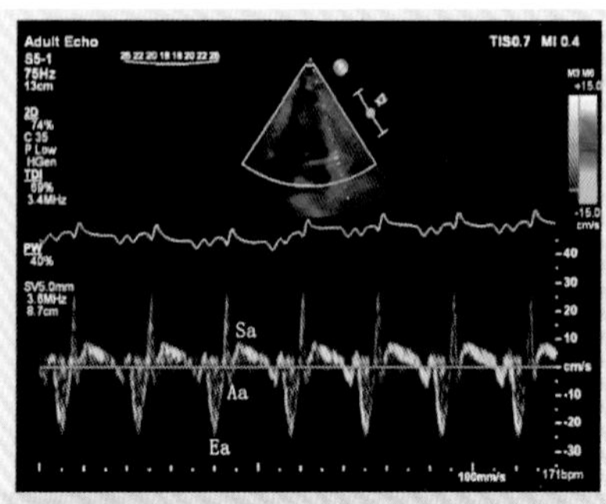

图2-5-7　二尖瓣环侧壁运动速度

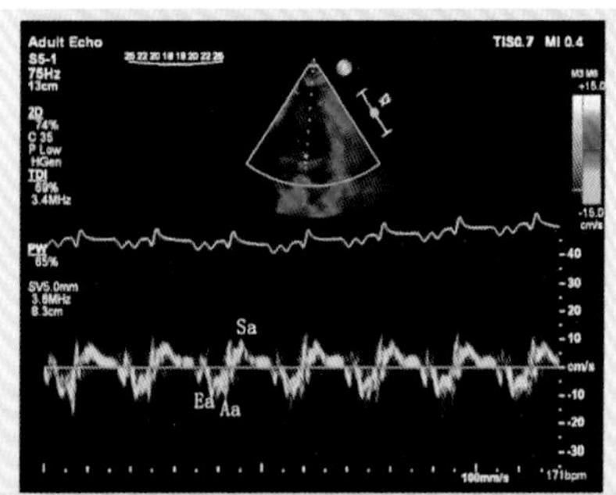

图2-5-8　间隔运动速度

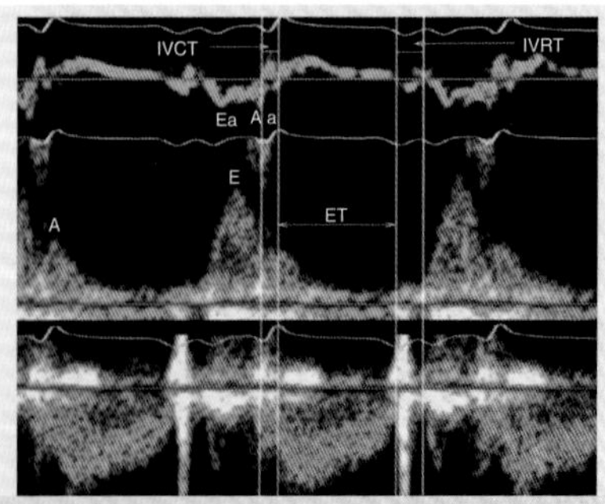

IVCT：等容收缩时间；IVRT：等容舒张时间。

图2-5-9　Tei指数的测量方法

3.M型超声

房室平面位移（atrioventricular plane displacement，AVPD）：Alam等提出房室平面位移可评价左心室舒张功能。其方法为用M型超声心动图测量左心房主动收缩引起房室平面位移（A）及房室平面位移最大值（T），计算A/T比值。

舒张早期左心室内血流播散速度（flow propagation velocity，FPV或Vp）：应用M型彩色多普勒技术评价左心室舒张功能，正常值大于45 cm/s，心肌松弛性减退及二尖瓣血流频谱假性正常时血流播散速度减小。

文献中评价患者舒张功能异常的参考指标很多，尤其是舒张功能异常的分级诊断流程相对复杂。根据国内外最新临床研究成果，结合我国国情及临床实践，中华医学会（Chinese Medical Association）超声医学分会超声心动图学组“标准与规范”中简化了左心室射血分数正常的舒张功能评估流程（图2-5-10）。然而，指南参数是针对临床患者的，在动物实验中其应用价值有待商榷。

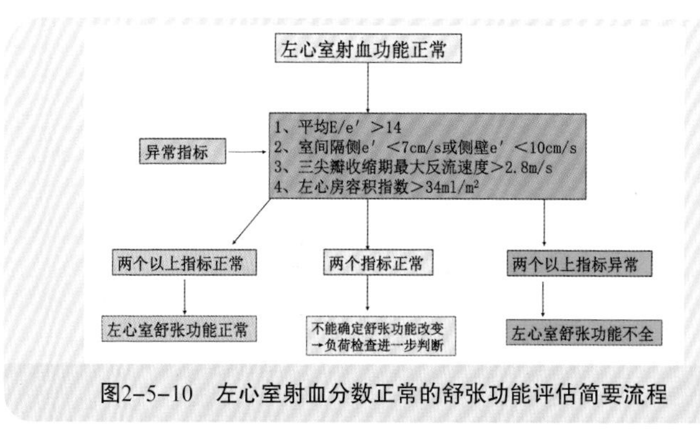

图2-5-10　左心室射血分数正常的舒张功能评估简要流程

二、右心室功能

右心室由肌性流入道、流出道及心尖肌小梁三部分组成，承担肺循环血供。右心室腔呈不规则新月形，心尖肌小梁较发达，流入道和流出道不在同一平面，难以进行标准几何模型假设，不能够完全应用左心室超声心动图方法评估右心功能。在各种疾病影响下，如肺动脉栓塞、肺源性心脏病、房间隔缺损、三尖瓣关闭不全，右心室形态可有多种变化，右心室功能评估更加复杂。目测评估右心室大小的变化、右心室壁运动，定量指标包括右心室面积变化分数、三尖瓣环收缩期位移、心肌做功指数等。随着超声技术的发展，三维超声心动图、应变成像、组织多普勒成像等不依赖心脏几何构型假设的相关技术出现，使右心功能的评估更加客观，本章第六节中详细讲述。

（一）右心室收缩功能

1.二维右心室面积变化分数

采集心尖四腔心切面动态图像，右心室图像须包括完整的肌小梁、腱索及三尖瓣叶。二维右心室面积变化分数（2D-right ventricular fractional of area change，2D-RVFAC）=（右心室舒张末期面积–右心室收缩末期面积）/右心室舒张末期面积×100%（图2–5–11～图2–5–13），正常值>35%。

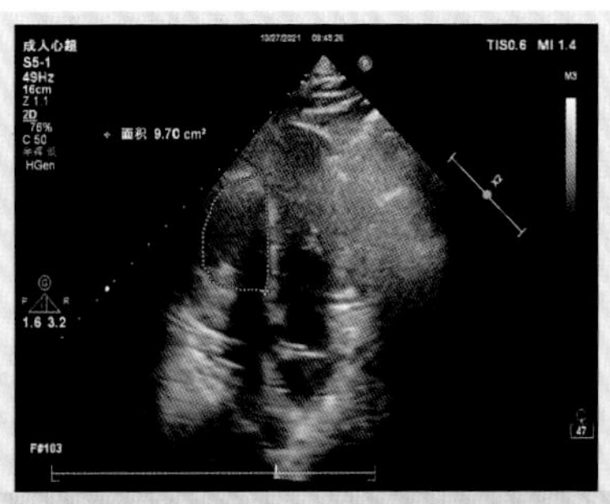

图2–5–11　右心室舒张末期面积（虚线圈所示）

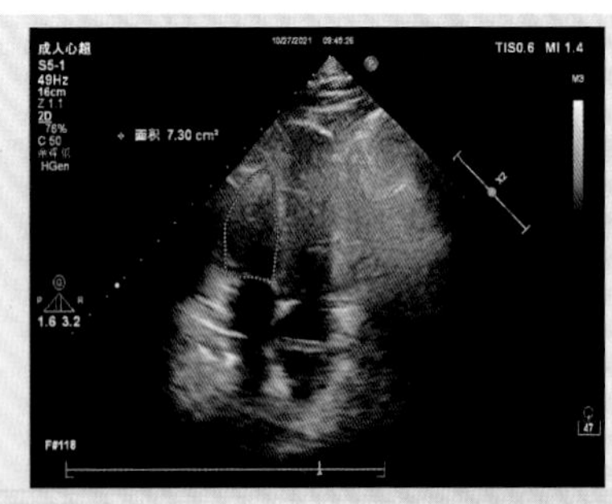

图2–5–12　右心室收缩末期面积（虚线圈所示）

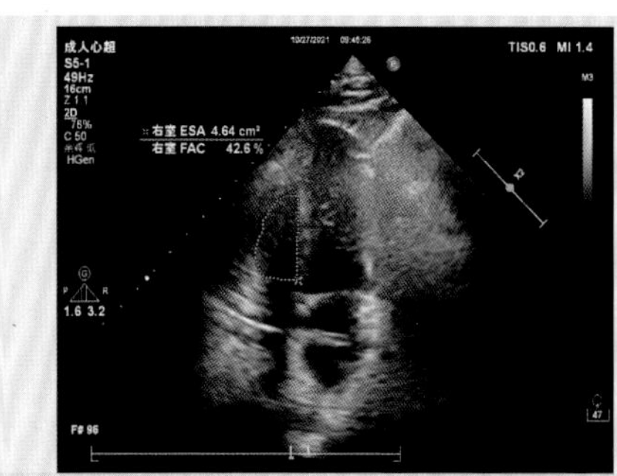

虚线圈示右心室面积。FAC：面积变化分数。

图2-5-13 二维右心室面积变化分数

2.右心室射血分数

由于右心室形态不规则，二维超声难以获取满意的右心室容积数据，推荐采用三维超声心动图获取右心室容积及三维右心室射血分数（right ventricular ejection fraction，RVEF），要求调整图像位置以获得清晰右心室图像。需要注意的是，与MRI测量右心室容量相比，三维超声仍然低估右心室容量。

3.三尖瓣环收缩期位移

测量方法：于心尖四腔心切面，M型取样线置于三尖瓣前叶瓣环处，测量三尖瓣环舒张末期至收缩末期的最大位移距离（图2-5-14）。三尖瓣环收缩期位移（tricuspid annular plane systolic excursion，TAPSE）代表右心室的纵向收缩功能。该方法操作简单、重复性好，不须追踪心内膜缘，且不依赖几何形状假设，较少受到图像质量的影响，但有一定的角度依赖及负荷依赖性。成人三尖瓣环收缩期位移<16 mm反映右心室收缩功能

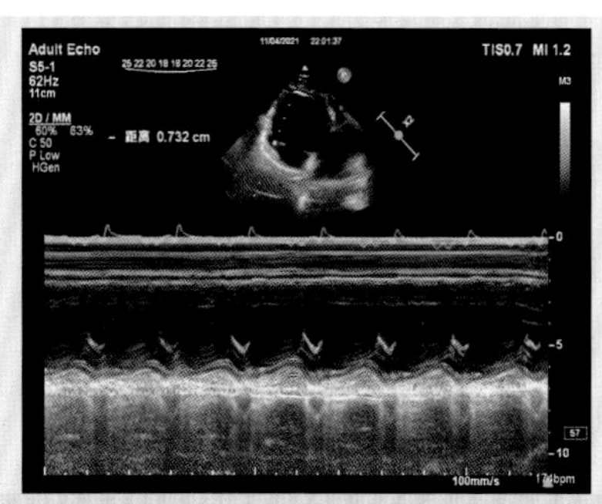

图2-5-14 三尖瓣环收缩期位移

减低，版纳微型猪暂无正常参考值，考虑其体重、身长，推测三尖瓣环收缩期位移小于正常成人，必要时可进行术前、术后对比观察评估。

4.右心室心肌做功指数

右心室心肌做功指数（right ventricular index of myocardial performance，RIMP），反映右心室整体的收缩和舒张功能。右心室心肌做功指数 =（等容舒张时间 + 等容收缩时间）/射血时间。可通过频谱或组织多普勒两种方法获取，在右心室流出道通过脉冲波多普勒频谱测量射血时间，在三尖瓣口脉冲波多普勒测量三尖瓣关闭-开放时间，并用连续波多普勒测得三尖瓣反流时间，两者相减即可得出等容舒张时间 + 等容收缩时间。脉冲波多普勒测右心室心肌做功指数>0.40，组织多普勒测右心室心肌做功指数>0.55，提示右心室功能不全。需要注意右心室心肌做功指数不能够单独用以评估右心室功能，需要结合其他参数综合评估。

5.三尖瓣环收缩期速度（S′）

组织多普勒取样容积置于右心室三尖瓣环处，可测量收缩期三尖瓣环运动速度S′（图2-5-15），反映右心室整体收缩功能。S′<9 cm/s表明右心室收缩功能减低，但是右心室基底段运动异常在以下情况不能够完全代表右心室收缩功能，如右心室心肌梗死、肺动脉栓塞等。

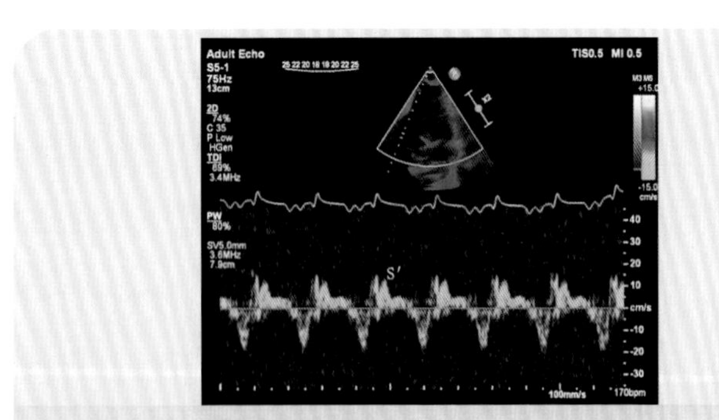

图2-5-15 取样容积放置于三尖瓣环，获得组织多普勒速度图

（二）右心室舒张功能

目前右心室舒张功能评估的应用价值有限，推荐右心房直径和面积大小、三尖瓣血流E/A为主要观察指标，组织多普勒测量

的三尖瓣环侧壁舒张早期及舒张晚期的运动速度（e′）、E峰减速时间、肝静脉血流频谱为次要观察指标。右心室舒张功能异常判断建议：三尖瓣E/A＜0.8提示右心室松弛功能受损；三尖瓣E/A在0.8～2.1伴E/e′＞6，或肝静脉内出现明显的舒张期血流，提示右心室舒张功能中度受损（假性正常化）；三尖瓣E/A＞2.1伴减速时间＜120 ms，提示右心室限制性充盈障碍。

需要注意的是，版纳微型猪心率较正常成人明显偏快，三尖瓣血流频谱中E峰与A峰有时会出现融合，影响E/A比值的判断，此时并不代表存在舒张功能障碍。与成人诊断标准不同的是，成人的下腔静脉内径及塌陷率是评估右心室舒张功能的常用指标，但对于版纳微型猪，因无法获取满意的后腔静脉长轴切面，而无法用该参数评估右心室舒张功能。

总之，超声心动图可通过二维超声、M型超声及脉冲与组织多普勒超声等一系列方法评估心脏的血流动力学指标，量化左心室与右心室的收缩和舒张功能。需要注意的是，本节内容涉及的参数选择与正常值范围是参照正常成人标准，目前尚无学者统计不同月龄和体重版纳微型猪的常规心脏超声参数，故无正常参考值借鉴。通过版纳微型猪制备心血管疾病的动物模型时，可留存术前基线资料，通过对比术前与术后各超声参数的变化，参考人类不同心血管疾病超声参数的变化趋势，再结合具体情况，做出判断与思考。

第六节　新技术的应用

一、超声造影

猪的心脏循环与人相似，大型动物实验中多选择版纳微型猪构建心脏疾病模型，须注意的是由于健康猪的冠状动脉侧支循环较少，故心肌和心脏传导系统对冠状动脉缺血耐受性差，建立相关心脏模型时需要考虑该因素。常见的心血管超声造影分为左心声学造影和右心声学造影，本书详述两种造影方式的分析方法、要点及临床应用，以期为以后的超声造影动物实验研究提供相关的经验借鉴及理论基础。

左心声学造影是在常规超声心动图及血管超声检查基础上应用声学增强剂，可清晰显示左心室心内膜边界，很大程度上提高左心室射血分数测量的准确性，并在判断左心室壁运动、心脏解剖结构、心肌血流灌注等方面提供重要诊断信息。左心声学造影在动物实验冠心病缺血再灌注模型中判断心肌微循环灌注具有独特优势。右心声学造影主要用于诊断或排除肺内或心内右向左分流相关疾病，如卵圆孔未闭、肺动静脉瘘、毛细血管扩张症、肝肺综合征、术后残余分流或侧支等。

（一）检查技术和检查方法

1.常用声学增强剂

（1）右心声学增强剂：右心声学造影剂的选择较多，包括混有空气的葡萄糖、0.9%氯化钠溶液、明胶、维生素B_6、过氧化氢、碳酸氢钠等，临床常用的是由0.9%无菌氯化钠溶液振荡制备而成的造影剂，我科临床应用最多的是0.9%氯化钠溶液8 mL+空气1 mL+自体回抽血液1 mL，造影微泡细小而密集，持续时间较长。具体制备过程：须准备两个10 mL注射器和一个三通管，其中一个注射器抽取8 mL氯化钠溶液和1 mL空气，再回抽血液1 mL，通过三通装置与另一个注射器连通，以80次/分钟的速度反复推送20次左右，制备成粉红色的空气微泡造影剂。注射时须仔细检查三通装置的稳固性，否则微泡造影剂容易喷射。本书中版纳微型猪右心造影的微泡主要是通过维生素C（5 mL）+5%碳酸氢钠（10 mL）制备（图2-6-1）。

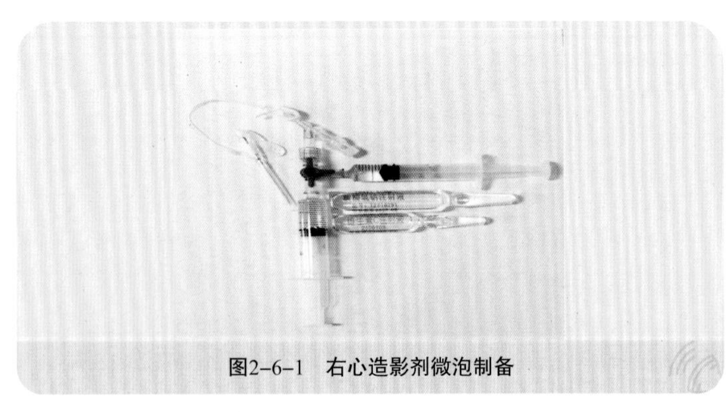

图2-6-1　右心造影剂微泡制备

（2）左心声学增强剂：国家食品药品监督管理局批准临床使用的声学增强剂为SonoVue，主要成分为六氟化硫微泡，90%微泡直径<8 μm，平均直径2.5 μm，pH为4.5～7.5。国产的声学增强剂全氟丙烷人血白蛋白微球注射液也已应用于临床多年。本书

中左心声学造影使用的增强剂是SonoVue，呈白色粉剂，在使用前注入0.9%氯化钠溶液5 mL配制成悬浮液，混合震荡后使用。静脉推注前不停地手摇振荡，使用时抽取1 mL悬浮液，以1 mL/min的速度经版纳微型猪耳缘静脉缓慢推注，后用氯化钠溶液冲管。

2.左心声学造影技术

左心声学造影技术主要包括左心室心腔声学造影（left ventricular opacification，LVO）和心肌声学造影（myocardial contrast echocardiography，MCE），根据机械指数（mechanical index，MI）大小，左心声学造影分为低机械指数（机械指数<0.3）和极低机械指数（机械指数<0.2）两种模式。检查开始前将超声造影所需仪器的参数设置好，本书中左心声学造影沿用成人造影模式，未修改造影参数。

不同造影模式图像采集方法：①左心室心腔声学造影模式：一般用于左心室心腔造影，左心室完全浊化后，连续采集3个心动周期的心尖四腔心、两腔心和三腔心切面（图2–6–2 ~ 图2–6–4），必要时采集左心室短轴切面（图2–6–5）。正常成人团注造影剂后左心室显像通常需要15 ~ 25 s，受到患者心率或体型影响，左心室完全浊化时间有一定差异，需要实时动态观察。版纳微型猪因体型小、四肢短、静脉途径较短，通常5 ~ 8 s左心室显像，10 s左右左心室完全浊化；②心肌声学造影模式（图2–6–6 ~ 图2–6–9）：在完成左心室心腔声学造影图像采集后，将仪器设置调整到心肌声学造影模式，观察声学增强剂在左心室和心肌内完全充填后，在持续输注声学增强剂的同时，选择左心室收缩末期触发“Flash”，采集“Flash”之前至少1个心动周期和“Flash”之后连续15个心动周期的心尖四腔心、两腔心和三腔心切面的爆破–再灌注图像；③负荷超声联合左心室心腔声学造影或心肌声学造影模式：可以选择药物负荷和运动负荷，前者主要包括多巴酚丁胺、腺苷、双嘧达莫等药物，后者主要包括活动平板和仰卧位踏车等运动。从动物实验方面考虑，可能药物负荷更加实用，便于操作。本文受检动物均为健康的版纳微型猪，未建立疾病动物模型，因此未做负荷联合造影超声检查。

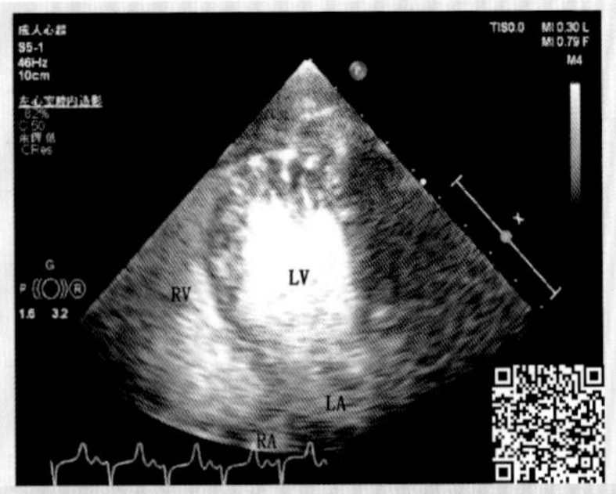

LV：左心室；LA：左心房；RV：右心室；RA：右心房。

图2-6-2　心尖四腔心切面（动态）

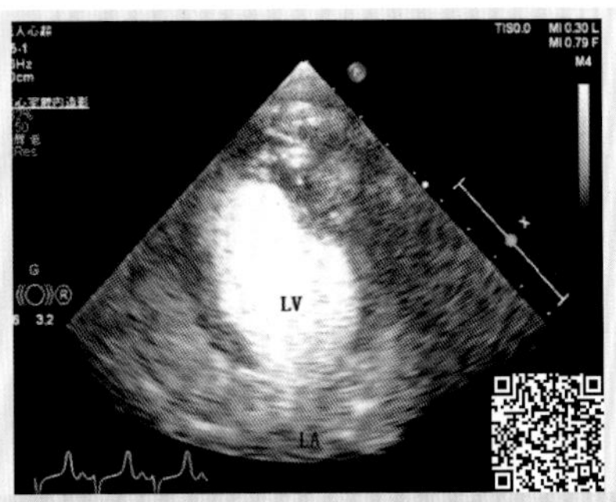

LV：左心室；LA：左心房。

图2-6-3　心尖两腔心切面（动态）

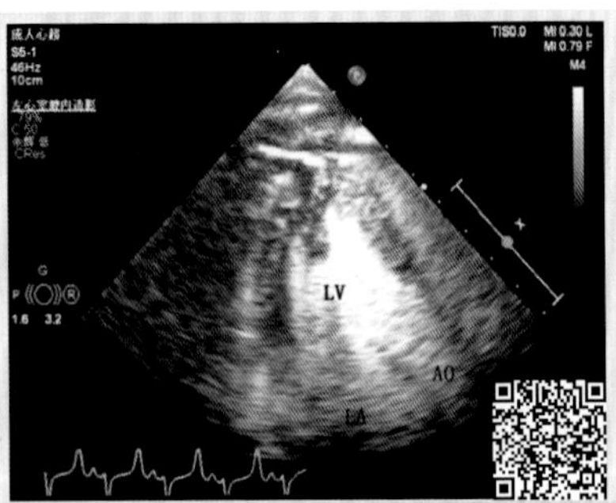

LV：左心室；LA：左心房；AO：主动脉。

图2-6-4　心尖三腔心切面（动态）

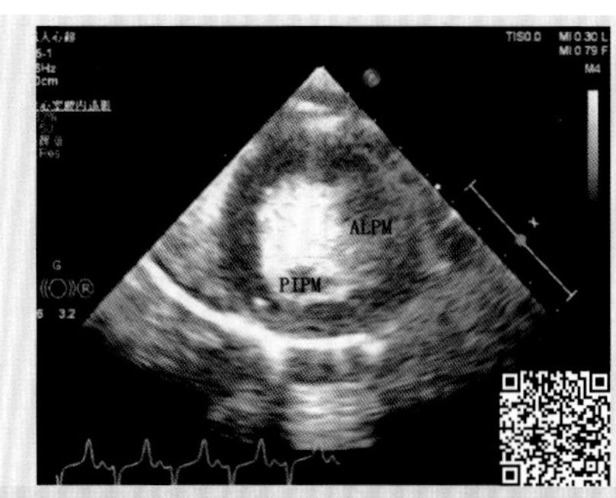

ALPM：前外侧乳头肌；PIPM：后内侧乳头肌。

图2-6-5 左心室短轴乳头肌水平（动态）

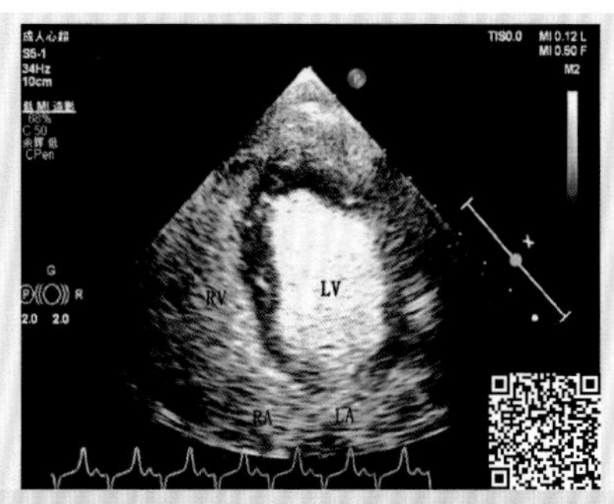

LV：左心室；LA：左心房；RV：右心室；RA：右心房。

图2-6-6 心尖四腔心切面（动态）

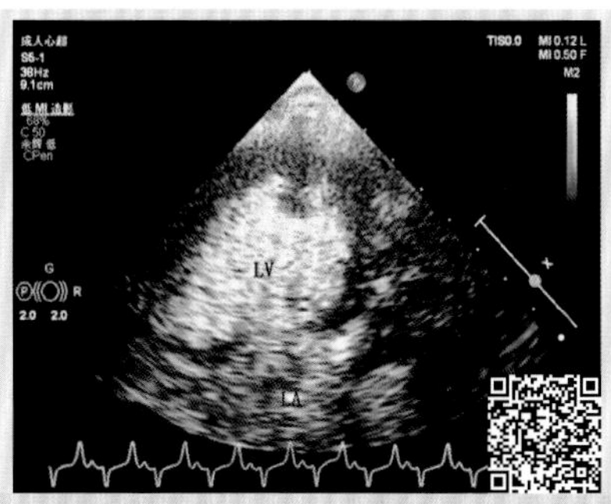

LV：左心室；LA：左心房。

图2-6-7 心尖两腔心切面（动态）

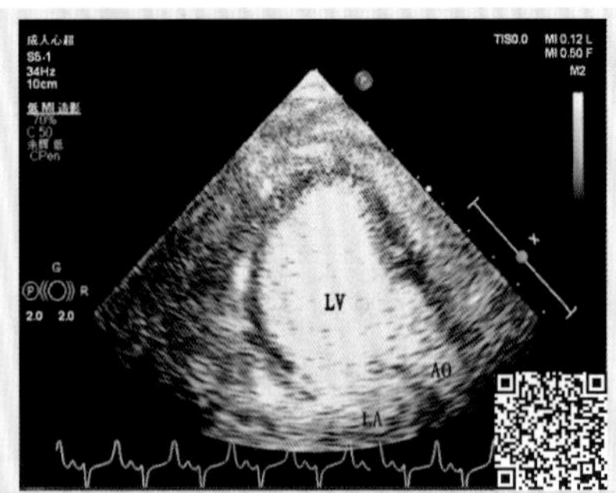

LV：左心室；LA：左心房；AO：主动脉。

图2-6-8　心尖三腔心切面（动态）

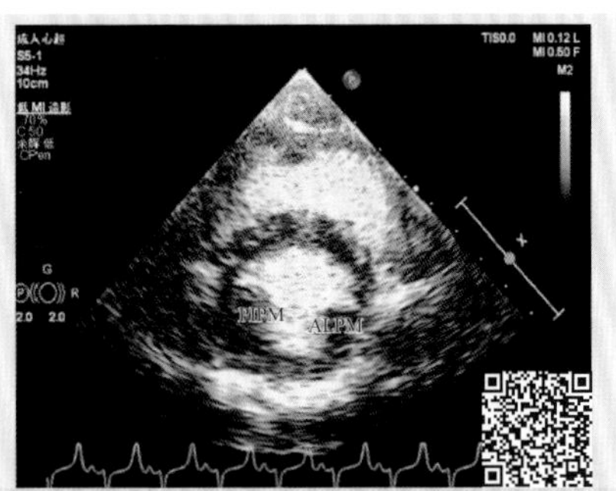

ALPM：前外侧乳头肌；PIPM：后内侧乳头肌。

图2-6-9　左心室短轴乳头肌水平（动态）

3.抢救设备和药品准备

声学增强剂的使用相对安全，但也需要备好抢救设施，要求参与实验的人员具备急救常识。药物及设备包括0.9%氯化钠溶液、0.1%肾上腺素、治疗过敏反应的药品及心肺复苏抢救设备。

（二）图像分析方法和要点

1.右心超声增强剂图像分析

经版纳微型猪耳缘静脉缓慢推注右心造影剂，微泡在右心房、右心室快速显影后，观察静息状态下及有效Valsalva动作后左心腔内是否有微泡、微泡的数量及显影的出现和持续时间，从而诊断有无心内和心外右向左分流（图2-6-10）。

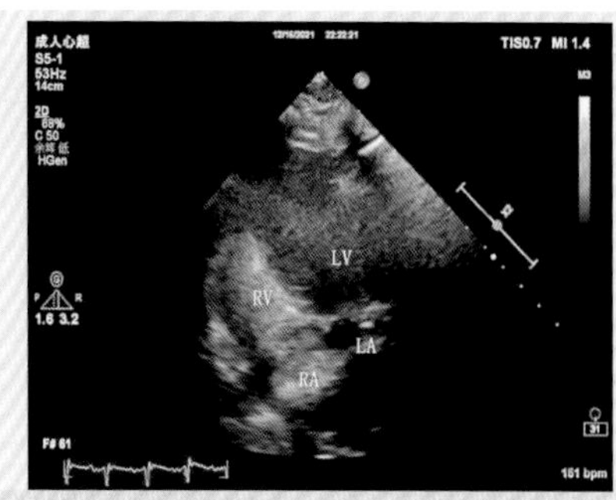

LV：左心室；LA：左心房；RV：右心室；RA：右心房。

图2-6-10　右心声学造影，右心房、右心室快速显影，左心未见明显微泡回声

一般左心腔内微泡出现在3个周期内或呈一过性，多考虑微泡来源于心房水平；左心腔内微泡6个心动周期后才出现或持续性存在，多考虑微泡来源于肺循环水平。须注意的是动物不能够自主完成Valsalva动作，建立相关心脏模型时需要考虑该因素。本书中右心声学造影配图仅显示健康版纳微型猪静息状态下的显像情况。

2.左心超声增强剂图像分析

采用左心室心腔声学造影模式观察心内膜边界，以及心尖四腔心、三腔心及两腔心切面，共17个节段左心室壁运动情况，计算室壁运动积分指数；可精确测量左心室容积和左心室射血分数；明确心脏解剖结构异常，如左心室心尖畸形、心尖肥厚型心肌病、左心室心肌致密化不全、左心室心尖血栓、左心室壁瘤、室壁穿孔、左心室内占位等（图2-6-11）。

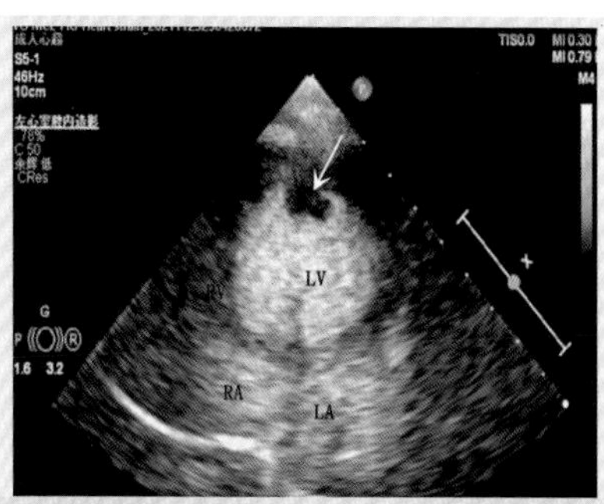

LV：左心室；LA：左心房；RV：右心室；RA：右心房。

图2-6-11　版纳微型猪心肌梗死模型，心尖四腔心切面左心室心腔声学造影，心尖帽充盈缺损（箭头所指）

心肌声学造影模式观察“Flash”之后心肌灌注情况。半定量分析法：造影剂恢复充盈时间≤4 s为灌注正常，记1分；4～10 s为灌注延迟，记2分；≥10 s为灌注缺损，记3分，并计算心肌灌注指数（17节段心肌灌注评分总和除以17）；定量法：选择感兴趣心肌，后台启动Qlab分析（Philips超声诊断仪）或Q-Analysis（GE超声诊断仪），产生自动灌注拟合时间–强度曲线，拟合指数函数Y=A[1-e-βt]，其中Y是任何时间的造影剂信号强度，A是造影剂达到平台期的信号强度，速率常数β（s^{-1}）反映微泡通过微循环的速率。通过测量微血管流速和毛细血管血容量，获得微循环心肌灌注参数（图2–6–12）：心肌血容量（A）、心肌血流速度（β）及心肌血流量（A×β），其中心肌血容量和血流速度的乘积（A×β）是心肌血流量的半定量指数，而绝对血流量可以通过将A值以血池信号标化得到绝对的微血管血流量（microvascular blood volume，MBV），此类指标与冠状动脉狭窄程度密切相关。冠状动脉狭窄程度越重，各项量化指标越低。微循环血液灌流量的减少可反映心肌血容量的减少（如心肌梗死后）、血流速度的下降（如严重狭窄）或两个因素共同所致。

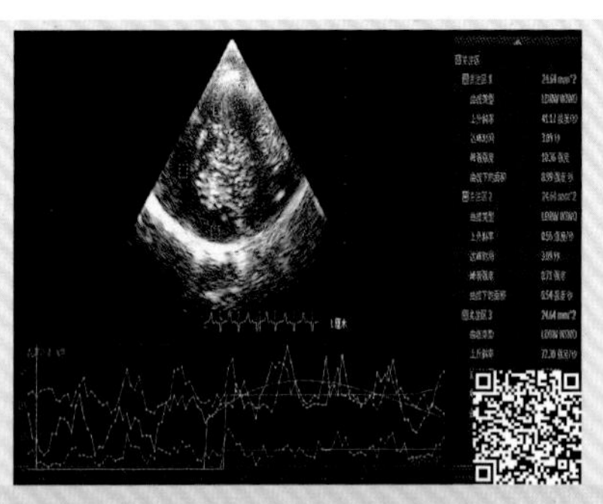

后间隔中间段（橙色）、左心室前壁中间段（蓝色）及左心室后壁中间段（绿色）的心肌灌注参数：曲线类型、上升斜率、达峰时间、峰值强度和曲线下面积。

图2–6–12　左心室短轴乳头肌水平切面心肌声学造影（动态）

（三）超声增强剂的临床应用

1.超声增强剂的作用

（1）右心超声增强剂：右心超声增强剂主要用于诊断或排除肺内或心内右向左分流相关疾病，如卵圆孔未闭、肺动静脉瘘、肝肺综合征、术后残余分流或侧支等。

（2）左心超声增强剂：声学增强剂用于左心腔造影，可提高静息、运动或负荷状态下超声心动图定性和定量评价左心室结构和功能的可行性、准确性和重复性。超声造影有助于诊断和鉴别心腔内占位病变，如肿瘤和血栓等，并可用于评估瓣膜功能时增强多普勒信号。合理、有效使用超声增强剂，将有助于优化疾病的诊治流程、提高临床诊断率和降低治疗费用，还可能为改善心血管病患者的治疗效果提供帮助。

2.超声增强剂的应用

2018年美国超声心动图学会（American Society of Echocardiography，ASE）超声增强剂指南更新了第四版块——临床应用中介绍了最新信息和使用建议，主要涉及以下6个方面的更新和应用。

（1）左心室容量、左心室射血分数和节段室壁运动定量测定的更新。静脉推注超声增强剂后，左心室完全浊化，左心室肌小梁与致密心肌之间的腔隙充盈造影剂，改善了左心室心内膜边界的显像效果，节段性室壁运动异常更易辨别，结合心电图利用Simpson法测量左心室舒张末期及收缩末期的容量更精确，左心室射血分数也比M型超声测量结果更准确。其主要用于需要精确定量评估左心室容积和射血分数时，以及需要进行动态评估左心室的结构与功能者（拟进行心脏同步化治疗的慢性心力衰竭患者，冠心病心肌梗死后合并室壁瘤的患者，肿瘤放射治疗、化学治疗导致心脏功能减低的患者等）。

（2）心腔内异常的更新。左心室心尖部结构异常，如心尖肥厚型心肌病、心尖部占位、心尖部血栓或室壁瘤、室间隔心尖段穿孔、心尖部憩室和左心室心肌致密化不全等，可通过超声造影精确观测心尖部病变，发现其解剖结构和功能有无异常。

图像质量较差时，心尖部又处于检查时声窗的近场，容易出现伪影而影响判断，此时应进行超声造影检查。若造影后左心室腔舒张期呈特征性铁锹样改变，伴有明显心尖心肌室壁增厚，则可诊断心尖肥厚型心肌病，且心尖肥厚相关的并发症也易于发现，如心尖室壁瘤和血栓形成。

心腔内占位可以是心脏结构的正常变异，如粗大的肌小梁或增粗的腱索等，也可以是病理性的，如血栓、赘生物、肿瘤等。任何怀疑有心腔内占位的情况，均须使用超声造影明确该结构的存在，以证实或排除心腔内占位的存在。造影下血流灌注可初步评估左心室占位的组织特性，帮助鉴别其为血流丰富的恶性肿瘤还是缺乏灌注或灌注稀疏的良性肿瘤，或“充盈缺损”的血栓，具体表现为肿瘤的完全增强或过度增强，提示多血管肿瘤的存在，而多血管肿瘤通常是恶性的；间质肿瘤的血液供应不足，呈部分增强（如黏液瘤）；左心室血栓在造影下表现为心腔内“充盈缺损”。

超声造影有助于确定或排除心肌梗死后并发症，如左心室假性室壁瘤、游离壁破裂及心肌梗死后室间隔穿孔等。当常规超声显示某些节段肌小梁丰富时，可通过超声造影对比观察非致密层心肌肌小梁间隐窝与致密层心肌，从而明确有无左心室心肌致密化不全。另外，超声造影还可评估右心室形态和结构异常，包括局部节段性室壁运动异常、占位和血栓等。

（3）负荷超声心动图状态下超声造影的更新。指南更新明确了静态心肌声学造影在急性心肌缺血和ST段抬高型心肌梗死患者中的使用范围和适应证。负荷超声心动图结合心肌声学造影可同时评价室壁运动和心肌灌注，使用超声造影可以改善左心室节段的显像，同时可测量负荷状态下左冠状动脉前降支室间沟内的血流频谱，与静息状态下对比可反映冠状动脉的血流储备，提高检查的敏感性和特异性，提高负荷超声心动图在室壁厚度异常及灌注缺损方面的诊断能力。

（4）血管显像的更新，包括在颈动脉、外周动脉、主动脉、人工血管和血管内移植物的成像。与心脏应用类似，造影微泡可以充当血池增强剂，以更好地观察血管结构和血流及对滋养血管的灌注成像、动脉粥样硬化斑块新生血管和外周肌肉灌注成像。

（5）超声造影在重症和急诊的应用。无论是心内科和心外科，还是重症监护室和急诊科，对重症并有成像困难的患者均推荐使用超声造影，以更快、更准确地诊断可能危及生命的疾病，并减少下游诊断检查的需求，降低搬送患者的转运风险。尤其是临床怀疑有心肌缺血症状，常规超声又未能够发现节段性室壁运动异常，且患者不愿行有创的冠状动脉造影检查时，使用左心室心腔造影和心肌造影可进行节段功能评估和心肌灌注评估，增加了诊断价值，并降低了住院医疗费用。既往因心肌梗死已行经皮冠状动脉介入治疗术后，再次出现胸痛复诊时，可以应用极低机械指数的心肌声学造影成像模式来评估左心室有无节段性室壁运动异常、其收缩功能，以及观察心腔内有无血栓，评估梗死区域的微循环灌注情况，从而指导临床治疗方案的选择。

（6）超声造影在先天性心脏病和儿科超声中的应用。目前儿科使用超声造影的年龄下限为5岁，对儿童和青少年（约6～18岁）应用造影剂是超适应证的。但对于5岁以上的儿童应用是相对安全的，尤其是在多普勒信号不足及采用组织谐波成像无法对左心室或右心室进行节段性室壁运动分析时，可考虑应用。对于卵圆孔未闭和分流量小的右向左分流的儿童和成年人，应用超声造影是相对安全的。而对于分流量大的右到左分流的儿童和成年人，应用超声造影的安全性还需要进一步研究。

（四）超声增强剂的新兴应用

1.分子成像

超声分子成像是将具有特异性的分子配体与声学增强剂有机结合，在增强剂表面构建靶向声学增强剂，注入患者体内后作为游离的血管腔内追踪剂，将配体装配到血管表面并使其与功能异常的内皮细胞结合，通过特殊的增强剂显影模式，得到特异的超声分子影像，从而对疾病进行诊断和治疗。常用的方法是将传统的无创增强成像方法与新的分子探针相结合。增强剂的分子成像主要取决于大小从数百纳米到几微米不等的几种不同类型的分子靶向微泡在不同疾病部位的选择性保留。一种相对简单的增强剂制备方法是对微泡壳进行修饰，使得增强剂既可以在传统的显影成像过程中产生高强度信号，同时又可以在静脉注射后快速将其从血液循环中清除。后者尤其重要，因为靶向保留微泡的信号检测通常需要在游离的未结合微泡从循环中清除后进行。

目前有两种常见的目标超声靶向成像策略。一种简单的方法是选择微泡壳的成分，从而使微泡可以与白细胞或疾病区域内激活的内皮细胞结合。在此方面，含有磷酰丝氨酸的脂质壳微泡被证明是非常有效的，并且最近被证明是一种检测心肌缺血的简单、无创方法。在该文章发表时，美国或欧洲并没有批准类似的制剂，而在日本一种含有磷脂酰的Sonazoid微泡则被应用于非心脏成像。而另一种更特异的靶向微泡是将数千个共轭配体（通常位于分子间隔臂的末端）连接到微泡表面，使得配体–靶分子结合的密度和耦合动力学足以抵抗血管的血压剪切应力。以血管内皮黏附分子和其他活性内皮标志物（血管细胞黏附分子-1、细胞间黏附因子-1、选择性蛋白质、整合素）为靶向的微泡已经被用于检测潜在的动脉粥样硬化或潜在的斑块炎症表型。

其中一些制剂已被用于心肌缺血、移植排斥反应、心肌炎和新生血管的成像，比如识别心腔和动脉血栓、微血栓，抑或血小板的促血栓或促炎症潜能等情况，即可使用具有靶向纤维蛋白、凝血系统的血小板成分（糖蛋白Ⅱb/Ⅲa，糖蛋白Ⅰb）或血管性血友病因子的微泡。以特定的单核细胞亚群为靶向的微泡也被用于与缺血相关的血管重构成像中。靶向微泡还被用于如干细胞或基因（质粒互补脱氧核糖核酸）的靶向转染或增强声学溶栓效果等增强超声波治疗效果的临床前研究。

2.靶向药物，基因传送

超声靶向微泡破坏（ultrasound targeted microbubble destruction，UTMD）是指靶向基因和药物可以通过经静脉注射的载体微泡超声增强剂被超声无创性破坏后来进行靶向传播。通过超声波打孔（空化诱导的空洞形成或渗透性变化）以单独使用超声波能量或通过活性细胞的吸收都可以促进基因转染，但是额外使用微泡会降低超声空化的阈值，从而显著提高染色效率，特别是当基因或核酸直接结合到微泡表面或发生电荷耦合时。传输和转染的发生包括瞬态空隙形成和激活钙介导的细胞吸收，而两种机制都可能是与空泡相关的剪切力、微射流、冲击波和与压力相关的细胞形变的结果。超声靶向微泡破坏可以触发诊断超声，使组织在破坏脉冲间隔后再充填载体微泡，并为惯性空化创造理想的声学环境（高声功率或机械指数，低发射频率）。由于载体微泡是在血管内，因此，转染和传输主要发生在声波穿透组织的血管内皮上，但也有可能发生血管外转染和传输。从安全性的角度来看，研究表明高水平的转染发生在产生有害生物学效应的声学压力水平之下，而且在超声辐照的区域外无远程转染发生，就是超声靶向微泡破坏靶向传递的特性。此外，许多临床前研究为了实现超声靶向微泡破坏和靶向药物的运输，都使用了商业化诊断超声探头的高机械指数脉冲。

虽然在体内超声靶向微泡破坏基因转染的早期研究中都使用了重组腺病毒，但在随后的研究中更常用的是质粒脱氧核糖核酸，而最近的更多新研究还使用了小干扰核糖核酸和微核糖核酸等其他核酸。迄今为止，超声靶向微泡破坏的治疗用途包括心血管、肝脏、肾脏和脑部疾病等，仅在各种临床前疾病的动物模型中进行了研究。在心血管疾病，如急性心肌梗死、慢性心肌梗死、缺血性心肌病、扩张型心肌病等模型的治疗中已经成功应用多种不同治疗基因的超声靶向微泡破坏。而在1型糖尿病动物模型中使用含有治疗基因的超声靶向微泡破坏恢复了胰腺的内分泌功能。考虑到适度的转染效率，超声靶向微泡破坏的主要优点是即使大部分细胞不能够被转染，也能够对旁分泌因子或起重要作用的基因进行转染。尽管超声靶向微泡破坏在心血管中关于基因和药物传输的应用综述超出了本文的涉及范围，但是，近年来已经发表了一些高水平的综述证明与其他的基因转染技术相比，超声靶向微泡破坏有包括无创性及多基因治疗等方面的潜在优势。而目前工作的重点是通过使用更新的载体延长转染或促进染色体插入来提高转染效率。

3.诊断超声介导的空化效应

诊断性高机械指数可诱发体内超声增强剂的瞬时空化效应。空化过程除了溶栓效应外，还可产生一氧化氮并通过其介导的机制而增加组织血流。最近的临床前数据表明，破坏诊断性超声靶向微泡可以释放40倍以上的三磷酸腺苷，并且在超声波照射后，此种三磷酸腺苷可以维持数分钟。在该动物模型中，经超声波照射的组织血管的血流量增加，并且在诊断性超声靶向微泡破坏后24小时内观察到三磷酸腺苷的释放增加，该治疗潜力已经在镰刀型细胞贫血症患者中得到证实，静脉注射超声增强剂期间间歇性使用诊断性超声高机械指数脉冲，可以改善此类患者的骨骼肌灌注。

一般来说，超声增强剂在欧美各国广泛使用，但是超声增强剂在国内的理解和适用范围需要在临床中进一步普及和推广，超声工作者还有一条很长的路要走。在心血管疾病的动物模型中，超声造影对准确评估心功能和微循环灌注等方面独具优势。近年来，在急性冠状动脉综合征或缺血性脑卒中患者的溶栓治疗，斑块炎症、心肌炎、移植排斥等的心肌分子成像，动脉粥样硬化、肿瘤等疾病的靶向药物治疗，急性冠状动脉综合征后心肌微循环灌注评估等方面均广泛使用了超声造影技术。

随着越来越多的心脏内科、重症和急诊监护室医师使用超声增强剂提高诊断能力及超声仪器造影功能的日臻完善，心脏超声造影的临床应用领域必将进一步拓宽，其对心血管疾病的精准诊断和治疗将产生巨大影响。

二、斑点追踪成像技术

心脏是一个三维立体的空间器官，其心肌运动力学主要反映于随心动周期不断动态变化的三维立体生理结构中。

（一）心脏运动力学原理

心肌组织的纤维结构复杂多样，心肌纤维是由心内膜和心外膜下反方向行走的螺旋状纤维和环状纤维复合包绕而成的，其复杂构成造成了心脏空间运动的多样性。

左心室心肌机械运动是一种螺旋扭转运动，与心肌纤维独特的螺旋状排列有关。左心室壁心肌纤维的方向呈多重交织层叠：心外膜下层纤维呈左手螺旋状围绕心室腔，心内膜下纤维呈右手螺旋状围绕心室腔，而室壁中层纤维呈环形走行，此种三维的心肌结构决定了左心室在收缩与舒张的同时在做心肌的扭转、旋转与解旋运动。扭转运动将心室的收缩和舒张紧密偶联在一起，收缩期心脏扭转完成机体泵血，舒张期心脏扭转完成解旋，左心室的顺应性及抽吸力完成心肌舒张，紧接着进入下一个心动周期，循环往复。扭转、旋转与解旋运动是左心室功能的重要组成部分，对左心室射血与充盈起着决定性作用。

在心脏的发育过程中进行扭转、包绕，宏观上形成螺旋状的心脏解剖结构，起始于右心室肺动脉，终止于左心室主动脉。根据心肌纤维的走行方向，心肌带可分为两个环状结构：心底环和心尖环。从心底向心尖走行的称为降段，从心尖向心底走行的称为升段。降段与升段的肌纤维走行方向相反。

心脏作为一个有机功能体，左心室扭转具有时间序列性：等容收缩期（1期），心尖呈短暂顺时针旋转，心底呈短暂逆时针旋转。心内膜下肌纤维（右手螺旋）随着心外膜下肌纤维（左手螺旋）的拉伸而缩短，产生心尖的短暂顺时针旋转和左心室底部的逆时针旋转。射血期（2期），旋转方向分别在左心室心尖处逆时针、在左心室基底处顺时针变化。心内膜下和心外膜下心肌层同时缩短，近心尖处的缩短应变超过心底的缩短应变。心外膜下纤维的较大力臂支配着扭转方向，分别引起心尖和心底逆时针和顺时针方向的旋转。扭转回缩主要发生在等容舒张期（3期）和舒张早期充盈期（4期）。等容舒张期，心外膜下由基底部向心尖延长，心内膜下由心尖向心底延长。随后的舒张期特征为两层均松弛并且解旋最小。

心脏有三种运动方式：径向运动、纵向运动和环向运动。径向运动代表短轴方向的向心性运动，纵向运动表示长轴方向的缩短运动，环向运动则表现为心脏的旋转及扭转。因心脏的复杂运动，常规超声检查技术已经不能够满足临床需要。左心室射血分数是临床常用的左心室收缩功能评价指标，在多种疾病的亚临床或临床早期阶段仍维持在正常范围，无法敏感检测早期心肌功能损伤。

20世纪90年代初，随着应变及应变率技术的发展，斑点追踪成像技术应运而生，利用源自超声探头的入射波与人体组织内的散射粒子作用产生反射、散射，并通过相互干涉产生不同振幅的回波信号，经处理后显示为亮度不同的散斑。散斑不仅可以识别特定区域的心肌组织，在追踪心肌运动的同时还可维持相对位置稳定。斑点追踪成像是在二维超声图像基础上自动逐帧、追踪感兴趣区域内的心肌运动轨迹，随室壁心肌同步运动，不受角度依赖，计算随时间推移相邻两斑点间的距离，即应变（或应变率），反映组织的收缩与舒张形变情况，能够获得反映心肌的纵向应变（longitudinal strain，LS）、径向应变（radial strain，RS）、圆周应变（circumferential strain，CS）及心肌旋转和扭转等参数，能够对心肌的整体及局部功能和心肌运动力学进行定性及定量评估。斑点追踪成像基于散斑的独特性和相对稳定性采用最佳模式匹配技术，无角度依赖性且重复性好，具有良好的时间及空间分辨率，优于传统的二维及M型超声和组织多普勒成像技术。

1.二维斑点追踪成像

此技术利用二维超声图像的声学斑点，在室壁中选择一定范围的感兴趣区，在整个心动周期中，组织灰阶自动追踪上述感兴趣区内心肌组织声学斑点的位置和运动，根据此类斑点的运动轨迹，定量获取心肌组织运动的速度、位移、应变、应变率及旋转角度等心肌力学参数，评价整体与局部心肌功能，克服了组织多普勒成像技术的角度依赖性。心肌应变即心肌在心脏收缩与舒张运动时发生相对于原来形状的变形；应变率是指单位时间内心肌发生形变的能力。根据心肌运动模式，心脏的应变包括四个部分，分别是纵向应变、径向应变、周向应变和旋转角度。尤其是左心室整体长轴应变（global longitudinal strain，GLS），已经进入超声指南应用于临床。

2.三维斑点追踪成像

三维斑点追踪成像技术通过追踪完整的左心室运动轨迹，并将其按纵向、径向和圆周方向分解后分别以纵向应变、径向应变、圆周应变等参数表示。三维应变参数的获取主要分为图像采集和处理两步。与二维斑点追踪成像技术不同，三维全容积探头可以单次采集左心室图像，无须跨心动周期旋转探头获取多切面图像，而图像分析也只须沿心肌边界勾画感兴趣区域，软件会自动运算得出结果，因此，三维斑点追踪成像应变参数的获取较二维斑点追踪成像更为快速、高效。

三维斑点追踪成像应变参数的准确性和重复性已经得到诸多研究证实，基本具备临床应用的条件。无论是基线状态、不同药物负荷状态，还是急性心肌缺血状态，通过三维法获得的动物心肌节段纵向应变、径向应变和圆周应变均与三维斑点追踪成像获取的对应应变参数具有良好的相关性。面积应变（area strain，AS）和扭转运动相关参数的准确性也在相关研究中得到了验证。

与其他应变参数相比，径向应变的准确性则稍差。虽然三维斑点追踪成像与二维斑点追踪成像存在一定差别，但两者应变参数的准确性和重复性均较高，且三维斑点追踪成像的应变参数与二维斑点追踪成像对应的应变参数高度相关，表明三维斑点追踪成像应变参数具有潜在的临床应用价值。此外，由于数据获取方式和分析软件算法存在差异，因此二维斑点追踪成像与三维斑点追踪成像应变参数不能够直接进行比较和替换。目前关于三维斑点追踪成像应变参数正常参考值的大样本研究较少，缺乏正常参考值，导致对应变参数的解释和比较相对困难。正常人群的心肌应变参数可能与性别、年龄和不同分析软件等因素相关，动物的心肌应变参数可能与性别、月龄和体重等因素相关。尤其是三维斑点追踪成像要求获取清晰且稳定的三维四腔心切面，方可完整获取心脏各个腔室的应变参数，对图像质量及操作者手法和熟练程度要求较高。

目前三维斑点追踪成像技术在临床广泛应用仍存在一定的局限性：①高度依赖图像质量，且需要患者屏气配合，因而限制了其在大部分患者中的常规应用；②需要足够的时间分辨率，帧频过低会显著降低分析结果的可信度；③各公司的分析软件仍存在不足，算法和参考值等仍存在差异。相信随着超声技术的不断发展及分辨率和取样容积的不断提高，三维斑点追踪成像有望在未来广泛地应用于临床。

3.压力–应变环技术

既往研究发现室壁应力–节段曲线和心室压力–容积环面积可反映节段心肌做功和耗氧量，但心脏结构复杂，测量室壁应力时需要考虑其厚度及局部曲率半径等，并对心脏局部几何结构进行诸多假设，使其研发及临床应用受限。

2012年，Russell首次提出无创压力–应变环（pressure strain loops，PSL），以左心室收缩压力峰值的肱动脉收缩压力峰值替代室壁应力，以心肌在心脏收缩与舒张运动时发生的相对于原来形状的变形（应变）替代节段长度，该方法是通过测量袖带肱动脉收缩压，以及脉冲波多普勒设定瓣膜开放时间以评估左心室压力，结合斑点追踪成像技术获取的应变参数综合评估心肌做功参数，该参数不仅增加了评估左心室功能的一个重要方向，还有助于阐释心肌应变和左心室压力动态变化的关系，克服了负荷依赖，还可反映心肌葡萄糖代谢。

目前市面上无创压力–应变环技术是采用GE公司的设备及后处理软件EchoPAC，完成超声心动图检查后加入血压计算功能，根据超声心动图动态图像中主动脉瓣和二尖瓣的启闭时间自动调整等容收缩期、射血期和等容舒张期持续时间，以实测肱动脉收缩压峰值作为振幅，获得特异性血压曲线，与分层应变技术得出的同一心动周期的应变曲线整合，通过应变率和瞬时左心室收缩压（肱动脉收缩压）积分得出瞬时做功值。具体操作过程：采集连续3个心动周期的心尖四腔观、两腔观、三腔观动态图像并导入EchoPAC软件，手动描绘心内膜，软件自动追踪心肌运动并勾画心内膜及心外膜边界，自动生成左心室17节段应变曲线和牛眼图。分析心肌做功时，输入肱动脉血压数值，软件自动给出心肌整体及17节段的压力–应变环曲线（由软件选取1个心动周期的二尖瓣关闭到开放时间段而自动构建），其中“o”点代表二尖瓣关闭开始，曲线内面积即心肌做功指数。同时，软件自动生成心肌17节段心肌做功指数（myocardial work index，MWI）和心肌做功效率（myocardial work efficiency，MWE）牛眼图及心肌整体做功参数，详细参数（图2–6–13，图2–6–14）：①整体有效功（global constructive work，GCW），收缩期心肌缩短或舒张期心肌延长所做的有用功，即有助于左心室射血的功；②整体无效功（global wasted work，GWW），收缩期心肌延长或舒张期心肌缩短所做的无用功，即对抗左心室射血的功；③整体做功效率（global work efficiency，GWE），有效功与有效功和无效功之和的百分比，反映了机械能在心脏循环中消耗的效率；④整体做功指数（global work index，GWI），心肌17节段做功指数加权平均数。整体做功指数即曲线下面积，是从二尖瓣关闭到开放期间（除舒张期）左心室压力应变曲线下的总工作量，即应变与收缩压的乘积。

目前无创左心室心肌做功参数主要由GE公司提供，不同厂家间的差异性有待进一步研究。在动物实验方面，EchoPAC分析软件获取左心室心肌做功参数基于斑点追踪技术，主要适用于心率小于250次/分钟的动物，对于体型太小、心率过快的小动物无法分析左心室各节段应变，无法获取有效的左心室压力–应变环。

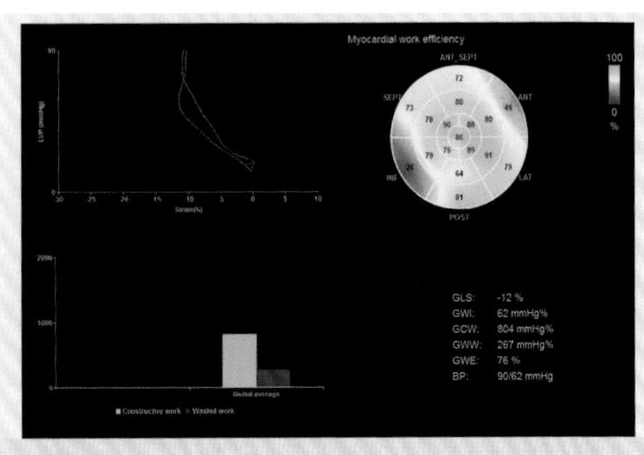

LVP（mmHg）：左心室压力（毫米汞柱）；strain（%）：应变；Myocardial work efficiency：心肌做功效率；SEPT：室间隔；ANT-SEPT：前间隔；ANT：前壁；LAT：侧壁；POST：后壁；INF：下壁；constructive work：有效功；wasted work：无效功；global average：整体水平。

图2–6–13　兔的无创左心室心肌做功

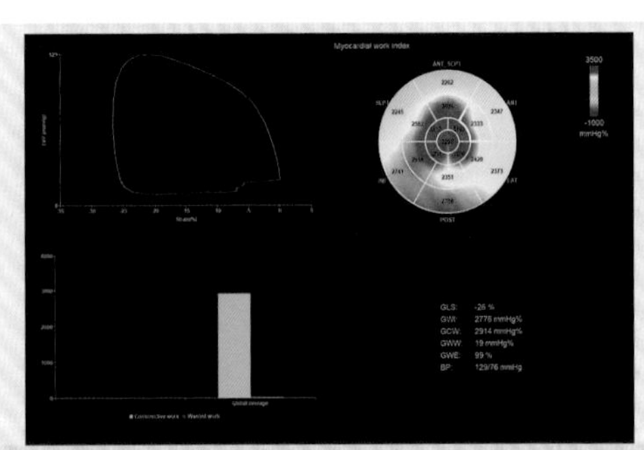

图2–6–14　正常成人的左心室心肌做功

研究发现整体做功指数与室壁应力–节段曲线面积呈正相关（$r=0.99$），且一致性良好。目前无创压力–应变环技术已经应用于冠心病、心肌病、心律失常、心脏同步化治疗等方面，克服了左心室射血分数和心肌分层应变技术的负荷依赖性。虽然该技术应用前景广阔，但仍有一定的局限性：①受到分层应变技术的影响，对图像质量要求较高，若图像质量不佳，则会在后续脱机分析中心肌追踪识别错误导致结果错误；②左心室压力是无创估测量值而非有创测量值，且整个动脉系统的血压并非稳定不变，以袖带血压计测量的肱动脉收缩压可能并不精确；③动脉压力与左心室压力不一致时，如主动脉瓣狭窄、左心室流出道梗阻，可能导致结果不准确；④目前该技术的后处理仅由GE公司提供，缺乏不同厂家数据的对照。

总之，随着斑点追踪成像技术的日臻完善，其应用范围也在逐渐扩大，从最初的左心室心肌定量，到目前已经形成了完整的左心室、左心房、右心室、右心房心肌定量评价技术体系，并且结合无创肱动脉血压测量，还研发出了用于评价左心室心肌做功的压力-应变环技术。

（二）心室、心房功能定量评价

1.左心室功能定量评价

基于斑点追踪成像技术的二维（图2-6-15，图2-6-16）是指所有左心室心肌节段纵向应变平均值，其绝对值越低，代表左心室整体功能越差，可通过采集心尖四腔心、两腔心及三腔心切面的动态图像获取。据文献报道，整体长轴应变在预测急性心肌梗死、心力衰竭等心脏基础疾病等患者发生全因死亡和主要心血管不良事件风险方面均具有较高的临床价值。获取二维整体长轴应变的同时，可得到17节段的收缩期峰值纵向应变的达峰时间。

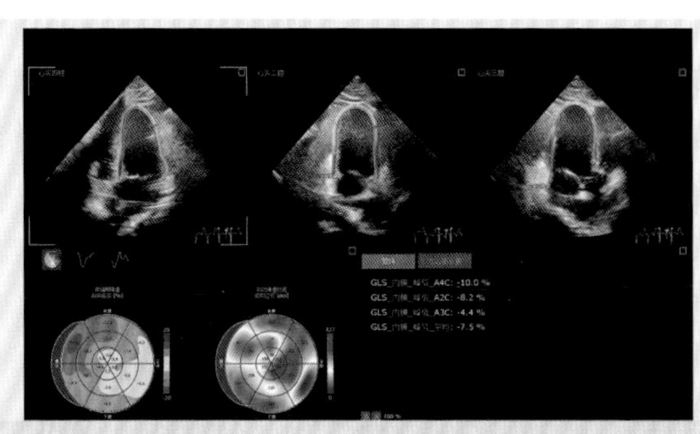

GLS：整体长轴应变；A4C：心尖四腔心；A2C：心尖两腔心；A3C：心尖三腔心。

图2-6-15　左心室收缩期峰值纵向应变及纵向应变到达峰值时间

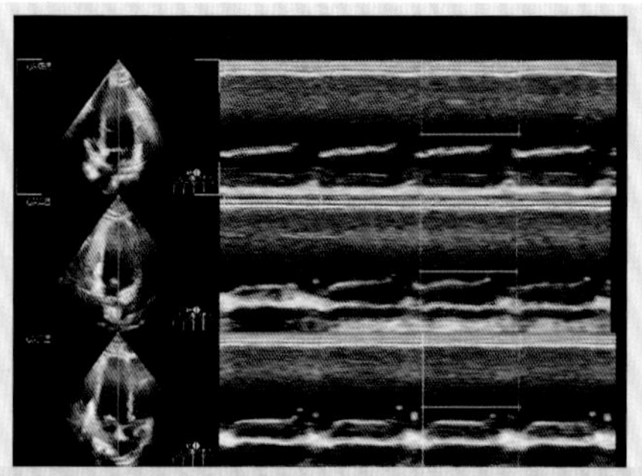

图2-6-16　心尖四腔心、两腔心及三腔心的左心室时间–应变曲线

收缩后收缩（post-systolic shortening，PSS）：主动脉瓣关闭后左心室心肌发生的收缩缩短，一定程度上可作为心肌功能障碍的标志，发生机制为病变心肌受邻近健康组织收缩牵拉发生被动延迟收缩，其在斑点追踪成像技术获得的应变曲线中很容易识别。在整个心动周期中，从主动脉关闭到峰值负应变之间的时间间隔被定义为收缩后峰值时间；收缩后指数 = 100 ×（整个心动周期峰值负应变–收缩期峰值负应变）/整个心动周期峰值负应变。峰值机械离散度是指心电图上QSR波到峰值应变的时间，为量化左心室各节段收缩持续时间偏差参数，反映了左心室各节段收缩异质性，其异常升高主要见于缺血性心脏病和室性心律失常。有研究表明，峰值机械离散度评估稳定性冠心病患者的预后价值优于整体长轴应变和左心室射血分数。

三维斑点追踪成像是在实时三维超声心动图及斑点追踪成像基础上发展起来的新技术，通过全容积成像在三维空间上对心肌固有斑点的运动情况追踪成像，从而更加全面、客观地定量评价心室节段及整体收缩、舒张功能，弥补了二维斑点追踪成像无法在三维空间同一心动周期内成像的不足，获取左心室整体纵向应变（长轴应变）、整体径向应变（global radial strain，GRS）、整体圆周应变（global circumferential strain，GCS）及扭转参数（图2-6-17～图2-6-26）。旋转是指心肌在短轴位以左心室中心为圆心旋转的角度，左心室的底部和心尖向相反方向旋转，单位为度。扭转是指在心动周期内，在左心室长轴方向上心尖相对于基底的旋转，为二者的差值，单位为度。左心室扭矩是一个相对恒定的扭转运动指标，是扭转与心底–心尖距离的比值。心肌扭转和解旋是左心室收缩和舒张功能的基本机制，有研究表明高达

40%的每搏输出量是由收缩扭转产生的，舒张早期快速解旋是心肌恢复力的主要指标，恢复力有助于舒张期的快速充盈。

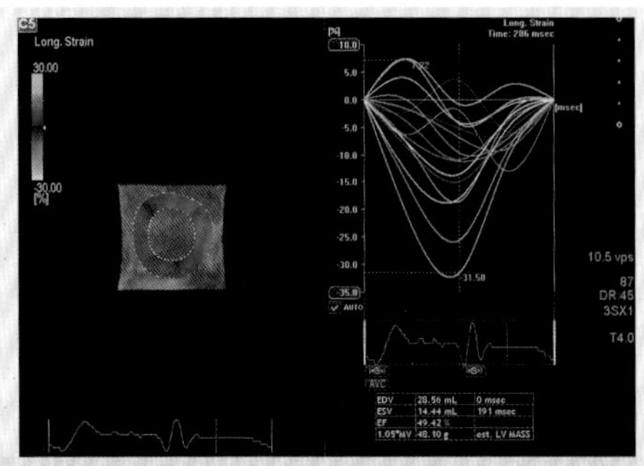

Long.Strain：纵向应变；Time：时间；msec：毫秒；MV：二尖瓣；est.LV MASS：左心室重量；AVC：主动脉瓣关闭。

图2-6-17　左心室整体纵向应变曲线图

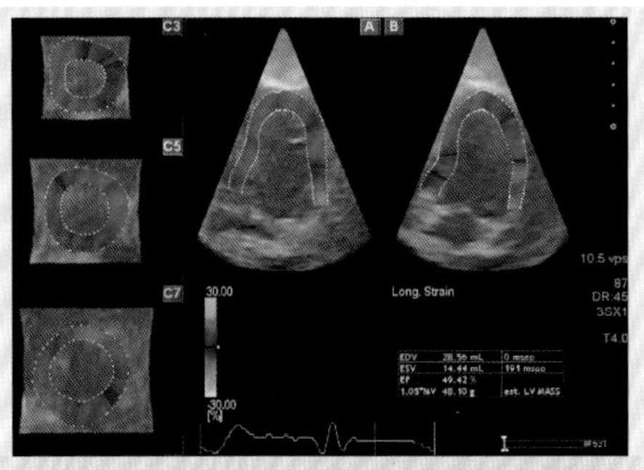

图2-6-18　左心室三维容积参数及射血分数

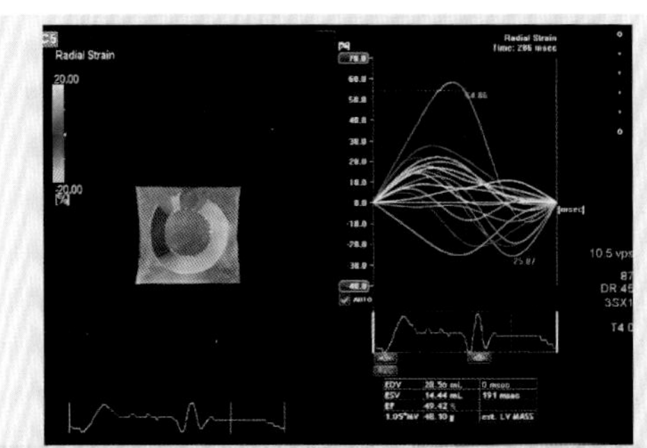

Radial Strain：径向应变。

图2-6-19　左心室整体径向应变曲线图

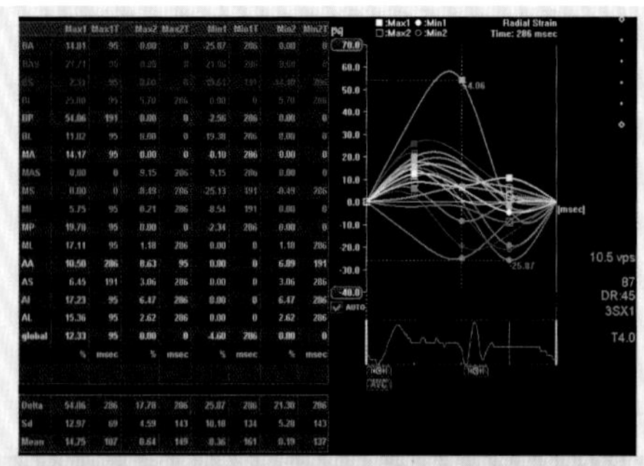

Max：最大；Min：最小；BA：前壁基底段；BAS：前室间隔基底段；BS：室间隔基底段；BI：下壁基底段；BP：后壁基底段；BL：侧壁基底段；MA：前壁中间段；MAS：前室间隔中间段；MS：室间隔中间段；MI：下壁中间段；MP：后壁中间段；ML：侧壁中间段；AA：室间隔；AS：前室间隔；AI：前下壁；AL：前侧壁；global：整体的。

图2-6-20　左心室17节段径向应变

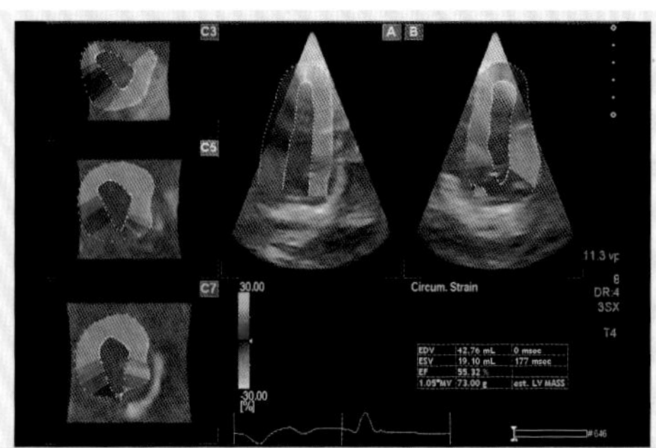

Circum.Strain：圆周应变。

图2-6-21　左心室整体圆周应变

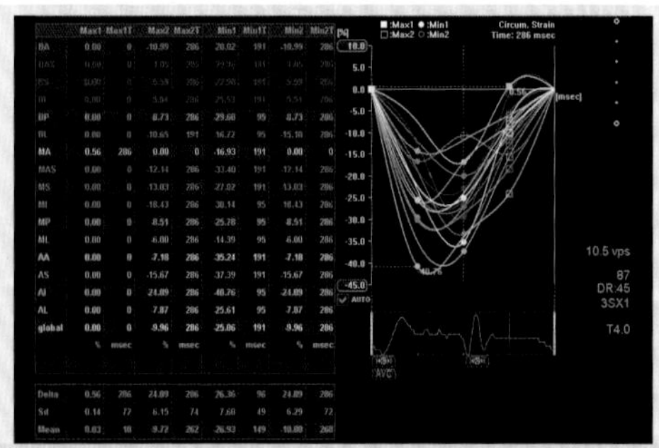

图2-6-22　左心室17节段圆周应变

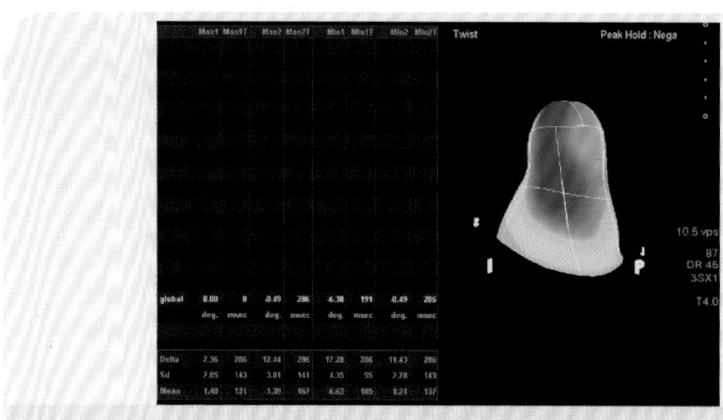

图2-6-23　左心室整体扭转参数

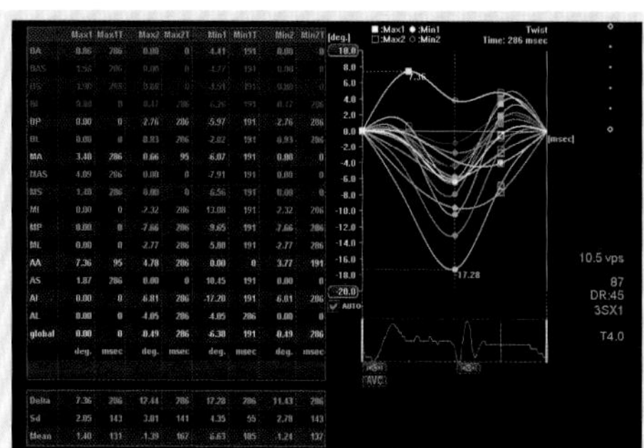

图2-6-24　左心室17节段扭转参数

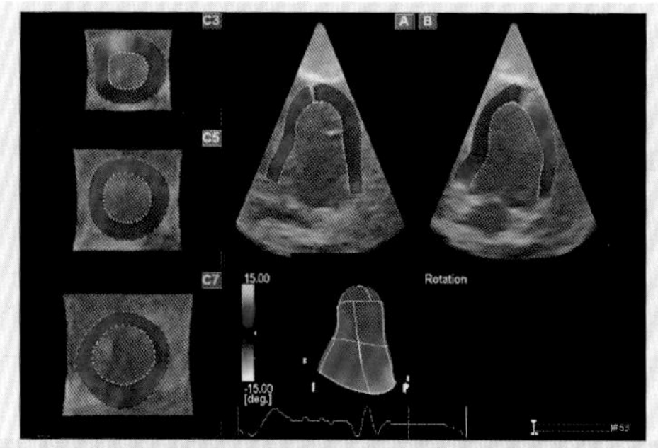

图2-6-25　左心室整体旋转参数

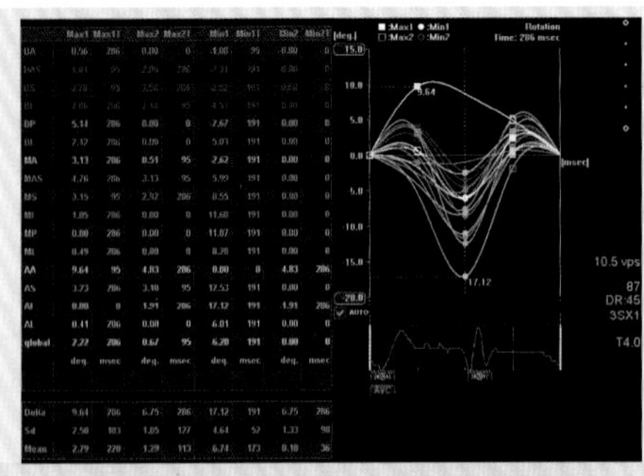

图2-6-26　左心室17节段旋转参数

2.左心房功能定量评价

左心房位于心脏的左后上方，与右心房比邻。左心房包括浅层和深层心肌，浅层心肌横向走行，深层心肌纵向和环向走行。左心房在整个心动周期中发挥重要作用，主要是通过其储备、管道和收缩功能调节左心室的充盈。在左心室收缩期，主要发挥储备功能，收集从肺静脉回流的血液；在快速充盈期和缓慢充盈期，发挥管道功能，左心房的血液通过二尖瓣进入左心室；在心房收缩期，增加左心室充盈。当出现左心室舒张功能障碍时，左心房的辅泵功能能够帮助心室维持正常射血功能。

相对于左心室而言，左心房壁薄，更易受压力及容量负荷的影响，在左心室结构和功能改变之前便出现结构和功能的异常。既往对左心房结构和功能的评估多采用左心房内径和容积、左心房容积指数（left atrial volume index，LAVI）。传统常规超声心动图可敏感地检测患者左心房内径和容积的变化，以及二尖瓣、肺静脉血流频谱等参数，对左心房功能进行初步估测，但基于传统超声参数本身的局限性，上述参数在疾病早期往往未见明显异常。

现有指南中评估左心室舒张功能需要结合二尖瓣血流、二尖瓣瓣环组织运动速度、三尖瓣反流和左心房容积多个指标进行判断，操作复杂，而且有相当一部分患者由于阳性条件和阴性条件并存而无法分级。因此左心房应变主要应用于舒张功能不良的评价和预后判断，比如常规心脏舒张功能分级和射血分数保留的心力衰竭，以及心房自身异常（如心房颤动）等疾病。

同现有方法相比，左心房应变在舒张功能评估中具有明显的优势，能够实现单一指标分级舒张功能，即仅依靠左心房应变值就能够将正常对照、舒张功能不良各级患者全部区分开。文献报道，两两区别舒张功能不良0级（正常对照）、Ⅰ级、Ⅱ级、Ⅲ级的截断值分别为35%、24%、19%，鉴别诊断相邻两级的受试者工作特征曲线（receiver operating characteristic curve，ROC）曲线下面积为0.86～0.91。左心房应变舒张功能分级不仅适用于静息状态下，还适用于负荷超声心动图中，尤其对于静息状态下舒张功能无法分级，以及虽然仅为舒张功能不良Ⅰ级，但临床症状提示需要进行负荷试验确认的患者，研究表明负荷试验舒张功能重新分级率为86.6%，切实提高了诊断准确性。射血分数保留的心力衰竭，其主要原因为心室舒张功能不良，因此左心房应变往往降低。研究表明，在射血分数保留的心力衰竭患者中，左心房应变储备功能与左心室充盈压密切相关，并且左心房应变储备功能越低，患者的运动负荷表现越差；对于判断运动负荷后左心室充盈压升高患者，左心房应变储备功能较现有的射血分数保留的心力衰竭评分表现更佳，左心房应变储备功能每降低1%，运动负荷后左心室充盈压升高的概率就增加28%；心房颤动患者的心房功能受损，直接表现为左心房应变明显减低，且应变曲线计算的机械弥散性指数明显增加。左心房应变曲线还能够区分阵发性心房颤动和持续性心房颤动，并预测射频消融后心房颤动的复发情况。对于心力衰竭，特别是射血分数保留的心力衰竭患者，左心房整体长轴应变是超声心动图指标中预测心力衰竭继发心房颤动的最佳指标，若其小于18%，5年内新发心房颤动的风险增加1.6倍。此外，左心房应变对心房颤动继发缺血性脑卒中也具有良好的预后判断价值，优于现有的临床评分和其他常规超声心动图指标。

研究表明，左心房扩大与心房颤动、脑卒中、充血性心力衰竭及心肌梗死后全因死亡率密切相关，是心血管事件发生的有效预测因子。因此，左心房功能的系统评估，在心血管疾病及非心血管疾病的早期诊断及预后评估方面均有着重要的价值。

二维斑点追踪成像采集三个心动周期的心尖四腔心切面，清楚显示完整的左心房，自动追踪左心房心肌运动轨迹，可获取左心房储备期、管道期和收缩期的纵向应变（图2-6-27），操作简单，易于重复。

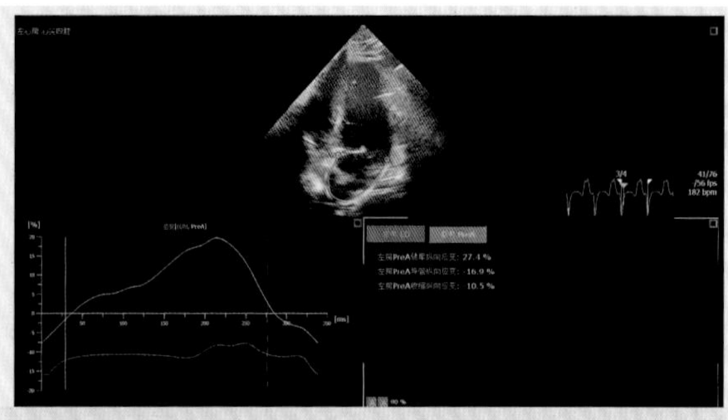

自动追踪心房肌运动轨迹获取左心房时间 – 应变曲线，左心房储备期、管道期和收缩期的纵向应变值。绿线：心内膜边界，红虚线：心外膜边界。

图2–6–27　心尖四腔心切面

三维斑点追踪成像追踪左心房三维运动轨迹并逐帧比较，定量测量心肌运动，得到左心房的时间–容积曲线，测量左心房最大容积（left atrial maximum volume，LAV_{max}）、左心房最小容积（left atrial minimum volume，LAV_{min}）、左心房收缩前容积（left atrial presystolic volume ，LAV_{pre}），并由此计算左心房总射血分数（left atrial total ejection fraction，LATEF）、左心房被动射血分数（left atrial passive ejection fraction，LAPEF）、左心房主动射血分数（left atrial active ejection fraction，LAAEF），同时测量左心房心肌不同时相的整体和节段的纵向应变、圆周应变、径向应变、面积应变及应变率（strain rate，SR）。左心房心肌不同时相的峰值应变、应变率及排空分数可以反映左心房的时相功能：左心房心肌各壁收缩期平均峰值应变、应变率，以及左心房总射血分数可反映左心房储备功能；左心房心肌各壁舒张早期平均峰值应变、应变率及左心房被动射血分数可反映左心房管道功能；左心房心肌各壁舒张晚期平均峰值应变、应变率及左心房主动射血分数可反映左心房辅助泵功能。

三维斑点追踪成像评价左心房功能存在以下局限性：①左心房相对于左心室，解剖结构形态不规则、心房壁菲薄，不易追踪；②要求受检查者心电图有规则的R-R间期，并能够配合呼吸以减少呼吸运动的干扰；③图像质量要求较高，需要手动追踪或调整心内膜边界，具有一定的主观性，对操作者的经验有一定的依赖性。

3.右心功能定量评价

以往对右心室功能的评估多采用左心房总射血分数、三尖瓣环收缩期位移、面积变化分数等参数。

左心房总射血分数是在传统探查心腔内血流的彩色多普勒的基础上，通过改变多普勒滤波系统，除去心腔内血流产生的高速、低振幅的频移信号，保留心肌运动产生的低频、高振幅的频移信号，来测量三尖瓣环舒张早期、舒张晚期及收缩期的运动速度，准确评价右心室功能且操作便捷。心肌做功指数即Tei指数，右心室Tei指数 =（等容收缩时间＋等容舒张时间）/ 射血时间，是用于评估右心室整体功能的参数，不受右心室几何形态、心脏负荷及血流影响。

三尖瓣环收缩期位移代表了三尖瓣环游离壁在长轴方向上收缩期向心尖部的运动幅度，通过M型超声获取，能够反映右心室的纵向收缩功能。三尖瓣环收缩期位移＜16 mm提示右心收缩功能障碍。面积变化分数指标主要用于反映患者的右心室纵向收缩功能和横向收缩功能，首先分别测量右心室最小收缩面积和最大舒张面积，然后将最大舒张面积与最小收缩面积的差值除以最大舒张面积，便得到面积变化分数。通常情况下正常人的面积变化分数＞35%，如果面积变化分数＜35%，则表示右心室射血分数降低。

对右心室应变的评估多采用斑点追踪成像技术，通过分析软件得出右心室容积，无须进行几何学假设，与传统二维超声心动图相比较，能够更好地反映心脏三维空间构型，可准确、重复地测量右心室体积和功能，其与MRI有较好的相关性。二维斑点追踪成像通过实时逐帧追踪高帧频二维图像的斑点回声定量分析，以及追踪和测量右心室整体纵向应变，不依赖于室壁运动方向和声束方向间的角度关系，可准确评价右心室功能变化（图2-6-28）。三维斑点追踪成像是在实时三维超声心动图及二维斑点追踪的基础上发展起来的新技术，通过采集全容积图像，在三维空间追踪心肌回声斑点的运动，获得心肌的运动信息，测定右心室整体纵向应变，反映右心室功能。与二维斑点追踪成像相比，三维斑点追踪成像耗时更短，测量值更加准确，但对图像质量要求更高。

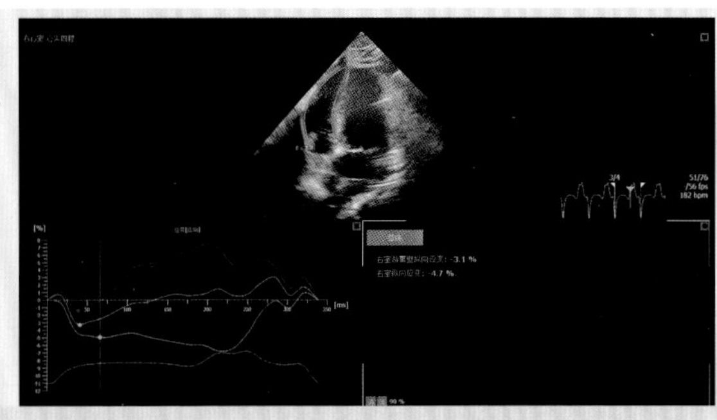

二维斑点追踪成像获取右心室游离壁和右心室的纵向应变。绿线：心内膜；彩线：心外膜。

图2-6-28　心尖四腔心切面

早期右心应变是借助于左心斑点追踪成像技术，但右心室与左心室的解剖结构与形态相差较大，在设置轮廓模型与节段划分中存在差异，导致结果与实际情况有一定出入。目前，各厂家均推出了针对右心的专业分析软件，在节段划分上更加符合右心的特点，大大促进了右心应变的临床研究。

肺动脉高压是右心斑点追踪研究开展最早且最多的领域，右心室长轴应变与心脏MRI测量的右心室射血分数显著相关，临床应用更广泛。轻度肺动脉高压患者中即出现明显减低，而右心室环向应变和径向应变则在中至重度肺动脉高压患者中才出现显著改变。研究认为右心室长轴峰值应变值及时间–应变曲线能够敏感地反映肺动脉高压患者的右心功能变化，其还可用于治疗后右心功能恢复情况的随访，能够用于区分肺动脉高压患者右心衰竭的程度，提高了多元模型对不良结局的预测价值。重症新型冠状病毒感染患者中有29%～67%会出现急性呼吸窘迫综合征，继而导致右心后负荷增加，从而影响右心功能。我国谢明星教授团队对120例新型冠状病毒感染患者进行的右心室应变研究发现，在右心相关的超声心动图指标中，右心室应变对新型冠状病毒感染致死率的预测价值最高，优于面积变化分数和三尖瓣环收缩期位移，对于鉴别不良预后高风险的新型冠状病毒感染患者具有重要作用。

右心房具有复杂的几何形态，腔大、壁薄是其解剖结构特点，主要由上腔静脉口、下腔静脉口、冠状窦口、界嵴、梳状肌、右心耳及三尖瓣口等解剖结构组成。同左心房应变的功能划分相同，右心房应变也分为储备功能、管道功能和收缩功能，目前右心房应变比左心房应变的临床应用相对较少。有文献报道，对于慢性血栓栓塞性肺动脉高压患者，其右心房应变储备功能和管道功能降低，而收缩功能保留，进一步接受球囊治疗后的右心房应变同患者脑钠肽的变化一致，并能够反映肺动脉阻力的改善程度，提示其具有作为右心室-右心房偶联评价指标的潜力。

三、智能心脏三维定量

人工智能是计算机科学的一个分支，该概念诞生于1956年，是研发、开发用于模拟、延伸和扩展人类智能的理论、方法、技术及应用系统的一门新技术科学。机械学习是人工智能的核心，是计算机具有人类意识与思维的基础，主要分为有监督学习和无监督学习模式，二者的主要区别是机器接收的数据是否带有标记。机器学习的核心要素是数据、算法及计算力。数据是实现人工智能分析的基石，机械学习是通过对大量数据建模进行运算处理，根据建模方法的不同，又分为神经网络算法与传统机器算法。目前，应用于医学影像学的学习模式主要包括监督学习中递归神经网络、卷积神经网络和普通深度神经网络等主流模型，其中卷积神经网络作为具有自主学习能力的神经网络模型，是目前医学影像学人工智能的研究热点。该方法可从多层结构中提取最具辨识度的特征，进而识别不同类型的超声图像，此技术是目前超声医学前沿研究的核心。

随着我国经济与科技的飞速发展，人们的生活水平日益改善，传统的心血管疾病谱正在发生改变，先天性心脏病相对减少，高血压、冠心病、心力衰竭等慢性疾病发病率逐年增加。随着心血管疾患越来越多，大量的检查数据需要分析与追踪随访，急需人工智能技术的发展带动心血管疾病的诊疗。目前，人工智能技术在超声心动图领域的应用还处于发展的相对早期阶段，主要应用于超声图像的自动识别、心功能的自动量化和疾病的自动评估。Genovese等开发了基于机器学习的全自动三维量化右心室大小和功能的软件，但部分患者仍须手动校正心内膜边界。三维超声测量的左心室射血分数比二维超声准确，超声指南建议临床可在图像质量较好的患者中常规使用三维超声评估左心室的容积与射血分数，但由于传统三维超声须手动描记心内膜边界，且分析时间较长，并要求操作者有一定的三维采集与分析图像的经验，因此现阶段临床工作中三维超声并未能替代二维超声成为心脏容积和功能的常规检测方法。

随着人工智能技术在超声医学领域的发展，三维全自动心脏智能定量分析技术可实现一键测量心脏容积与功能的目的，推动了实时三维超声技术的临床应用。飞利浦的心脏模型（heart model，HM）技术基于解剖智能超声强大的数据库，利用自适应分析算法结合心电图自动识别心脏的舒张末期和收缩末期，生成初步的心内膜运动轨迹，然后与现有的三维数据库进行比较，匹配出适合患者的心脏模型并计算相应容积与功能。HM技术具有一键式的智能操作流程，从实时三维容积和图像中自动检测并量化，得出左心室和左心房的相关数据（图2-6-29～图2-6-31）。

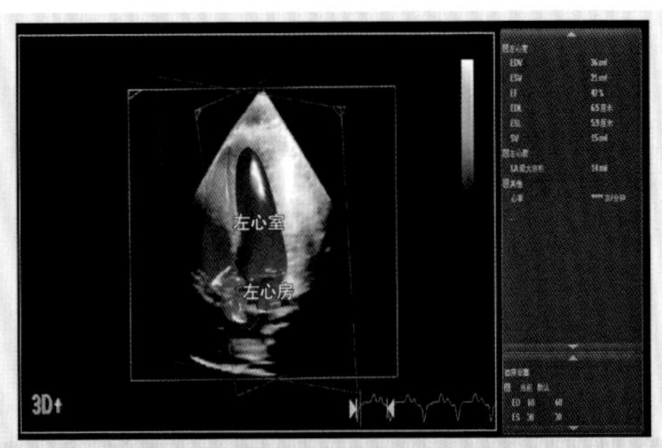

图2-6-29　智能心脏三维定量获得左心室和左心房参数

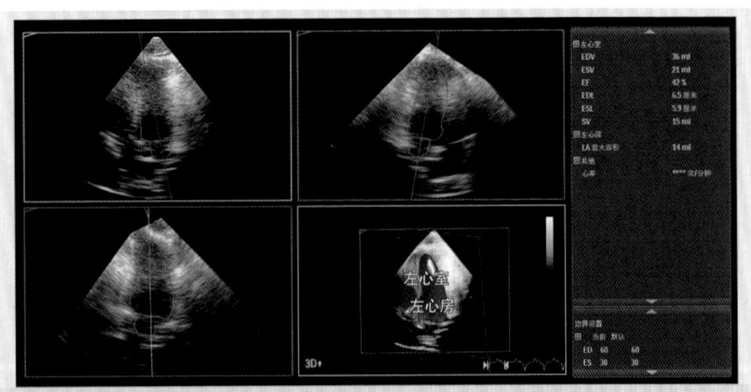

粉线：左心室心内膜；紫线：左心房心内膜。

图2-6-30　智能心脏三维定量自动将心脏图像切割为心尖四腔心、三腔心及两腔心切面图像

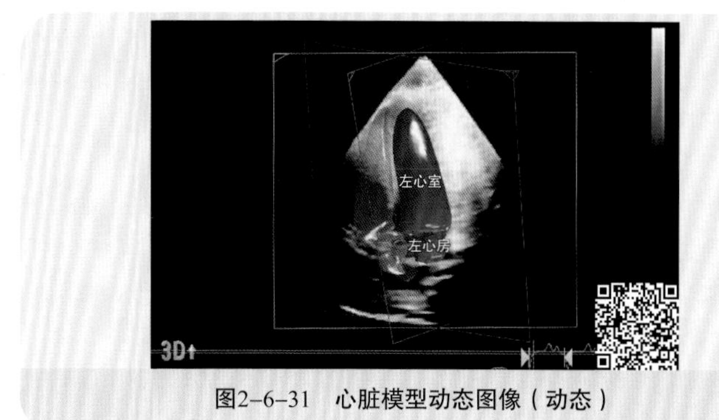

图2-6-31 心脏模型动态图像（动态）

探头及预设置选择：探头选择X5-1，预设置选择成人超声（adult echo），心脏高穿透（echo pen）。心电图连接：连接心电导联，稳定QRS波形，待呼吸平稳后采集图像。二维图像优化流程：选择心尖四腔心切面，调节图像深度约16 cm，聚焦在左心室水平，按压ISCAN进行图像的一键优化，选择HM ACQ进行定量程序，后台启动自动三维定量分析，从而获取舒张末期和收缩末期的左心室和左心房容积和长度参数及左心室射血分数。与手动三维超声测量方法相比，HM技术可减少75%以上的分析时间，单个腔室容积和射血分数的分析通常在30 s以内便可完成。

智能心脏三维定量分析的另一大优点是适用于心律失常的患者，如心房颤动或室上性心动过速患者。房颤患者采用斑点追踪成像技术评估左心房和左心室的容积与应变参数受到心率变异性的影响，因此评估心律失常患者心脏的结构与功能一直是超声心动图检查的难点。以往研究通常采集多次图像（5～13个心动周期），测量取其平均值，操作步骤烦琐且耗时。美国超声心动图学会指南推荐测量房颤患者左心室射血分数时应采集5个以上心动周期的图像，但传统三维超声容积率高，多次心跳采集容易造成拼接伪像，无法实现房颤患者的逐次心跳分析。自动定量技术提供的单心动周期模式可以实现更准确、简单的三维左心室射血分数量化。有研究证实，使用单心动周期三维全容积数据集结合全自动定量分析软件测量多次心跳心腔大小与功能指标是可行的，单心动周期自动测量的三维左心室射血分数与手动多次测量取平均值的结果高度相关，且前者分析数据所用时间较后者缩短22 min，从而证明单心动周期的三维自动定量技术有望解决心律失常患者评估心脏机械力学指标的问题。

超声图像采集是一项专业性很强的技术，需要熟知心脏的解剖结构与超声仪器的调节，检查医师需要经过系统化的学习与住院医师规范化培训。有研究报道人工智能技术可以指导超声心动图图像的采集，在系统里输入身高、体重和性别信息，人工智能就能引导检查者放置探头的位置与旋转角度，从而获取高质量的超声图像。准确的图像自动识别和分类是诊断的基础，Khamis等采用多阶段分类算法识别心尖两腔、四腔和三腔心图像的准确率分别是97%、91%和97%，该算法的时空特征提取技术可以获得更高的识别精度。

超声心动图检查需要转换探头多切面探查图像，采集大量数据，分析数据是一项复杂且耗时的检查程序。将人工智能与高度依赖机器操作的超声医学融合，利用机器学习技术处理庞大且繁杂的原始数据库中不同的超声图像，从而识别图像特征，量化感兴趣区域及识别疾病类型，客观分析疾病的原因，弥补主观臆断造成的漏诊与误诊。

常规超声心动图对无明显节段性室壁运动异常的心肌梗死患者病变冠状动脉提供的诊断信息有限。国外研究发现，通过人工智能深度学习方法的建立，心肌梗死诊断模型的受试者工作特征曲线下面积值高于人工诊断，且除左前降支以外，机器学习模型对右冠状动脉、左回旋支及健康对照组的分类错误率较低。Sengupta等应用机器学习算法对缩窄性心包炎和限制性心肌病进行了区分。还有学者建立了一种基于深度学习方法的机器学习模型，可以从胸骨旁长轴切面中区分心肌病和肺动脉高压。

基于心脏CT的血流储备分数（CT derived fractional flow reserve，CT-FFR）可以用来评估冠状动脉病变的血流动力学。有学者将人工智能应用于CT的血流储备分数，从而自动化检测病变特异性缺血，该研究显示每条血管诊断准确性高达0.91。人工智能不仅简化了过程和缩短了计算时间，诊断中间病变的能力还优于冠状动脉造影。随着负荷超声造影技术的日益完善，通过分析静息与负荷状态下经胸超声测量的血流储备分数也可评估冠状动脉的血流储备，与CT、单光子发射计算机断层成像和正电子发射体层成像等其他影像技术相比，该方法价格低廉、操作简便、易于重复。通过大数据分析与机器运算，基于人工智能的超声血流储备分数可能会进一步提升鉴别病变特异性缺血的性能。

人工智能心脏超声分割、识别技术较为成熟，智能心脏三维定量分析多应用于左心房和左心室的功能评估，但在右心室大小和功能量化方面仍存在不足，可能与右心室的形态不规则、结构和功能更复杂有关。人工智能在心血管领域研究进展迅速，给医疗实践带来革命性的变化，但还有部分问题急需解决。近来人工智能的迅速发展离不开常见疾病的庞大数据库，通过大数据人工智能分析可以预测疾病的转归，但罕见病很难获得大数据，多以个案或单中心报道形式存在，因此通过小样本摸索学习改良算法是非常必要的，初期可通过建立动物模型进行初步探索。

第三章

腹腔脏器

第一节 超声检查技术

一、动物准备及体位

除了心血管脏器，猪的其余腹腔脏器的解剖结构，如肝脏、肾脏和脾脏等与人类脏器的结构也十分相近，因此，本书针对该部分的探讨同样使用版纳微型猪作为研究对象。

检查时，麻醉后的版纳微型猪采取平卧位或侧卧位（麻醉处理方式与第二章相同，故不再赘述）。由于探查部位被覆的毛发较粗、较厚，对于深在的脏器探查，有时无法取得清晰的超声图像，因此，必要时可将部分被覆的毛发进行剃除。

二、仪器

该部分研究使用配备二维凸阵探头C5-1（频率为1 ~ 5 MHz）（图3–1–1）的Philips EPIQ CVx彩色多普勒超声诊断仪（图3–1–2）。

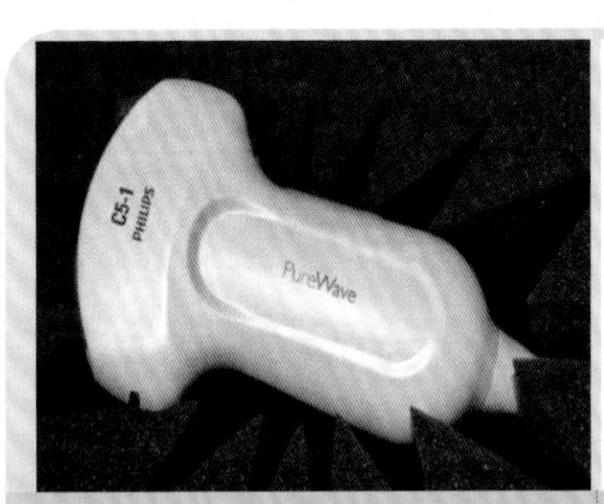

图3–1–1 配备二维凸阵探头C5–1

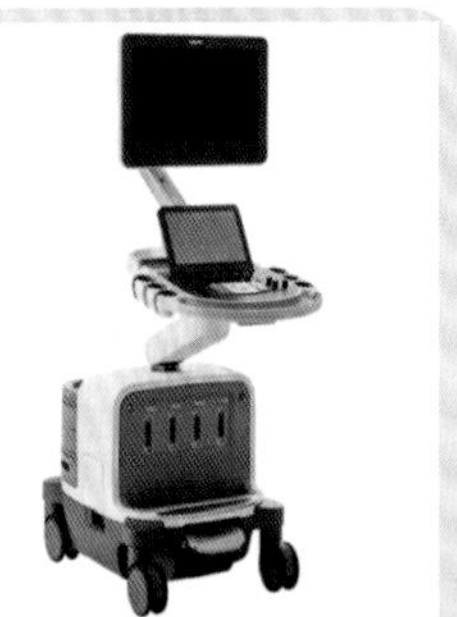

图3–1–2 Philips EPIQ CVxt

采集图像要求每个脏器按照必要的解剖结构留取标准切面，可适当调节深度及焦点，必要时可使用谐波成像，使受检脏器边缘及内部结构显示清晰，必要时留取横、纵切面。需要进行彩色多普勒显像时，适当调节总增益、scale值、取样框大小和取样框偏转角度等，使腔内血流充盈满意，无彩色外溢及混叠；需要进行频谱多普勒测量时，适当调节取样门、零位基线和角度等，使获得的频谱干净、边缘锐利、无明显杂波及基线处于合适的位置，以便进行数值的精确测量。

三、检查方法

（1）检查部位：主要包括剑突下及肋缘下。

（2）常用切面：根据脏器有不同的切面，具体将在后续内容分别介绍。

（3）检查技术：常规检查包括二维超声、彩色多普勒超声、频谱多普勒超声及超声造影检查。目前应用于临床的超声造影显像技术是纯血池造影显像，通常使用粒径2 ~ 5 μm的微气泡经外周静脉注入后，能够自由通过肺循环，再到体循环，到达靶器官及组织，但不能够通过血管内皮进入组织间隙，通过该技术能了解猪的各腹腔脏器血液灌注情况、有无脏器破裂及坏死范围、脏器内占位的评估等。

（4）检查内容：了解猪各腹腔脏器的位置；剖析各腹腔脏器的解剖结构；评估各脏器的血液灌注方式等。对版纳微型猪正常各腹腔脏器超声图像的获取，为之后对于各脏器的正常值界定范围的测量、各腹腔脏器疾病研究模型的制备，甚至为临床各腹腔脏器异种移植的评估奠定基础。

第二节　肝脏

一、解剖结构

1.位置（图3-2-1）

猪肝在外观上与人类肝脏相似，也具有分叶、胆管系统及门脉系统等。在腹腔位置上，主要位于右季肋区，小部分被胸廓所掩盖，位于左季肋部和剑突下。左外叶的脏面与胃大弯相邻。左内叶与左外叶之间的切迹深达肝门腹侧缘，脏面被左外叶遮盖。右内叶脏面与胃紧贴，右外叶脏面与胃相邻。尾状叶在食管切迹和肝右外叶及肝门之间，后腔静脉从其背侧缘进入肝脏，并被其包绕，此处与十二指肠第一部相邻。方叶仅在肝的脏面可见，在肝门之下、胆囊和左内叶之间。

2.肝的外形（图3-2-2，图3-2-3）

肝脏是人和猪最大的实体器官，呈三叶草型。肝的前膈面隆凸，脏面凹陷。脏面的中部为肝门，有门静脉、肝动脉、肝管、淋巴管、神经等出入肝实质，其中门静脉位于右上方，胆总管位于左下方，肝固有动脉位于两者之间。肝门的下方有胆囊，埋于胆囊窝内。在肝门和胆囊的右侧部分为右叶，在肝圆韧带和肝门左侧部分为左叶，左叶较右叶更为肥大。左、右两叶中间的狭窄部分是中叶，又以肝门为界分为背侧的尾状叶和腹侧的方叶。肝右叶又分别被其腹侧的切迹分为内侧叶和外侧叶。

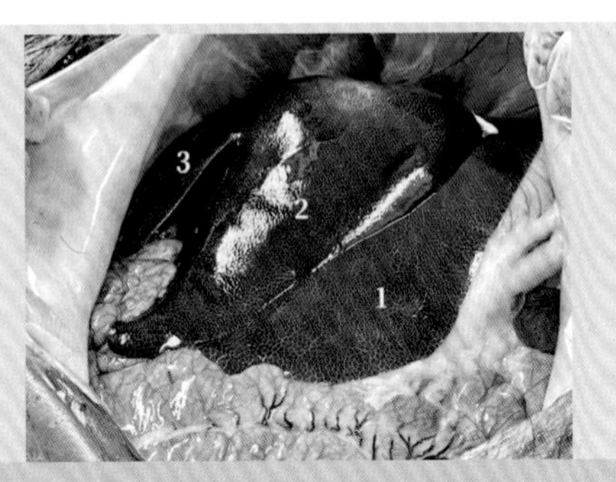

1. 肝左外叶；2. 肝左内叶；3. 肝右内叶。

图3-2-1　腹腔中的肝脏膈面

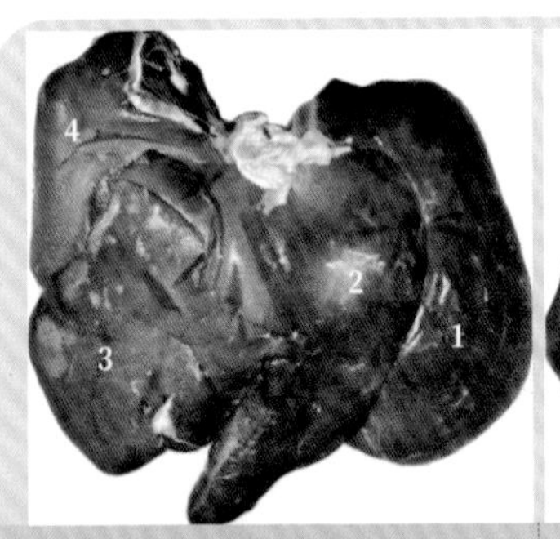

1. 肝左外叶；2. 肝左内叶；3. 肝右内叶；4. 肝右外叶。

图3-2-2　猪肝膈面

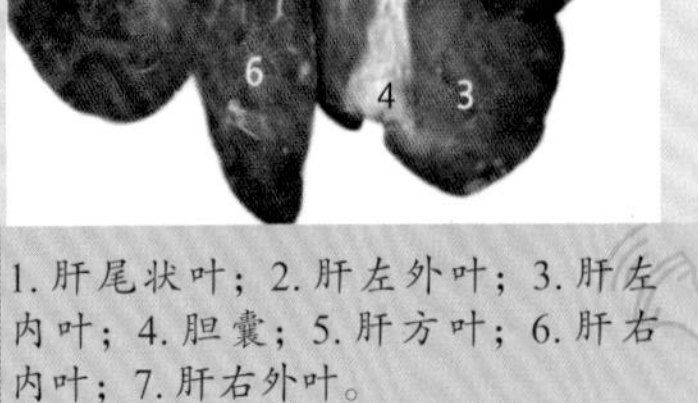

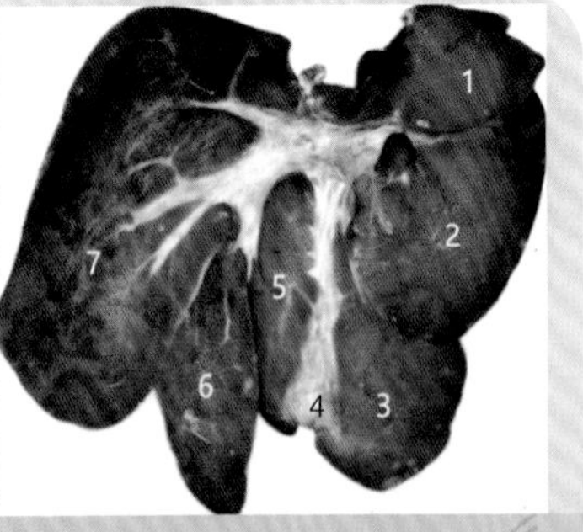

1. 肝尾状叶；2. 肝左外叶；3. 肝左内叶；4. 胆囊；5. 肝方叶；6. 肝右内叶；7. 肝右外叶。

图3-2-3　猪肝脏面

3.肝的分叶（图3-2-2，图3-2-3）

人的肝脏是一个楔形器官，从左到右逐渐增大。肝脏有两个表面：脏面和膈面。肝脏有两个叶，通常按照Couinaud分段法分为八个部分。

然而与人不同的是，猪肝比人肝更薄，体积通常更小。猪肝呈三叶草叶状，通常认为猪肝大体分为肝左叶和肝右叶，再可分为四叶，分别是肝左外叶、肝左内叶、肝右内叶及肝右外叶。若再具体细分，则可分为六叶，在上述肝叶的基础上，还有在肝左内叶与胆囊之间的方叶及与右外叶相连的尾状叶。

和人的肝脏一样，猪肝也能够按照Couinaud分段法分为八个部分，每个部分都有自己的动静脉供应和胆汁引流。猪肝的左外侧叶分为Ⅱ和Ⅲ段，右外侧叶分为Ⅵ、Ⅶ段，左内侧叶由Ⅳ段组成，右内侧叶分为Ⅴ和Ⅷ段，尾状叶为Ⅰ段，中叶为Ⅳ、Ⅴ、Ⅷ段。

4.肝的门静脉系统

人的门静脉由肠系膜上静脉和脾静脉汇合而成，其在肝门附近分为门静脉左支和右支。门静脉左支先向Ⅱ段发出分支，随后向Ⅲ段和Ⅳ段发出分支。门静脉右支分为右前支和右后支，分别对应于Ⅴ、Ⅷ段及Ⅵ、Ⅶ段。因此，人的门静脉系统在解剖结构学上将肝脏分为左叶和右叶，门静脉根据肝脏的各个部分发生分流。

猪的门静脉分支与人的分支相似，其在肝动脉背侧和胆管腹侧之间的肝门处分为门静脉左支和门静脉右支。

门静脉左支是门静脉的直接延续，其供应方叶、左外侧叶和左内侧叶。根据部分研究所示，左外侧叶和左内侧叶之间没有交通分支，因此，门静脉左支供应肝Ⅱ、Ⅲ和Ⅳ段。

对于80%门静脉右支来说，其分为右外侧支及右内侧支；仅有20%的门静脉右支从门静脉本身延伸，并在靠近门静脉的位置分为右外侧支及右内侧支。右外侧支自门静脉右支发出后，走行于右外侧叶，走行范围在右外侧叶与尾状叶之间，共有四个分支，其中一支为尾状叶支，走行于尾状叶内。因此，肝右外侧支供应右外侧叶与尾状叶，对应肝Ⅰ、Ⅵ和Ⅶ段。肝右内侧支起源于门静脉腹侧，靠近右外侧支的起点，其分为两个分支，分布在右内侧叶的腹侧部分。右内侧分支供应右中叶并对应于肝Ⅴ、Ⅷ段。值得关注的是，部分在右外侧支与内侧支的分支之间可形成纤细的交通支，该部分交通支十分脆弱，在手术期间很容易被损坏。

5.肝的动脉系统

猪肝的血供也与人肝相似。肝总动脉起源于腹腔干，在到达肝门之前，肝动脉分为左右分支。通常，肝不同叶的肝动脉分支沿着门静脉。肝右支在两侧叶分界处分为右外侧支和内侧支，肝右叶两支的灌注对应肝Ⅰ、Ⅴ、Ⅵ、Ⅶ和Ⅷ段。肝左支起自肝门

2～3 cm处，分为三个主要分支：左外侧支、左内侧支和尾状叶支。胆囊的血液供应来自尾状叶支，实质内肝动脉总是沿着门静脉走行并供应相应的部分。

6.肝的静脉回流

人的肝静脉分为肝左静脉、肝中静脉和肝右静脉。肝左、中、右静脉分别开口进入下腔静脉者占56.3%，肝中静脉与肝左静脉形成共干后进入下腔静脉者占40.6%，而同时有四个开口于下腔静脉者占3.15%，其中另一开口为左后上缘静脉。肝右静脉是肝静脉中最长的一条，位于右叶间裂内，其主要收集来自肝右后叶（Ⅵ、Ⅶ段）的血液，也回收部分肝右前叶（Ⅴ、Ⅷ段）的血液。肝中静脉位于正中裂内，接受来自左内叶和右前叶的血液。有时，肝中静脉也接受来自右后叶下段的部分回血。肝左静脉本身不在肝左叶间裂内，而是与之呈锐角交叉，在裂内的只是其一个分支，其接受来自左外叶（Ⅱ、Ⅲ段）的血流及左内叶（Ⅳ段）的部分血流。

猪的肝静脉回流与人也有很多类似之处，不同的是，前者的分支共四支，分别是左外静脉、左内静脉、右外静脉和右内静脉。左外静脉与左内静脉通常在下腔静脉处汇合。左肝外静脉引流肝Ⅱ段，并有一个较长的分支引流肝Ⅲ段。左肝内静脉供应肝Ⅳ段。右肝内静脉供应肝Ⅴ、Ⅷ段。最后，右肝外静脉引流Ⅶ、Ⅵ段。唯一的例外是肝Ⅰ段尾状叶，其直接引流到下腔静脉。此外，猪肝中静脉壁极薄，非常脆弱且容易损伤，下腔静脉也是如此，因此很难进行适当的右半肝切除术。

7.肝的功能

猪的肝脏作为最大的腺体，其肝细胞产生的许多物质可以直接释放入血液中，影响和调节机体的代谢和生理活动，与人的肝脏功能相似，具有内分泌腺和外分泌腺的性质。肝脏不仅是新陈代谢中心，负责糖、脂、蛋白质、维生素和激素等物质代谢有序进行，同时还是主要解毒器官。门静脉收集来自腹腔的血液，门静脉血中99%的细菌经过肝静脉窦时被吞噬，可保护机体免受损害，使毒物成为无毒或溶解度大的物质，随胆汁或尿液排出体外，肩负着机体的防御、解毒排毒、免疫、造血、储存营养物质的重要职责。

二、肝脏的二维超声标准切面及彩色多普勒血流成像

超声检测技术是各种肝病的首选检查方法。二维实时超声显像主要用于肝脏形态的变化，彩色多普勒血流成像则用于肝脏血管病变与血流动力学检查。超声检查显示肝脏的病变图像，属于声学物理的性质变化。在病程发展的不同阶段，同一病变超声图像表现不同；对于不同病变，若其声学物理性质相似，超声图像的表现可能相同。因此超声不能够提示病理解剖结构学的诊断。小部分肝占位性病变超声检测不能够鉴别良、恶性，如弥漫性肝硬化与弥漫性肝癌。有些肝内小结节则难以区别为炎症或肿瘤。必要时可在超声引导下行肝脏介入性活检或其他检查。

本研究将麻醉后的版纳微型猪置于检查床上，平卧位或侧卧位进行探查。由于版纳微型猪的肋间隙较为狭窄，在检查过程中，通过肋间隙对脏器进行探查十分困难，因此，本书对于肝脏的探查仅采用剑突下或肋下的探查。

1.剑突下经腹主动脉长轴肝左叶纵切面（图3-2-4，图3-2-5）测量剑突下腹主动脉长轴频谱（图3-2-6）

（1）探查方法：取平卧位，探头在剑突下竖向放置于中线稍偏左侧。测量腹主动脉频谱时，显示出门静脉长轴，取样容积通常置于门静脉主干或右支，测量门静脉血流频谱时，声束和血流束夹角<60°。

（2）断面结构：在腹主动脉的腹侧可显示肝左外叶，此时将探头从左向右扫查可显示肝左外叶上段，此切面可测量肝的前后径及上下径。

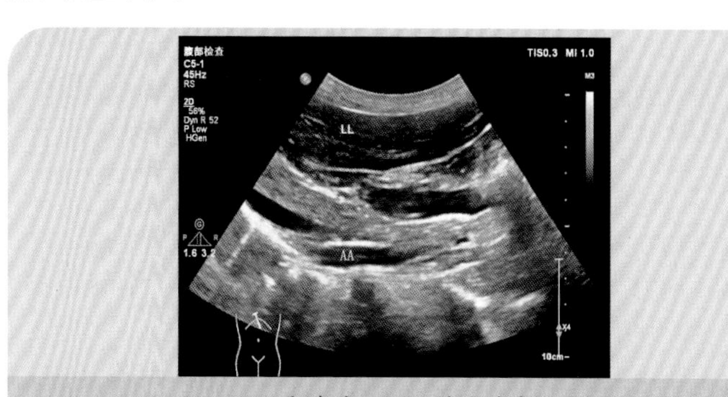

LL：肝左叶；AA：腹主动脉。

图3-2-4 剑突下经腹主动脉长轴肝左叶纵切面常规二维超声图像

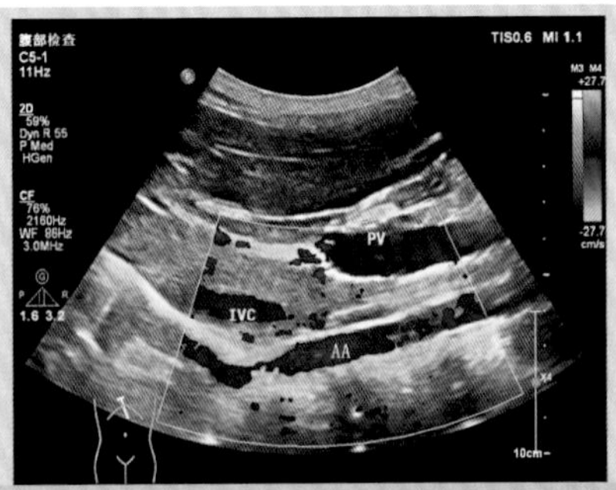

AA：腹主动脉；IVC：下腔静脉；PV：门静脉。

图3-2-5　剑突下经腹主动脉长轴肝左叶纵切面彩色多普勒超声图像

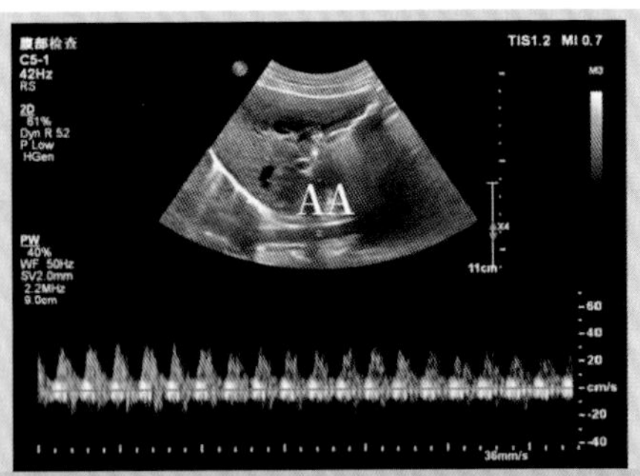

AA：腹主动脉。

图3-2-6　剑突下腹主动脉长轴频谱

2.剑突下经下腔静脉及门静脉长轴肝脏纵切面（图3-2-7，图3-2-8）

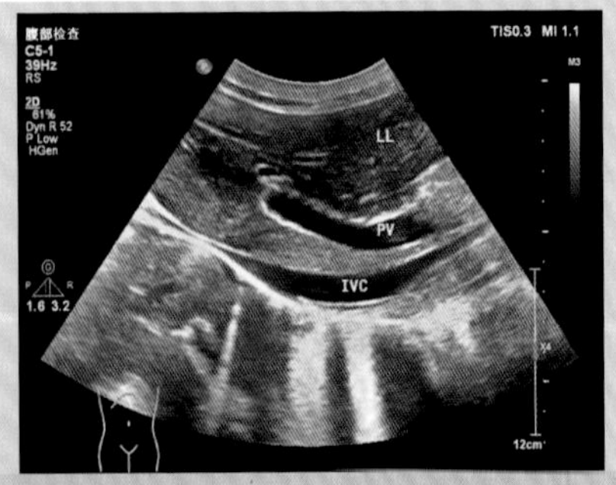

LL：肝左叶；PV：门静脉；IVC：下腔静脉。

图3-2-7　剑突下经下腔静脉及门静脉长轴肝脏纵切面常规二维超声图像

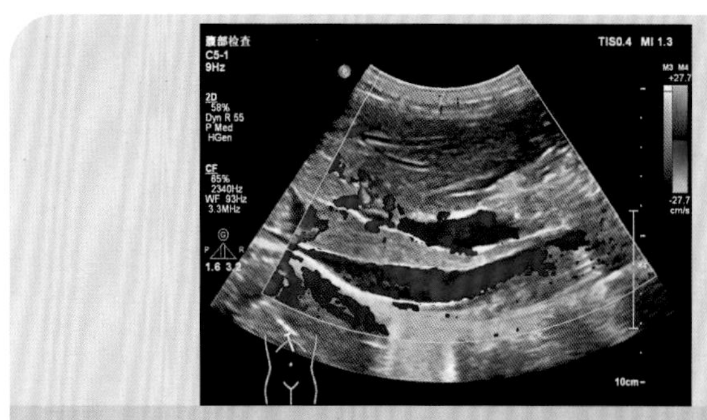

图3-2-8 剑突下经下腔静脉及门静脉长轴肝脏纵切面彩色多普勒超声图像

（1）探查方法：取平卧位，探头在剑突下竖向放置于中线稍偏右侧。

（2）断面结构：在探头从左往右的扫查过程中，于肝左叶背侧可显示下腔静脉，同时可探及门静脉主干长轴，可在此处测量门静脉的内径及下腔静脉在右心房入口处的内径，以及显示门静脉和下腔静脉的彩色多普勒血流图像。同时还可观察下腔静脉及门静脉是否有狭窄、扩张、血栓或占位病变等。

3.门静脉血流频谱（图3-2-9，图3-2-10）

（1）探查方法：平卧位，探头在剑突下竖向放置于中线稍偏右侧，显示出门静脉长轴，取样容积通常置于门静脉主干或右支，测量门静脉血流频谱时，声束和血流束夹角$<60°$。

（2）断面结构：门静脉频谱多普勒检查特点为连续性低速带状频谱，吸气时血流速度减慢，呼气时血流速度加快。图3-2-10所示门静脉频谱中血流速度减慢的区域即受麻醉后的版纳微型猪吸气时影响形成。门静脉高压时，门静脉血流速度明显减慢，波动消失，频谱减低，可呈双向血流，显示有反向血流。门静脉内栓塞时，充满型可完全阻塞血流，门静脉内取不到血流信号；部分阻塞可致狭窄段及狭窄远端血流速度加快。

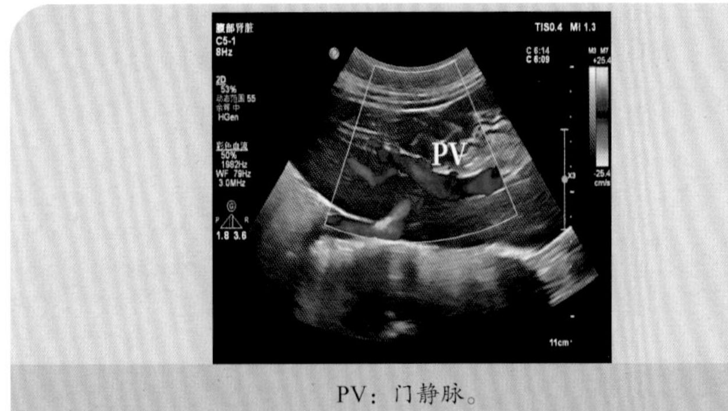

PV：门静脉。

图3-2-9　门静脉彩色多普勒超声图像

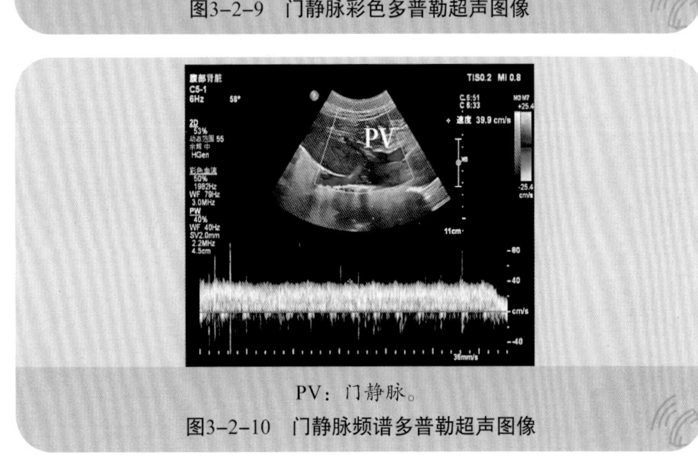

PV：门静脉。

图3-2-10　门静脉频谱多普勒超声图像

4.剑突下经肝动脉及门静脉长轴肝脏纵切面并测量肝动脉频谱（图3-2-11，图3-2-12）

（1）探查方法：取平卧位，探头在剑突下竖向放置于中线稍偏右侧，测量肝动脉频谱时，取样容积置于肝动脉长轴，声束和血流之间的夹角应<60°。

（2）断面结构：在探头从左往右的扫查过程中，于肝左叶可探及门静脉主干长轴，在门静脉主干长轴旁可显示较为细长的肝动脉。可在此处观察肝动脉的彩色多普勒血流图像及测量肝动脉的频谱，频谱可反映进入肝脏的血流量。

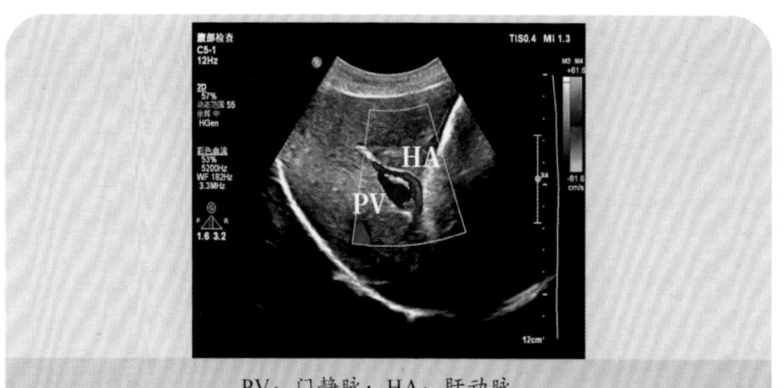

PV：门静脉；HA：肝动脉。

图3-2-11　肝动脉及门静脉彩色多普勒超声图像

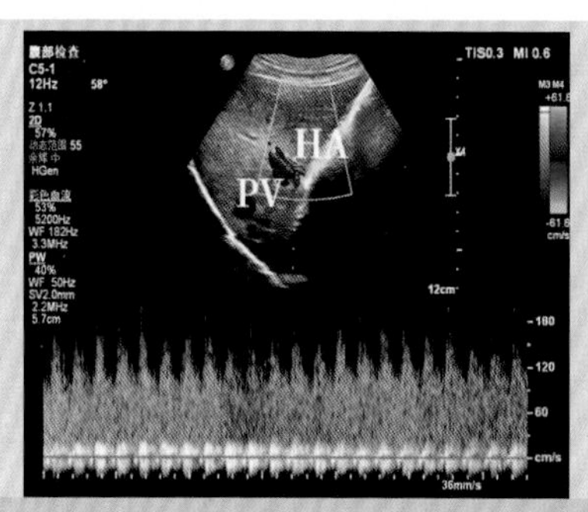

PV：门静脉；HA：肝动脉。

图3-2-12　肝动脉及门静脉频谱多普勒超声图像

5.剑突下肝左叶经门静脉左支分支横切面（图3-2-13，图3-2-14）

（1）取平卧位，探头在剑突下横向放置并向左上倾斜，声束指向左上方。

（2）断面结构：在探头自上而下的扫查过程中，可显示肝左叶及外侧的上缘，逐渐可显示出门静脉左支分支的结构，版纳微型猪的左支分支像一个竖直的“H”，与人的不同（像一个顺时针旋转90°的“H”）。具体可探查到肝门静脉左支矢状部及与其相连的左外支的上支及下支，后两者几乎平行走行，门静脉左外上支及下支分别营养左外叶的上段及下段。略向右侧移动探头可观察到门静脉的左支横部，有时还可观察到从门静脉矢状部右侧发出的内侧支，可在此处显示门静脉左支分支的彩色多普勒血流图像。

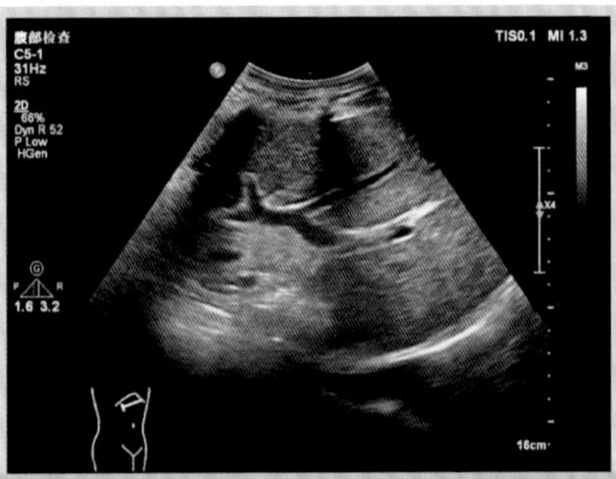

图3-2-13　剑突下肝左叶经门静脉左支分支横切面常规二维超声图像

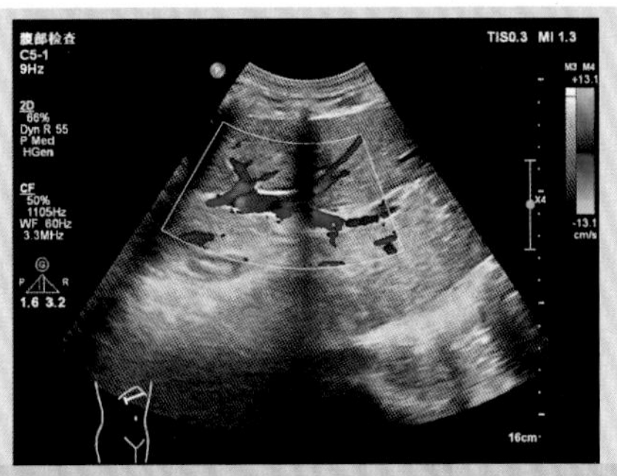

图3-2-14　剑突下肝左叶经门静脉左支分支横切面彩色多普勒超声图像

6.剑突下肝左叶经肝左静脉及门静脉左支长轴横切面（图3-2-15，图3-2-16）

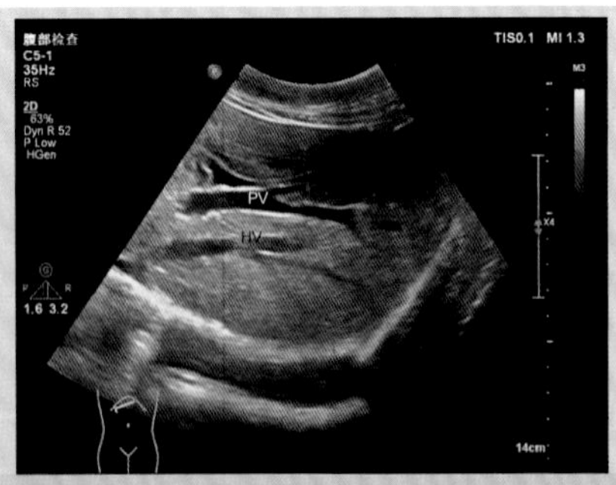

PV：门静脉；HV：肝静脉。

图3-2-15　剑突下肝左叶经肝左静脉及门静脉左支长轴横切面常规二维超声图像

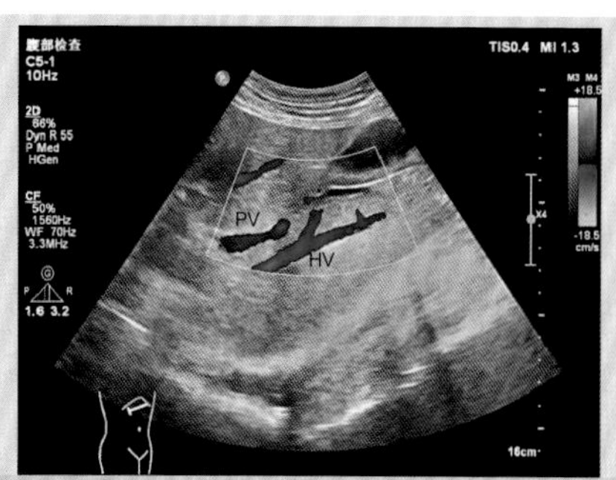

PV：门静脉；HV：肝静脉。

图3-2-16 剑突下肝左叶经肝左静脉及门静脉左支长轴横切面彩色多普勒超声图像

（1）平卧位或左侧卧位，探头在剑突下横向放置并向左上倾斜，声束指向左上方。

（2）断面结构：在探头自上而下的扫查过程中，可显示肝左静脉及门静脉左支长轴，两支血管一般呈平行走行于肝左叶，可在此处显示肝左静脉及门静脉左支长轴的彩色多普勒血流图像。

7.右肋缘下肝脏显示四支肝静脉汇入下腔静脉斜切面（图3-2-17）

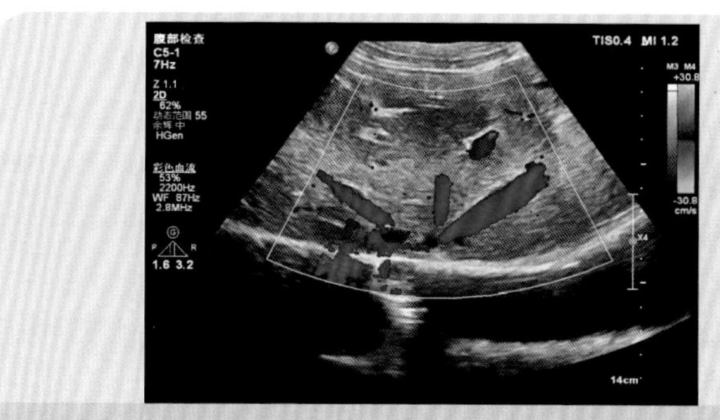

图3-2-17 右肋缘下肝脏显示四支肝静脉汇入下腔静脉斜切面（仅显示三支）

（1）探查方法：取平卧位，探头在肋缘下斜向放置并稍向足侧倾斜，声束指向左上方。

（2）断面结构：在探头自上而下的扫查过程中，显示下腔静脉横断面并能够动态观察到四支肝静脉汇入下腔静脉的过程，可在距离下腔静脉1～2 cm处测量四支肝静脉的内径。肝静脉汇入下腔静脉可以是单独汇入，也可以是两支共干，本次研究中多见于肝左内叶支及左外叶支共干，且显示彩色多普勒血流时多在单一切面内最多显示三支肝静脉。

8.右肋缘下近右侧腰部显示右肝及右肾纵切面（图3–2–18）

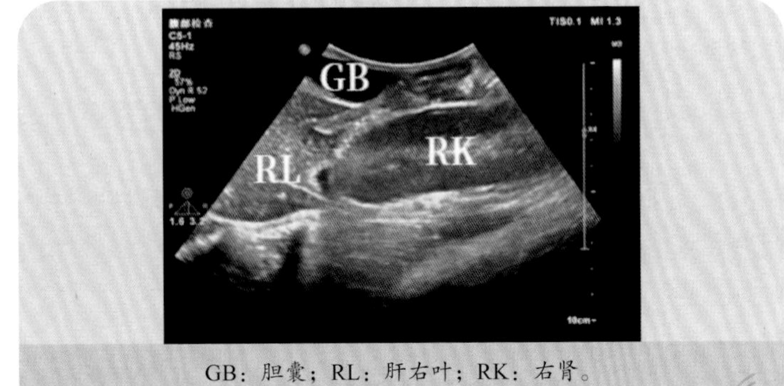

GB：胆囊；RL：肝右叶；RK：右肾。

图3–2–18　右肋缘下近右侧腰部显示右肝及右肾纵切面

（1）探查方法：取左侧卧位，探头在肋缘下近右侧腰部纵向放置并稍向腹侧倾斜。

（2）断面结构：在探头自左向右的扫查过程中，显示右肝及右肾，一般在该切面观察肝肾间隙是否有积液并对肝肾的回声进行对比，初步判断肝脏或肾脏是否有病变。

三、肝脏新技术应用

肝脏超声造影

（1）概述

自2004年起我国第二代超声造影剂SonoVue批准上市以来，实时动态超声造影成像技术逐渐开展，自肝脏造影的指南于2012年及2020年分别由中国医师协会超声医师分会及世界超声医学与生物学联合会发布以来，超声造影在肝脏疾病的临床诊断与治疗中起到了关键的作用，超声造影剂能够展现肝组织的微血管结构，提高了对于肝脏低速血流显示的敏感性，有助于超声诊断分辨率、敏感性和特异性的提升，同时各血管时相（动脉期、门脉期和延迟期）的血流灌注也可清晰显示。超声造影剂具有一定的安全性，可以在间隔较短的时间内重复注射，可对病灶有更好的观察。

目前肝脏超声造影在临床中主要适用于常规超声发现的可疑

病灶、慢性肝病患者定期超声监测已发现的结节、肝硬化结节和肝癌的鉴别诊断、对未诊断为肝癌但需要随访的结节进行监测、肝脓肿液化范围的评估等。

在本书的研究中，肝脏的超声造影旨在体现版纳微型猪正常肝脏增强后不同时相的表现。

（2）检查方法

①常规超声检查：评估肝脏大小形态，肝内是否有局灶性病灶，评估病灶的数目、大小、边界、内部回声、血供情况等。

②造影条件设置：进入造影检查模式，调节成像条件。

③造影实施：探头切面置于感兴趣区，清晰显示肝脏及病灶，经肘前静脉团注超声造影剂2.4 mL，同时启动计时器。观察病灶和周围组织的增强动态变化过程。造影中存储动态图像供后期分析。若需要重复注射造影剂进行观察，应在大部分微泡消失后进行。

（3）观察内容

在肝脏病灶或感兴趣区，描述增强开始时间及消退时间、增强程度、不同时相的动态变化模式及增强形态。

①增强开始时间及消退时间：开始时间指病灶和周围组织增强开始的时间，而消退时间通常指病灶开始消退时间。

②增强程度：与肝实质对比，病灶增强程度可被描述为“等增强”或“高增强”或“低增强”，完全的增强缺失可被描述为“无增强”。

③增强时相：肝脏造影的时相包括动脉期、门脉期及延迟期。“充盈”是指微泡开始到达感兴趣区直至“增强峰值”渐进的过程。“廓清”是指峰值后增强程度逐渐下降的过程。

④增强形态：指造影剂在进入病灶后呈现的形态，一般为均匀增强、不均匀增强、轮辐状增强、厚环状增强、周边不规则环状增强、多房样或蜂窝状增强等。

（4）增强类型

指病变在动脉期表现出某种增强水平和增强形态，在进入门脉期和延迟期的过程中，其增强水平和增强形态所发生的动态变化。常见的类型包括持续增强、增强廓清、低增强、无增强及向心性增强等。

（5）版纳微型猪的肝脏造影

①准备物品：注射用六氟化硫微泡（Sono Vue）、0.9%的氯化

钠溶液5 mL、一次性留置针管、一次性注射器等（图3–2–19）。

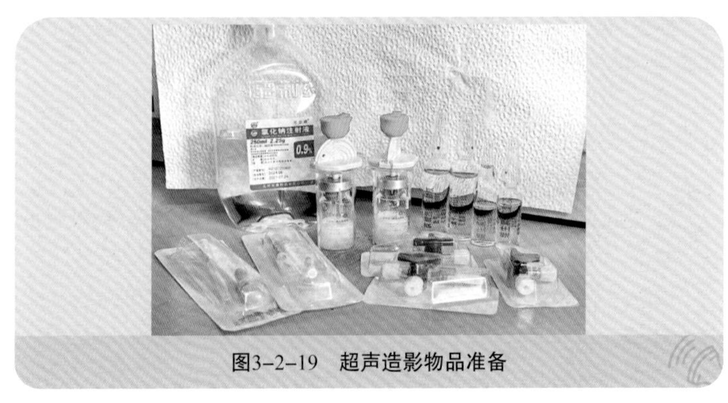

图3–2–19　超声造影物品准备

②造影流程

A.在使用Sono Vue前注入0.9%氯化钠溶液5 mL混合振荡配制成悬浮液，静脉推注前不停地手摇振荡。

B.用二维超声显示需要造影的区域，将超声仪器调节至低机械指数的造影成像条件。

C.经猪的耳缘静脉缓慢推注造影剂，使用剂量为2.4 mL，随之推注5 mL氯化钠溶液冲管，同时启动计时器及录屏，针头直径≥1.1 mm（20 G），以免造影剂破裂。

D.当造影剂从循环中清除时结束成像，返回查看成像录屏，并记录开始时间、造影剂到达时间、达峰时间、动脉期增强强度和方式、门脉期开始廓清时间、廓清程度、延时期造影剂最后从循环清除的时间。

③猪肝脏超声造影表现

A.肝动脉期（图3–2–20 ~ 图3–2–22）：从注射造影剂开始至其后的17 s，其间8 ~ 10 s肝动脉开始显影，此时肝组织的增强主要来源于肝动脉血流的微泡，此期肝组织呈均匀增强，于16 s时增强达到高峰。

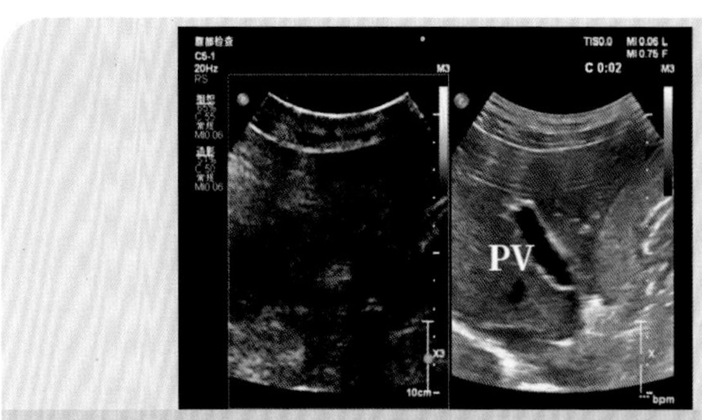

PV：门静脉。

图3-2-20　猪肝造影肝动脉期开始注射造影剂

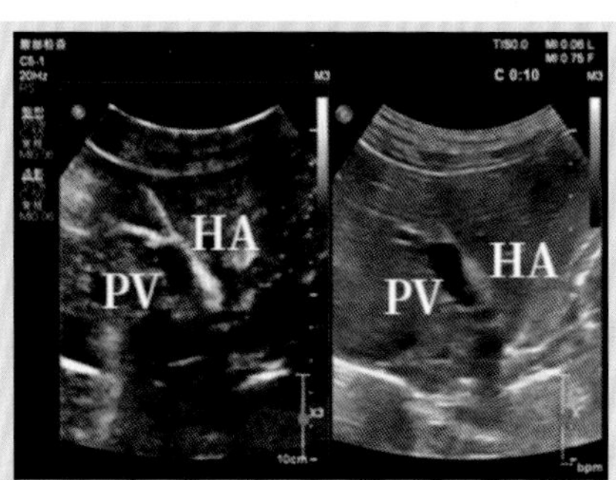

PV：门静脉；HA：肝动脉。

图3-2-21　肝动脉开始增强

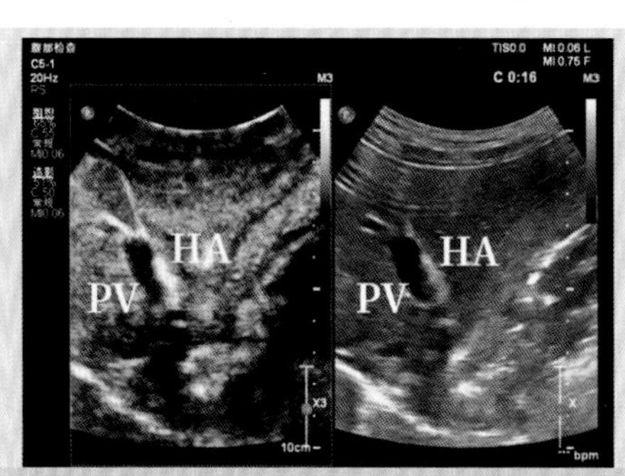

PV：门静脉；HA：肝动脉。

图3-2-22　肝动脉期增强达峰

B.门静脉期（图3-2-23～图3-2-25）：注射造影剂18～57 s，其间18～20 s门静脉开始显影，此时肝组织的增强主要来源于门静脉血流的微泡，此期肝组织在40 s开始消退为稍低增强。

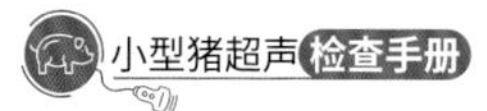

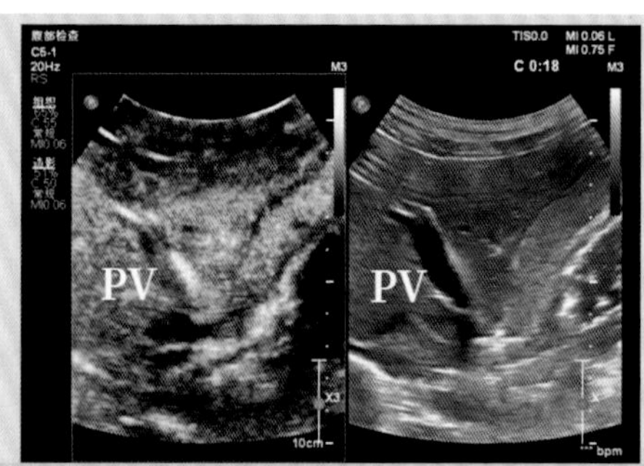

PV：门静脉。

图3-2-23　猪肝造影门静脉期门静脉开始显影

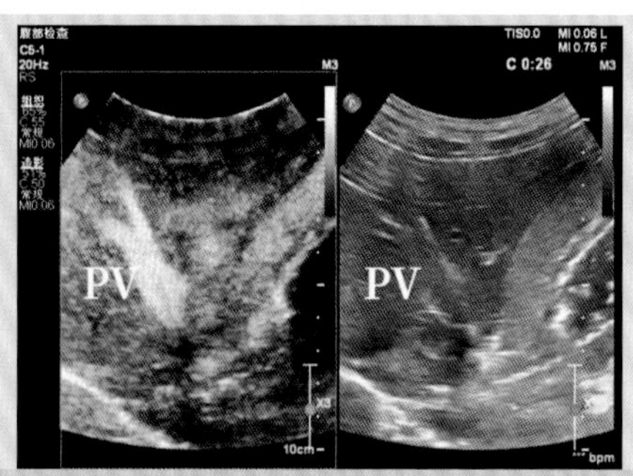

PV：门静脉。

图3-2-24　以门静脉微泡为增强来源的肝组织

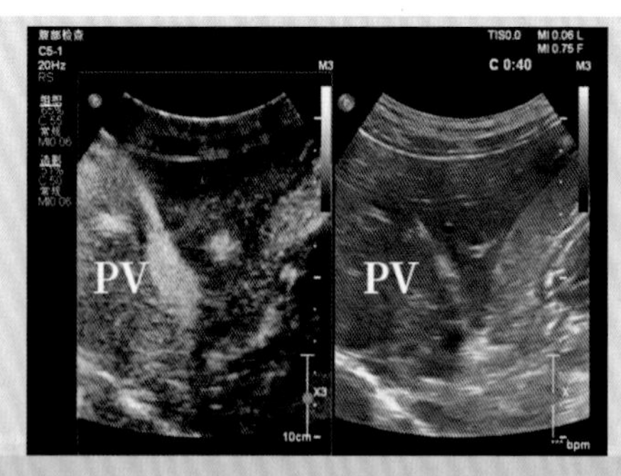

PV：门静脉。

图3-2-25　肝组织开始消退为稍低增强

C.延迟期（图3-2-26）：注射造影剂58 s后，此时增强来源于残留在门静脉及肝窦内的微泡，此期肝组织增强消退为更低增强。

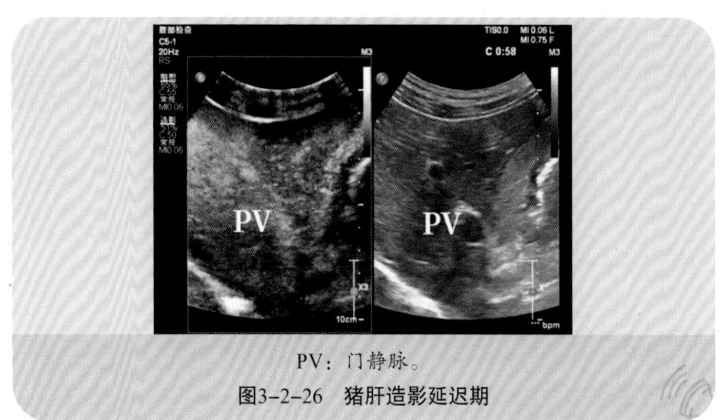

PV：门静脉。

图3-2-26　猪肝造影延迟期

四、小结

版纳微型猪的肝脏和人的肝脏比较，无论是从大体解剖结构还是超声图像都十分相似，通过本次对版纳微型猪肝脏超声造影的研究发现其造影表现与人体肝脏也是相似的。因此，可以在后续的肝脏疾病动物模型中运用超声造影对肝脏疾病微循环评估有更进一步的探索。

1.肝脏二维剪切波弹性成像

二维剪切波弹性成像（two-dimensional shear wave elastography，2D-SWE）是由探头发射聚焦的声辐射力脉冲至体内，使纵向不同深度的组织几乎同时发生横向位移，产生剪切波，再利用声波及高速图像处理技术，检测剪切波的传播速度并成像，从而反映组织的绝对或相对硬度的一种诊断方法，组织硬度越大，弹性越小，形变能力越小。二维剪切波弹性成像可评估肝脏纤维化程度，适用于慢性肝病患者的疗效评价。

Glińska-Suchocka等使用SuperSonic Imagine Aixplorer扫描仪和频率1 ~ 6 MHz凸面SC6-1探头对36只豚鼠利用二维剪切波弹性成像评估其正常肝组织的硬度，进行超声引导下肝穿刺活检。收集病理结果并排除其他病变，研究结果证明剪切波弹性成像作为一种简单的非侵入性技术可用于评估肝组织的硬度，继而评估各种类型的肝病进展过程中肝组织的类型和变化。

2.肝脏病变的超声介入诊断与治疗

介入性超声通常指在实时超声的监视或引导下将特制的针具、导管、导丝等器械，直接引入体内，完成各种穿刺活检明确诊断或进行抽吸、插管、造影和注药治疗等。目前穿刺活检较多应用自动弹射活检枪，其可于一次击发后自动完成活检切割，效率高，取材质量好。活检枪所配活检针针号有14 ~ 23 G，活检常用18 G，个别情况下亦选用14 G或16 G针活检。

超声引导肝脏疾病穿刺活检主要适用于肝脏弥漫性病变（肝炎、肝硬化、肝代谢性疾病等）、肝脏占位性病变、肝肿瘤介入治疗后评价疗效等。

3.超声引导下肝脏占位病变热消融治疗

超声引导经皮热消融指超声引导经皮穿刺将能量导入肿瘤内部，对肿瘤细胞进行原位灭活；术中热消融治疗指手术中显露脏器或病灶直视下直接穿刺消融，也可在腔镜引导下热消融治疗。热消融治疗包括微波消融、射频消融、激光消融、冷冻消融及聚焦超声等。

微波局部消融治疗的机制是直接杀死肿瘤细胞，凝固肿瘤并滋养血管，提高宿主免疫功能，降低肿瘤扩散转移率。微波消融治疗的特点为受间质结构影响小，热效率高，临床实用性强，疗效稳定可靠，操作简便，安全且不良反应小，并发症少，直接杀死肿瘤的同时可提高机体免疫功能。

第三节　胆道系统

一、解剖结构

人的肝内有四套管道，形成两个系统，即Glisson系统和肝静脉系统。肝门静脉、肝固有动脉和肝管的各级分支在肝内的走行、分支和配布基本一致，并有Glisson囊包绕共同组成Glisson系统。胆道系统分为胆管系和胆囊两部分，此系统又分成肝内胆管及肝外胆管两部分。肝内胆管由毛细胆管、小叶间胆管及逐渐汇合而成的左右肝管组成；肝外胆管由肝总管、胆囊管和胆总管组成。在后者的分类中，胆囊属于肝外胆系。上述管道联合将肝分泌的胆汁输送至十二指肠。

版纳微型猪的Glisson系统和肝外胆道系统的构成几乎是相同的。版纳微型猪的胆囊部分位于右内侧叶的实质内，在相邻的左内侧叶上有一个小的压痕。胆总管在一层薄薄的结缔组织中沿着肝脏的脏面延伸至肝门，与位于肝门内的肝总管相连，与人类肝脏一样，因为均有Glisson囊包绕，所以肝管的节段分布同样遵循门静脉的节段分布。左侧肝管的内径通常比右侧大得多，并引流左内侧叶和左外侧叶的胆汁。肝右叶由两条独立的肝管引流，类似于人类肝管的排列，较细的前胆管引流右内侧叶的胆汁，然后排空至门静脉内侧的肝总管；较大的后胆管引流右外侧叶和尾状叶的胆汁，通常与前胆管汇合形成单个右肝管，然而，有时也可看到后胆管直接流入肝总管，甚至可汇入左肝管（图3-3-1）。

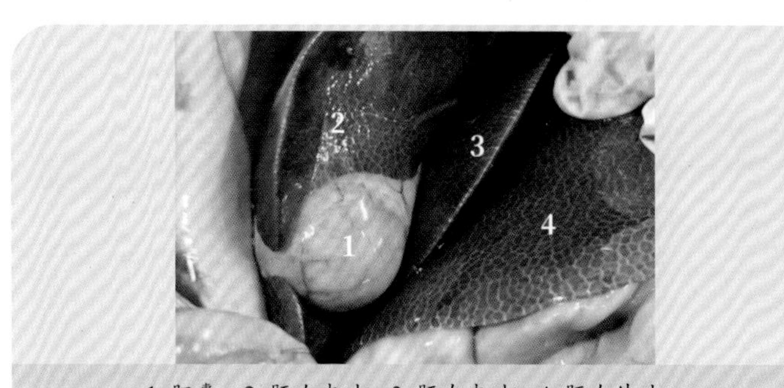

1. 胆囊；2. 肝右内叶；3. 肝左内叶；4. 肝左外叶。

图3-3-1　猪腹腔内胆囊

在本书的研究中，因实体版纳微型猪的肝管外径约0.2 cm，胆总管外径约0.3 cm，十分纤细。通过在多头猪上反复观察，若无远端梗阻，在超声图像中肝内、外胆管均显示不满意，因此本书仅展示胆囊的相关切面。

二、胆囊的二维超声图像切面

1.右肋缘下经胆囊长轴纵切面（图3-3-2）

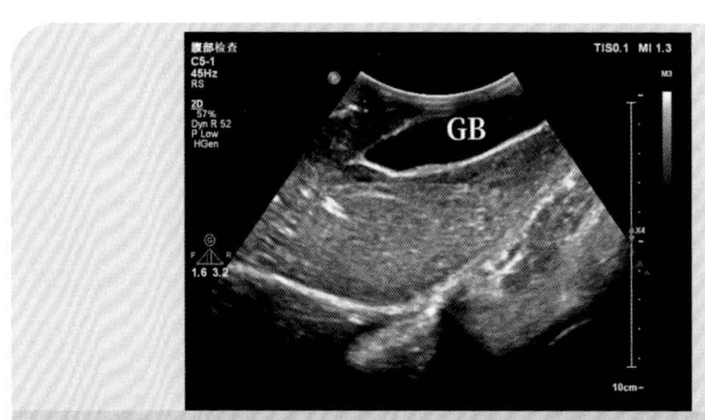

GB：胆囊。

图3-3-2　右肋缘下经胆囊长轴纵切面

（1）探查方法：版纳微型猪需要空腹8小时以上，平卧位，将探头置于右肋缘下沿着胆囊的长轴扫查。

（2）断面结构：应用扇形摆动扫查及平行扫查的方法对尽量多的胆囊进行全面的探查，可显示胆囊颈、体、底部及肝内侧叶的斜切面。此切面可测量胆囊的长径及宽径，若胆囊有反折，则长径的测量需要分段进行，取最大长径，宽径则在胆囊体部测最大宽径，测量标尺在两侧壁的前缘到前缘或后缘到后缘，位于两侧壁上。测量胆囊壁需要在胆囊正常充盈的情况下进行，声束垂直于胆囊壁的位置。此切面可确定胆囊的大小，壁是否增厚，有无占位病变，腔内回声是否清晰，有无异常回声。

2.右肋缘下经胆囊体短轴斜切面（图3-3-3）

（1）探查方法：版纳微型猪需要空腹8小时以上，平卧位，将探头置于右肋缘下，在长轴切面的基础上将探头旋转90°进行探查。

（2）断面结构：该切面显示胆囊体的横切面，其右侧为肝右内侧叶，左侧为肝左内侧叶，部分还可显示下腔静脉的横切面等结构。该切面可测量胆囊体的宽径，测量需要从一侧囊壁至另一侧囊壁。配合胆囊长径切面，该切面可更全面地观察胆囊体部各壁的细小隆起样病变，也可以更好地观察胆囊体周围结构与胆囊壁的分界。

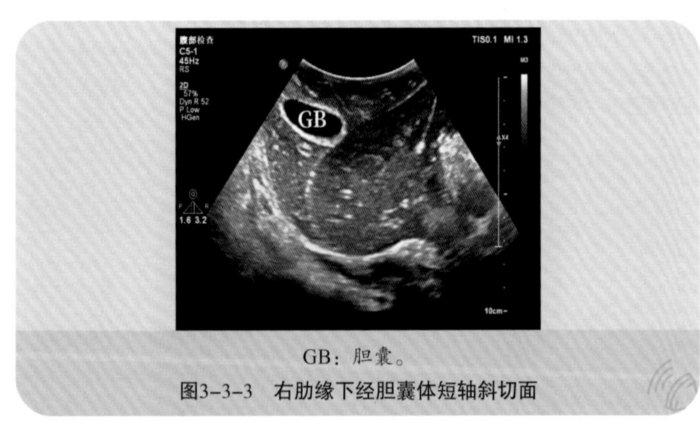

GB：胆囊。

图3-3-3　右肋缘下经胆囊体短轴斜切面

三、胆囊收缩功能超声检查

胆囊通过蓄积胆汁酸，帮助脂肪在肠内消化，促进脂溶性维生素、铁、钙等的吸收，同时通过缩短肠肝循环周期保护肝脏、胃黏膜和肠道，促使肠蠕动和抑制肠内病菌的生长繁殖，因此胆囊正常的收缩功能也十分重要，可通过超声检查评估胆囊收缩功能。

方法：餐后禁食8小时以上，空腹常规扫查胆囊、肝内外胆管情况，记录胆囊的长径、横径、宽径及胆汁的透声程度，然后进食高脂食物，待2小时后，在同一断面和部位重复测量，并计算胆囊排空率，其公式如下。

胆囊排空率 =（空腹容积–残余容积）/空腹容积 × 100%

胆囊容积计算公式：

$V = (L \times W \times H) \times \pi/6$

注：V代表胆囊容积，π=3.14，L为长径，W为横径，H为横断面高度。

结果判断：①正常：肝外胆管内径不增加或可疑扩张的肝外胆管内径减小到正常范围，胆囊排空率＞50%；②异常：肝外胆管内径增加≥2 mm或可疑扩张的肝外胆管内径无变化，胆囊排空率＜50%。

四、胆囊造影

胆囊造影在临床中主要适用于胆囊腔内异常回声的鉴别诊断，胆囊腔内不移动的沉积物或声影不明显的结石与隆起性病变或实质性占位病变（息肉、腺瘤、癌等）的鉴别，胆囊息肉样病变的良恶性鉴别，胆囊癌浸润范围及肝转移情况的判断，胆囊炎急性发作怀疑穿孔时帮助明确诊断，急性胆囊炎时了解胆囊床周围、腹腔内积液或脓肿的形成情况等。

对于版纳微型猪的正常胆囊来说，胆囊造影的意义不大，但可在后续的动物实验疾病模型中加以应用。

五、急性重症胆囊炎的介入治疗

急性重症胆囊炎在临床上常发生于机体免疫力较差的老年人，一般常导致难以逆转的全身感染，以及脓毒血症的形成，最终危及生命。此类患者常合并多器官病变且不具备急诊外科的条件，病情危急且手术风险较高，临床上常应用超声引导下经皮经肝胆囊穿刺置管引流术（percutaneous transhepatic gallbladder drainag，PTGD）进行治疗，以期迅速降低胆囊内压力并有效引流胆汁，缓解腹痛、发热等临床症状，减少胆囊化脓穿孔及脓毒症等严重并发症发生的可能，为择期手术创造条件。经皮经肝胆囊穿刺置管引流术的禁忌证为有严重出血倾向者、胆囊呈游离状态者、胆囊显示不清或没有合适穿刺进针路线者、有Charcot三联症（而超声提示胆囊体积小且胆管扩张）者、有弥漫性腹膜炎（可疑胆囊穿孔）者、胆囊壁厚（可疑癌变）者等。

第四节　脾脏

一、解剖结构

1.概述（图3-4-1，图3-4-2）

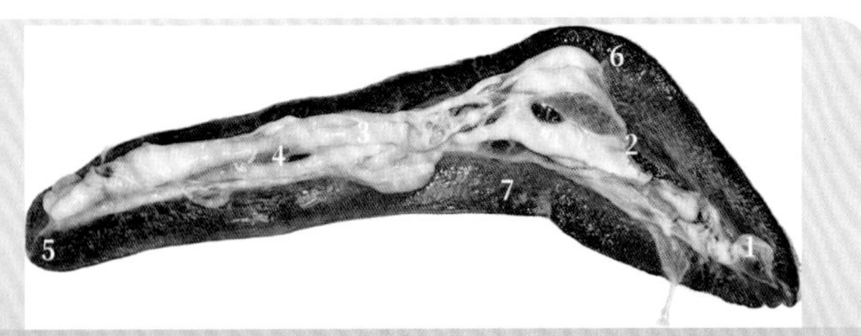

1. 脾腹侧端；2. 脾动脉；3. 脾网膜；4. 脾网膜静脉；5. 脾背侧端；6. 脾后缘；7. 脾前缘。

图3-4-1　脾脏脏面

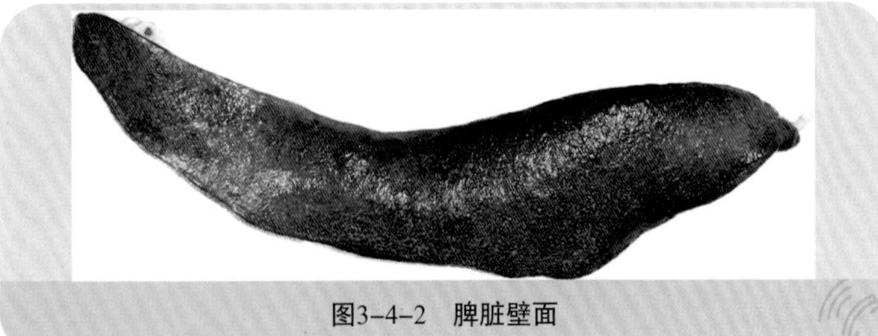

图3-4-2　脾脏壁面

脾脏作为人体与猪体内最大的免疫器官，具有储血、造血、清除衰老红细胞和进行免疫应答功能。

在大体解剖结构上，猪脾色暗红、质软，脾的表面有致密的被膜包裹，被膜中含有弹性纤维和少量平滑肌。脾分为壁面、脏面（脏面又包括肾面、胃面和肠面）两面，腹侧、背侧两端和前、后两缘。壁面光滑隆凸，脏面凹陷，中央处有脾门，有血管、神经和淋巴管出入，出入脾门的此类结构有腹膜包裹，统称脾蒂。在脏面，脾与胃底、左肾、左肾上腺、胰尾和结肠脾曲相毗邻。

除脾门外，猪脾的大部分被腹膜所覆盖。覆盖于脾的腹膜，在向周围其他结构延续时形成韧带。胃脾韧带为脾上极及脾门至胃大弯侧的双层腹膜，此韧带的上部含有胃短动、静脉，下部含有胃网膜左动、静脉。脾肾韧带为左肾前面与脾门之间的腹膜，其内含有胰尾和脾动、静脉。膈脾韧带和脾结肠韧带有时不明显，内含小的血管支。膈结肠韧带为膈与结肠脾曲之间的腹膜，对脾有承托作用。脾在上述韧带的支持及周围脏器和腹内压等因素的作用下，其位置相对固定。

2.脾动脉

猪脾动脉多起自腹腔干，少数起自腹主动脉和肠系膜上动脉等。脾动脉发出后自右至左横行，沿胰腺上缘（偶尔埋于胰腺实质内）至胰尾附近行于胰尾的前上方，并于此处分为数个分支入脾门。脾动脉在行程中可发出左膈下动脉、胰背动脉、胃网膜左动脉及分布于贲门、食管和胰腺的小动脉支。

脾动脉在脾门附近分出分支经脾门入脾实质，称脾叶动脉。据其分支数而分为单干型、双干型和三干型，其中以双干型多见，三干型次之，单干型很少。单干型者，脾动脉发出脾上叶动脉后，主干延续为胃网膜左动脉，后者发出数个分支，供应脾的其余部分；双干型者，脾动脉分成两支入脾门，分别称上叶动脉和下叶动脉；三干型者，脾动脉分成上、中、下三个叶动脉入脾门。

脾叶动脉再行分支，称脾段动脉，供应相对独立的一块楔形脾段组织，楔形的底朝向壁面，尖朝向脾门。

脾动脉也可发出分支不经脾门而在脾上极或下极直接入脾实质，分别称为上极动脉、下极动脉。上极动脉多数起自脾动脉干，少数起自上叶动脉或腹腔干。下极动脉多数起自下叶动脉，少数起自脾动脉干或上叶动脉。脾上、下极动脉的分布范围可自成一段，亦可分别分布于上叶或下叶的一部分。

3.脾静脉

猪脾静脉由脾门处的属支汇集而成。脾静脉汇集成后，通过脾肾韧带，在脾动脉下方与胰腺后方右行，在胰颈后方与肠系膜上静脉汇合成门静脉，其行程中接受胃网膜左静脉、胃短静脉、胰腺的小静脉支及肠系膜下静脉。脾静脉的管径常为脾动脉的两倍，在门静脉高压症时内径增大，且动脉壁变薄。

4.脾功能

脾作为重要的淋巴器官，是血液循环中重要的“滤过器”，具有储血、调节血量和产生淋巴细胞的功能。脾内巨噬细胞和淋巴细胞都参与免疫活动，能够清除血液中异物、病菌及衰老死亡的细胞，同时对于红细胞和血小板调节也至关重要，脾功能亢进时能引起红细胞及血小板的减少。

二、脾脏的二维超声图像切面

1.动物准备

备皮：因猪脾脏位置较高，观察脾脏仅能够从猪左侧肋间进行探查。一方面由于版纳微型猪肋间隙较狭窄，获取图像较困难；另一方面由于该探查部位被覆的毛发较粗、较厚，无法取得清晰的超声图像，因此，可将部分被覆的毛发进行剃除加以完善。

2.左肋间脾脏长轴切面（图3-4-3）

（1）探查方法：右侧卧位，探头置于左肋间，与肋间平行自上而下做扇形扫查。

（2）断面结构：在探头自上而下的扫查过程中，显示脾脏长轴切面，以清晰显示脾门部血管及脾脏最大长径为标准切面，该切面可测量脾脏的厚度及长径。厚度须测量脾的最大径，即从脾门到膈顶部包膜；长径须测量脾的实际长度，即从脾门处到上、下极的脏面长度之和。

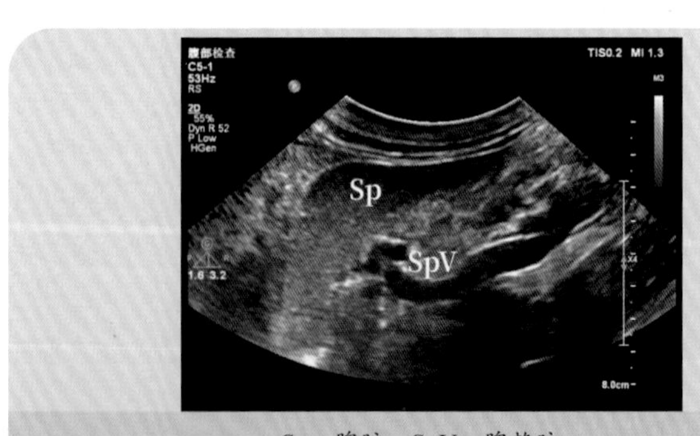

Sp：脾脏；SpV：脾静脉。

图3-4-3　左肋间脾脏长轴切面

3. 左肋间脾脏短轴切面（图3-4-4）

（1）探查方法：右侧卧位，探头置于左肋间，与肋间垂直，和脾长轴垂直，自上而下做扇形扫查。

（2）断面结构：在探头自上而下的扫查过程中，显示脾脏横切面及左肾上极的横切面，观察脾内和脾周结构是否正常及脾肾之间的界限是否清晰。

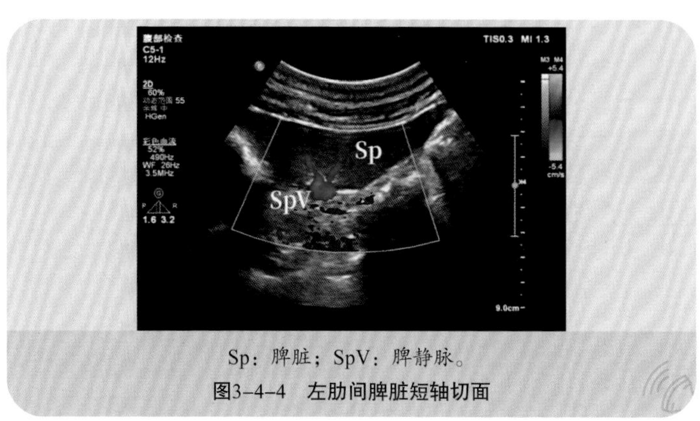

Sp：脾脏；SpV：脾静脉。

图3-4-4　左肋间脾脏短轴切面

三、脾脏造影

1.脾动脉期（图3-4-5～图3-4-7）

猪脾动脉于7 s开始显影，随后脾内动脉分支及脾实质增强，呈早期快速瞬时“花斑样”不均匀高增强，增强于12 s达高峰。

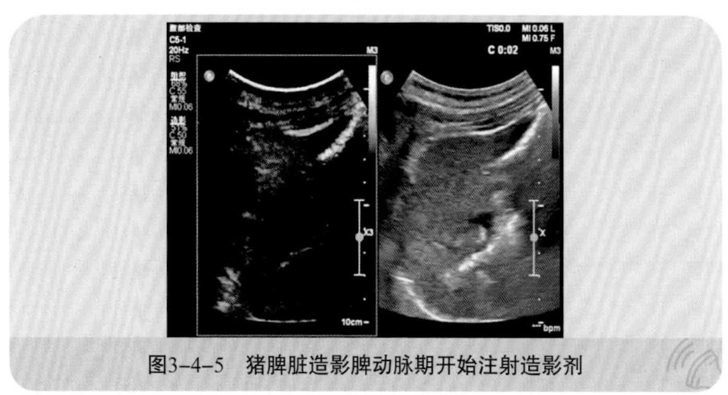

图3-4-5　猪脾脏造影脾动脉期开始注射造影剂

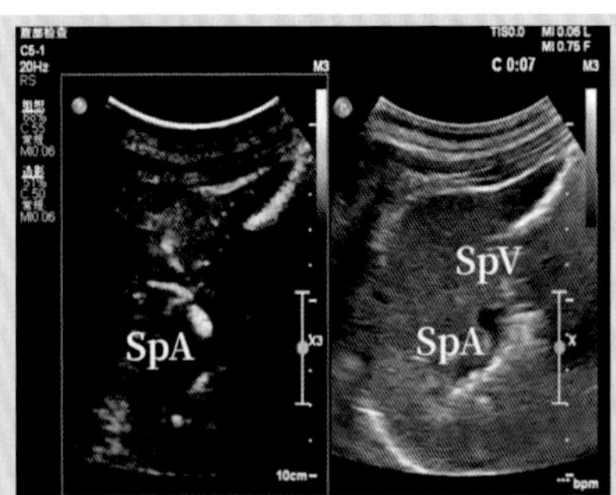

SpA：脾动脉；SpV：脾静脉。

图3-4-6　脾动脉开始增强

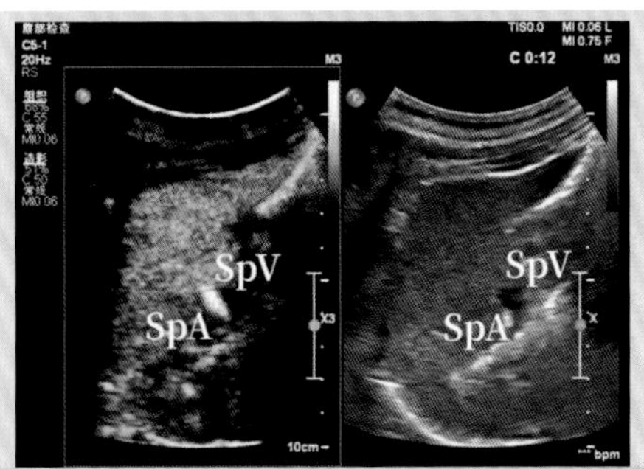

SpA：脾动脉；SpV：脾静脉。

图3-4-7　脾动脉期增强达峰，脾实质呈不均匀高增强

2.脾静脉期（图3-4-8～图3-4-10）

猪脾静脉于23 s开始显影，该期脾脏由不均匀高增强转变为均匀高增强，随后增强逐渐减弱。

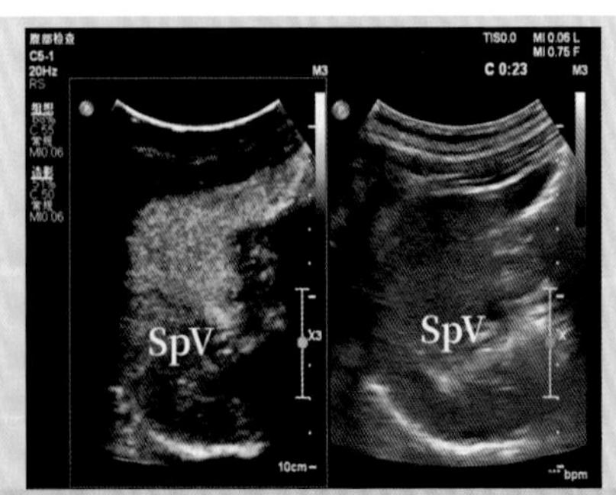

SpV：脾静脉。

图3-4-8　猪脾脏造影脾静脉期脾静脉开始显影，脾实质呈不均匀高增强

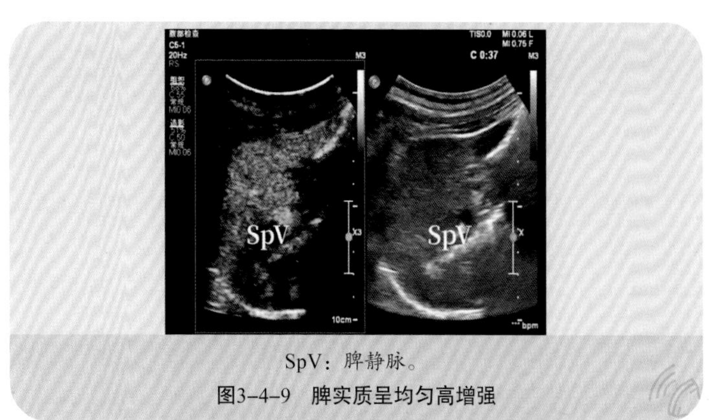

SpV：脾静脉。

图3-4-9　脾实质呈均匀高增强

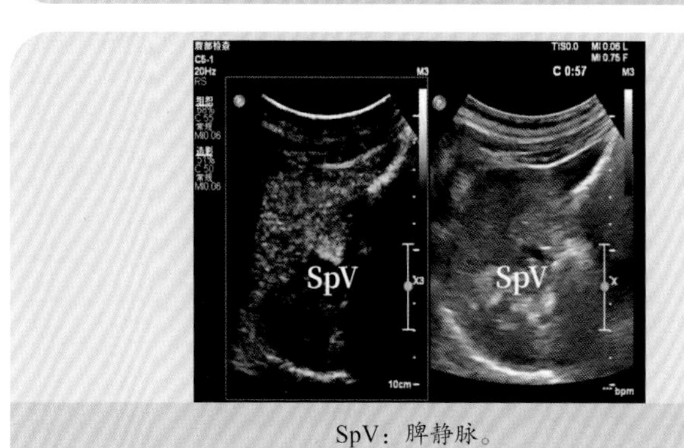

SpV：脾静脉。

图3-4-10　脾实质增强逐渐减弱

四、脾脏疾病的超声介入诊断与治疗

脾脏是人体最大的淋巴器官，在造血、滤血及参与免疫反应等方面起着非常重要的作用。脾脏局灶性病变临床表现复杂多样，脾脏的恶性病变发生率并不低，尤其是血液病、淋巴瘤，早期缺乏特异性的影像学表现，血液系统疾病所致弥漫性脾大与恶性淋巴瘤浸润脾脏所致脾大常难以鉴别，给临床诊治带来了困难。因此，术前准确获得脾脏弥漫性及局灶性病变的病理诊断，可帮助临床医师在化学治疗或手术切除以前明确病理诊断，制定正确的诊疗方案，从而最大限度地减少或避免脾脏切除术。超声引导下经皮穿刺活检技术因其微创、安全等特点已广泛应用于临床，在浅表器官和腹腔内实性脏器的诊断与鉴别诊断中发挥着重要作用。

第五节 胰腺

一、解剖结构

胰腺是猪的消化腺，可分泌多种消化酶分解和消化蛋白质、脂肪和糖类等，其内分泌部即胰岛，散在胰腺实质内，主要分泌胰岛素，调节血糖浓度。大体解剖结构上，猪胰腺是一个狭长的腺体，质地柔软，版纳微型猪的胰腺较其他品种小且菲薄，呈灰白色（图3-5-1）。猪的胰腺由三叶组成，分别是脾叶、十二指肠叶及连接叶。胰腺表面呈结节状，边缘不规则。脾叶相当于人体胰体和胰尾，与脾和胃相连。十二指肠叶相当于人体的胰头，与十二指肠相邻。而连接叶对应人体的钩突，是胰腺的延伸，与门静脉相贴。在脾和连接叶之间有一座由胰腺组织组成的“桥”，在解剖结构上起着连接作用。

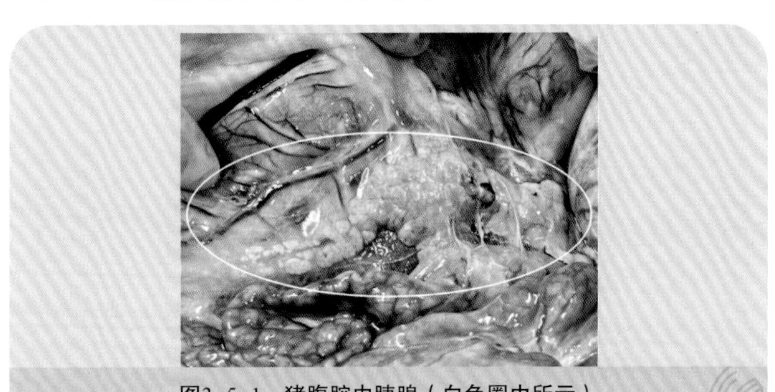

图3-5-1 猪腹腔内胰腺（白色圈中所示）

二、二维超声图像切面无法获取

由于版纳微型猪胰腺较人体薄且长，相对其他品种的猪胰腺较小，因此在经腹扫查的过程中，反复对不同的版纳微型猪进行探查，均未获取胰腺的超声图像，但在国外既往的研究中，有学者通过内窥镜超声探查能够获取较为清晰的胰腺图像，且能够清楚探查胰腺的毗邻情况。在本次研究的基础上，我们将向国外学者学习，争取在未来的研究中对该部分加以完善，做出详尽的补充。

三、胰腺造影

由于猪胰腺的超声图像无法采集，该部分简要介绍胰腺造影的临床应用。目前胰腺造影的适应证：胰腺局灶性病变的定性诊断（常规超声或体检偶然发现的胰腺病变、其他影像检查发现的胰腺局灶性病变、有恶性肿瘤病史且随访检查中发现的胰腺病变、慢性胰腺炎胰腺不规则肿大）、常规超声上显示不清的胰腺病变、其他影像检查发现病变但常规超声未能够显示的病变、常规超声检查疑似存在胰腺病变、临床疑似胰腺肿瘤或实验室相关肿瘤标志物升高但影像检查未能够明确诊断的病例、不明原因的胰管扩张、闭合性腹部外伤疑存在胰腺损伤者、胰腺移植后全面评估供体血管通畅性和灌注情况、胰腺癌局部放化学治疗后评价疗效。

四、胰腺疾病的超声介入诊断与治疗

胰腺常见的疾病主要有炎性疾病和肿瘤性病变，对于胰腺占位性病变，超声引导下经皮胰腺穿刺活检术方法简单，实时引导，准确性和检出率高，为胰腺占位性病变的定性诊断提供了细胞学与组织学依据，避免了不必要的手术探查。超声引导下经皮细针穿刺吸取细胞学、组织学活检的开展，大大改进了胰腺肿瘤的确诊手段，已成为诊断胰腺病变的重要方法。

第六节　肾与输尿管

一、概述

近年来，同种异体器官移植的成功增加了器官的需求，但供体器官却相对短缺。研究发现，异种移植在不同的物种间已作为一种方法并运用在临床，以缓解人供体器官的短缺问题。大量研究显示，猪可以作为最合适的供体，通过基因工程方法能够克服异种移植间超急性排异反应，有诱人的研究前景。超声凭借着无创、方便、快捷的优势，已成为评估移植肾形态及血流灌注情况的一种影像学检查手段。现阶段，超声对猪肾脏的研究少有报道，其应用价值有待实践证实。

1.肾的解剖结构

（1）肾的位置及形态如下。

肾是成对器官，左右各一，位于脊柱两侧。右肾位置略低于左肾，两肾上极距离脊柱较近、下极较远，呈“八”字形排列。版纳微型猪的肾脏形态似蚕豆。

猪肾（图3-6-1）可分为上、下两极，腹侧、背侧两面，内侧、外侧两缘，其中，外侧缘为凸面，内侧缘为凹面，凹面中部切迹为肾门。肾门（图3-6-2）有肾血管、肾盂、神经和淋巴管出入，此类出入肾门的管状结构由结缔组织包裹，统称为肾蒂。肾蒂内结构由前到后排列依次为肾静脉、肾动脉和肾盂者占60%，肾静脉、肾盂及肾动脉者占40%，从上向下排列依次为肾动脉、肾静脉及肾盂。由肾门深入肾实质内围成的腔隙称为肾窦。

（2）肾的毗邻（图3-6-3）：右肾上极偏前内侧有右肾上腺，右肾中上部前方为肝，前方偏内侧为胆囊，前下部与结肠肝曲相邻，内侧缘邻近十二指肠降部。左肾的上方前内侧由左肾上腺覆盖，前上方为胃后壁，中上方与胰尾和脾血管相邻，中下方与结肠脾曲相邻。脾位于左肾前外侧。

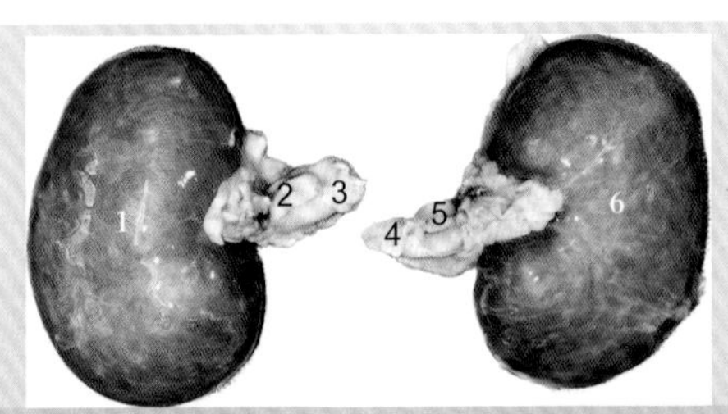

1. 右肾；2. 右肾静脉；3. 右输尿管；4. 左输尿管；5. 左肾静脉；6. 左肾。

图3-6-1　猪双肾

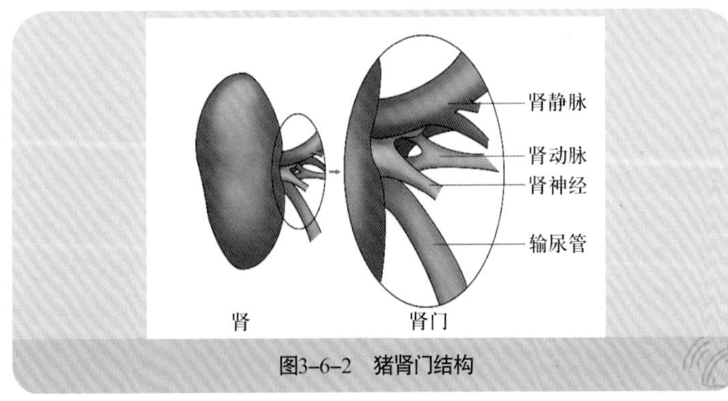

图3-6-2　猪肾门结构

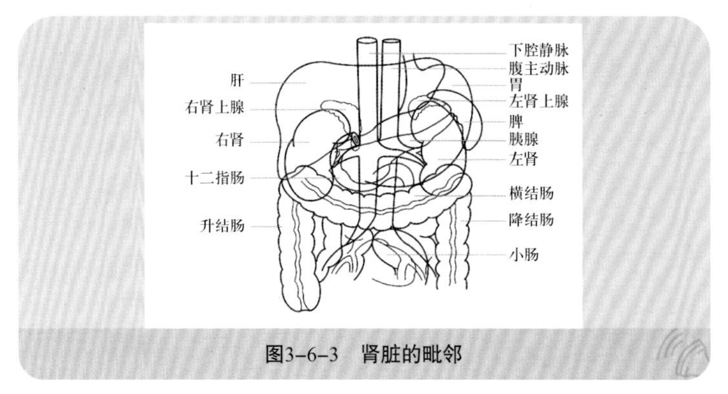

图3–6–3 肾脏的毗邻

（3）肾的包膜：肾包膜由外向内依次是肾筋膜、脂肪囊和纤维囊。肾筋膜由结缔组织构成，覆盖于肾和肾上腺周围，与脂肪囊共同起着固定和保护肾的作用。脂肪囊由大量脂肪组织构成，位于肾筋膜的深处包裹肾和肾上腺，也有支持和保护肾的作用。纤维层紧贴肾实质的表面，并经肾门延至肾窦内，为肾的固有被膜。在取供体肾时要防止损伤此层结构。

（4）肾的内部结构（图3–6–4）：版纳微型猪肾脏的内部结构及组织学与人体肾脏基本一致，均由实质与肾窦组成。肾实质包括皮质与髓质，皮质是肾实质的外缘部分，血供丰富，由肾小体及肾曲小管构成。肾髓质位于皮质的深面，由肾锥体组成，肾锥体主要由直的肾小管组成。皮质深入至髓质锥体的部分称为肾柱。肾锥体的底朝向皮质，有伸入皮质的小管，称为皮质的辐状部，其尖钝圆，凸向肾窦，称为肾乳头。肾乳头尖端有许多排尿的乳头孔。肾乳头被肾窦内漏斗形的结构——肾小盏所包绕，肾小盏合成肾大盏，最后肾大盏合成肾盂，肾盂是一个前后扁平的漏斗形结构，其在肾门附近与输尿管相连接。尿液从乳头孔流出，经肾小盏、肾大盏、肾盂与输尿管流入膀胱。猪肾门凹陷深，为肾内型肾盂，此种类型的肾盂大部分位于肾门内，而且也不影响其作为异种供肾的可能性。

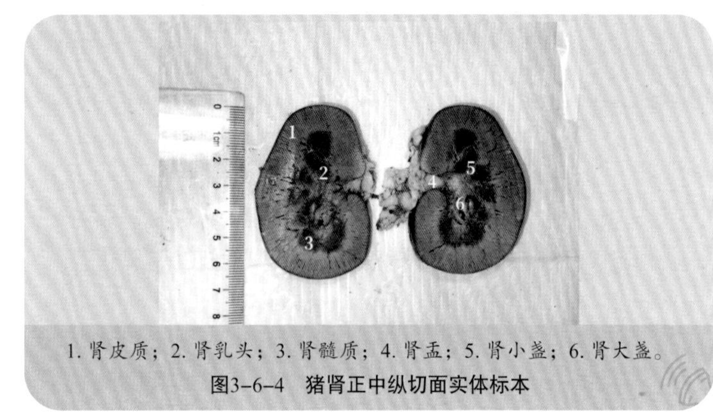

1. 肾皮质；2. 肾乳头；3. 肾髓质；4. 肾盂；5. 肾小盏；6. 肾大盏。
图3-6-4　猪肾正中纵切面实体标本

（5）肾的动脉与肾段：猪的肾动脉直接起于腹主动脉，短而粗，且为单支，从而大大减少了手术中出血的概率，同时也减少了由多支血管造成的移植后并发症。猪的左肾静脉较右肾静脉长，且支数单一固定，也提示我们，在取供体肾时，左侧肾静脉便于分离，右侧肾静脉较短需尽量靠近腹主动脉侧分离，以免损伤肾脏。

肾动脉进入肾门后，在肾实质内呈节段分布。一个肾段动脉分布的相应区域的肾组织称为一个肾段。根据肾内动脉血管分布的区域，将肾实质分为上段、上前段、下前段、下段和后段。段动脉分支之间的吻合较少，当某一肾段动脉阻塞时，会引起供应区域肾组织的缺血坏死。肾段动脉分支走行至肾柱内，称为叶间动脉，上行至皮质与髓质交界处，便形成与肾表面平行的弓状动脉，弓状动脉向皮质表面发出小叶间动脉。其中，肾动脉、肾段动脉及叶间动脉是监测移植肾血流灌注情况的主要指标。

（6）输尿管的位置与走行：输尿管是一对细长的肌性管状器官，左右各一。上端起自肾盂，下端止于膀胱输尿管乳头开口处，与尿道内口共同形成膀胱三角区。

由于猪与人的输尿管相似，因此，在移植时，可进行端端吻合或输尿管直接与膀胱进行吻合。然而，有40%版纳微型猪的输尿管位于肾动静脉之间，当进行肾移植后，输尿管可能会被挤压造成排空不畅，进而导致肾盂积水，影响移植肾的功能，故进行此类肾脏移植时需要慎重选择。

（7）输尿管的生理狭窄部：因猪与人的输尿管相似，现以人的输尿管解剖结构展开讲述。输尿管每侧有三个生理狭窄部：

第一狭窄部位于肾盂和输尿管移行处，第二狭窄部见于跨越髂总动脉或髂外动脉处，第三狭窄部位于膀胱壁内段。三个生理狭窄部是结石最易发生嵌顿的部位，输尿管最宽处多在盆段。

（8）输尿管壁的组织结构：输尿管管壁由外向内分为纤维层、肌层和黏膜层，以中下段管壁肌层较厚，由外纵、中环和内纵三层平滑肌组成，肌纤维相互交错，管壁节律性蠕动，促使管腔内尿液不断流入膀胱。两侧输尿管膀胱入口处有较小的隆起，随着输尿管的蠕动尿液流入膀胱，壁内段开放。当膀胱充盈后，壁内段受压闭合，防止膀胱内的尿液反流回输尿管。若该段肌性组织发育不良或过短，则可发生尿液反流。

2.肾的功能

肾脏作为重要的代谢器官，其基本功能是生成尿液，借以清除体内代谢产物，又通过重吸收功能保留水分及其他有用物质，如葡萄糖、蛋白质、氨基酸、钠钾离子等，以调节水、电解质平衡及维护酸碱平衡，同时还有内分泌功能，生成肾素、促红细胞生成素等，是机体部分内分泌激素的降解场所和肾外激素的靶器官。

二、肾脏的二维超声图像切面及彩色多普勒血流成像

肾脏常用切面包括侧腰部肾脏冠状切面及侧腹部肾脏横切面。正常人体还可获取背部的纵断面和横断面图像，但本书研究通过多次尝试，均未能够获取理想的背部纵断面和横断面图像。因受版纳微型猪体毛及体型等影响，探头扫查无法获取清晰的断面图像。

1.侧腰部肾脏冠状切面（图3-6-5，图3-6-6）

（1）探查方法：取平卧位或侧卧位，检查时探头放置于猪侧腰部之间做冠状切面扫查，声束大致与前腿平行，可根据图像是否标准调整探头角度，即可获得图像。仰卧位时，右肾可以肝脏作为透声窗，若上极显示不清晰，则取侧卧位做冠状切面扫查。仰卧位时若左肾显示不清晰，也可取侧卧位做冠状切面扫查。可在该切面测肾脏长径、皮质厚度。

（2）断面结构：右肾断面结构显示右肾冠状切面及肝脏斜切面，左肾断面结构显示左肾冠状切面及脾下极斜切面。肾脏冠状切面显示包膜、肾实质及肾窦，实质由皮质和髓质组成。皮质

在外层，其延伸到各椎体之间的部分为肾柱。髓质由放射状排列的椎体组成，椎体回声低于皮质，尖端指向肾门，即肾乳头。肾窦又称集合系统，位于肾中央的不规则稍强回声区，包括肾盂、肾盏、肾内血管及脂肪。

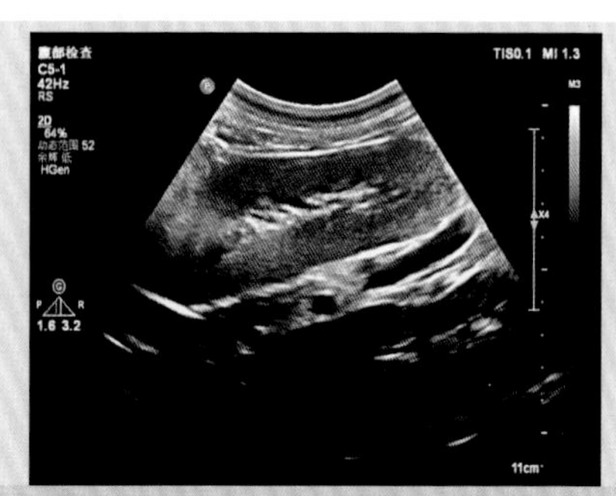

图3-6-5　侧腰部肾脏冠状切面常规二维超声图像

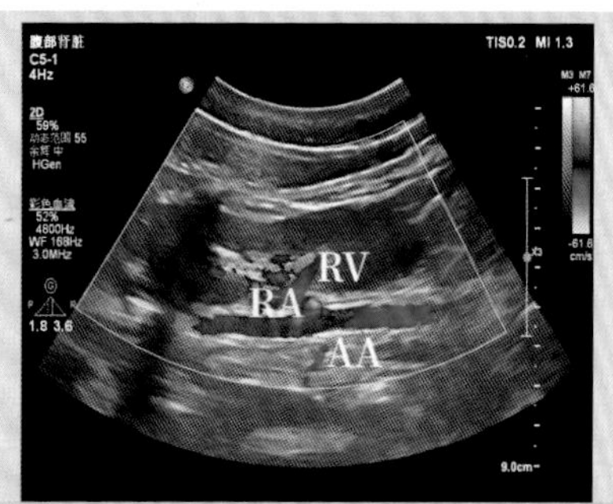

AA：腹主动脉；RV：肾静脉；RA：肾动脉。

图3-6-6　侧腰部肾脏冠状切面彩色多普勒超声图像

2.侧腹部肾脏横切面（图3-6-7，图3-6-8）

（1）探查方法：取平卧位或左侧卧位，探头置于猪右上腹、肋骨下方，做横断面扫查，声束与皮肤垂直，探头上下移动，即可获得图像。

（2）断面结构：该切面可显示肾脏的横断面、肾门结构。彩色多普勒可较清楚显示肾脏动静脉，还可测量肾脏的前后径和横径，该切面还可鉴别肾上极和肝右叶或脾下极的病变。

（3）双侧输尿管切面显示不满意：由于猪的输尿管在膀胱无过度充盈或无明显远端梗阻的情况下一般不在经腹二维超声检查中

显示，未来将在此基础上通过完善设备等方式补充该部分的研究。

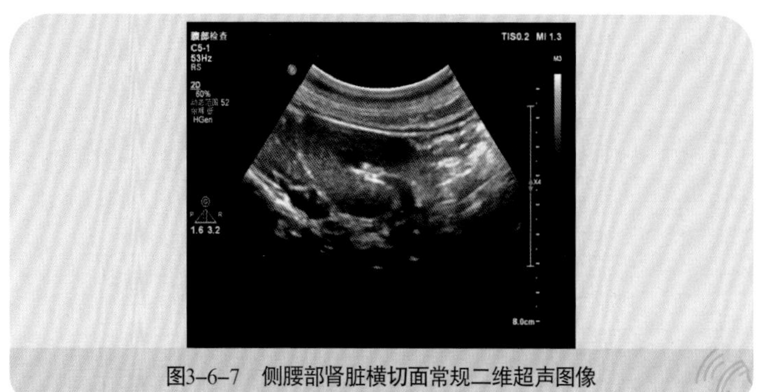

图3-6-7　侧腰部肾脏横切面常规二维超声图像

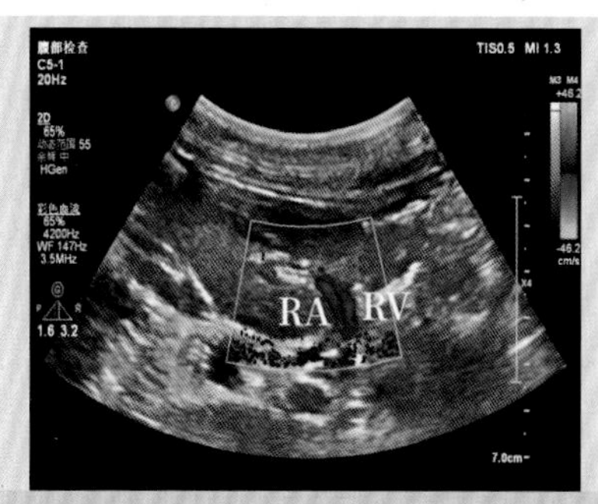

RV：肾静脉；RA：肾动脉。

图3-6-8　侧腰部肾脏横切面彩色多普勒超声图像

三、肾脏造影

肾脏造影在临床中主要应用于肾脏局灶性病变的定性诊断（先天性肾结构异常与实性肾肿瘤的鉴别诊断、肾实质囊实性占位性病变的鉴别诊断、肾集合系统内占位性病变的检出与鉴别诊断）、肾外伤、肾血管性病变的评估、肾移植术后评估及随访、肾肿瘤介入诊疗的应用、对CT或MRI造影剂有禁忌的肾占位性病变患者、慢性弥漫性肾病变的血流灌注定量分析、肾脏肿瘤化学治疗效果评估、指导特殊类型肾囊肿的硬化治疗等。

1.肾实质增强期

（1）皮质增强期（图3-6-9 ~ 图3-6-12）：注入造影剂后5 s肾门处肾动脉主干及其分支动脉最先增强，随后7 s皮质开始增强，并快速达峰。肾髓质增强晚于肾皮质，并呈周边向中央充填的缓慢增强模式。

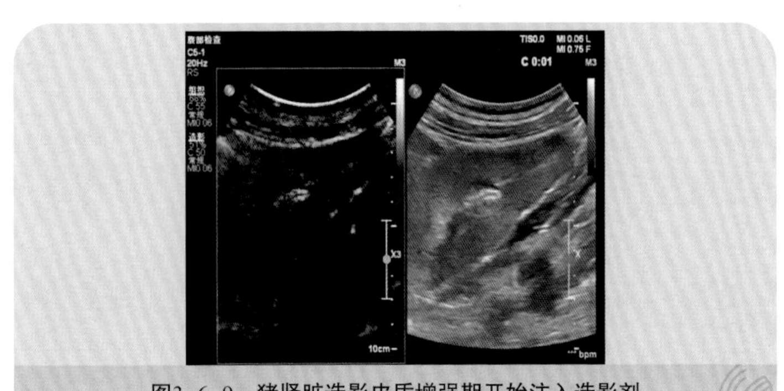

图3-6-9　猪肾脏造影皮质增强期开始注入造影剂

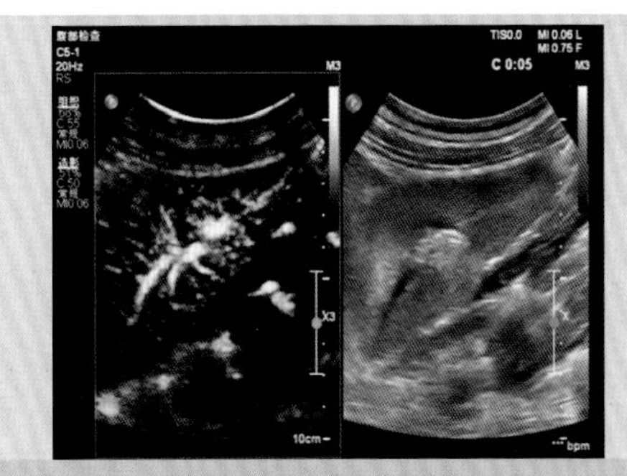

图3-6-10　肾动脉及分支动脉开始显影

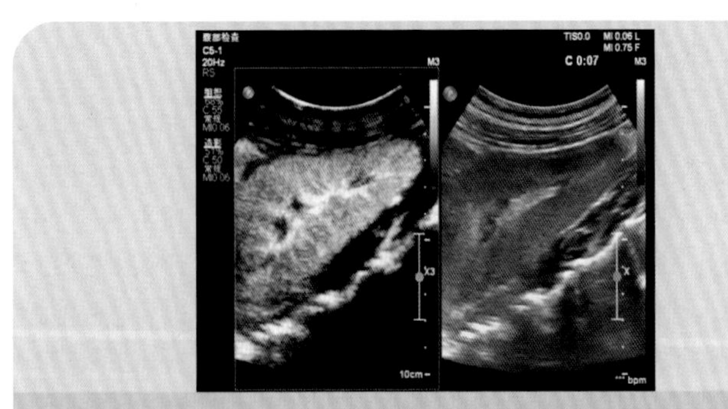

图3-6-11　肾皮质开始增强并快速达峰

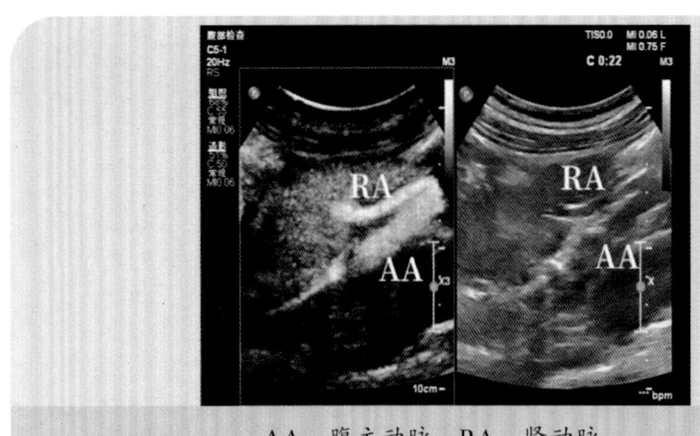

AA：腹主动脉；RA：肾动脉。

图3-6-12 腹主动脉及肾动脉

（2）髓质增强期（图3-6-13）：随后18 s由直小动脉缓慢渐进供血的髓质增强期，从髓质外部逐渐向内部灌注，即由髓质周边开始增强至造影剂完全充填肾髓质。

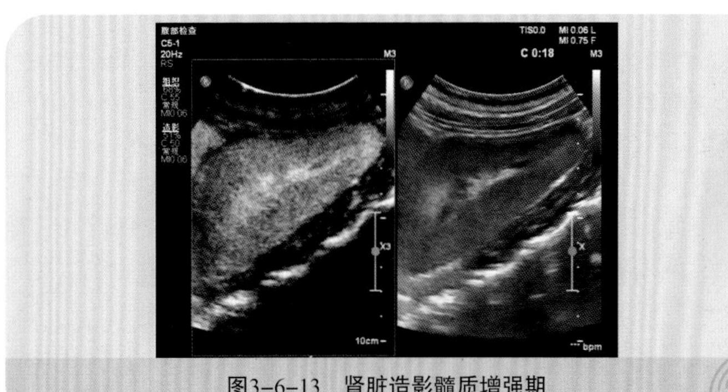

图3-6-13 肾脏造影髓质增强期

2.肾实质消退期（图3-6-14，图3-6-15）

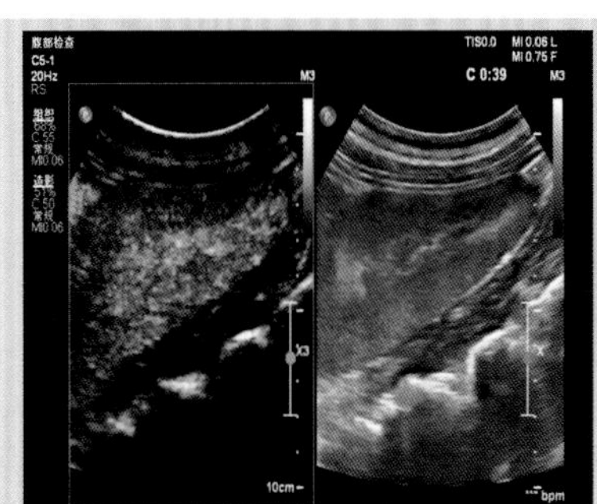

图3-6-14 猪肾脏造影肾实质消退期肾实质造影剂消退

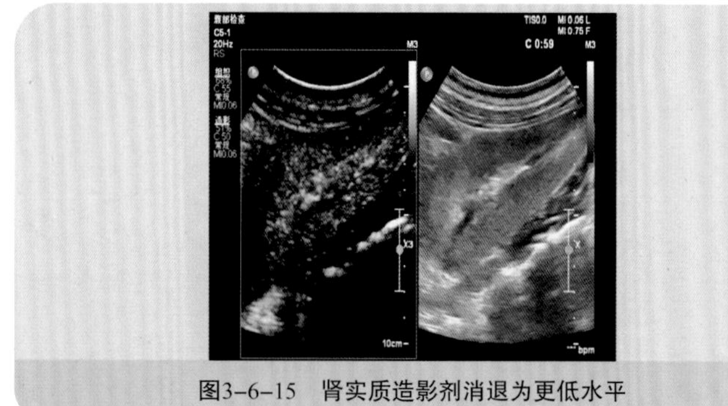

图3-6-15　肾实质造影剂消退为更低水平

注入造影剂39 s后，造影剂由肾髓质开始减退至肾实质内造影剂微泡完全消失。

四、肾脏疾病的超声介入诊断与治疗

肾活检病理诊断已成为肾脏疾病诊断和指导治疗中必不可少的常规检查方法，超声引导下经皮肾脏穿刺活检技术目前由于其安全、准确、实时等优点得到了广泛的应用。

针对肾脏弥漫性病变的诊断，如原发性肾病综合征、肾小球肾炎导致的快速进展的肾衰竭、病因不明的肾小球性蛋白尿、肾炎和肾病的鉴别和分型等，超声引导下经皮肾脏穿刺活检技术能够发挥重要的作用。

超声引导下对肾脏占位性病变进行穿刺活检可以获得肿瘤的活体组织学标本，进行病理学诊断和鉴别诊断，还可以鉴别肾脏肿瘤的原发性和继发性，该方法操作简便安全，取材成功率高。

第七节　膀胱

一、解剖结构

版纳微型猪的膀胱是储存尿液的肌性囊状器官，其形状、大小、位置及壁的厚度随尿液的充盈程度而异。猪的膀胱空虚时，约拳头大小；膀胱充满尿液时，顶端可突入腹腔内。膀胱可分为膀胱顶（膀胱尖）、膀胱体和膀胱颈三部分。膀胱大体呈梨形，前端钝圆，为膀胱体，突向腹腔；后端逐渐变细，为膀胱颈，与

尿道相连；膀胱顶朝向前上方（图3-7-1，图3-7-2）。

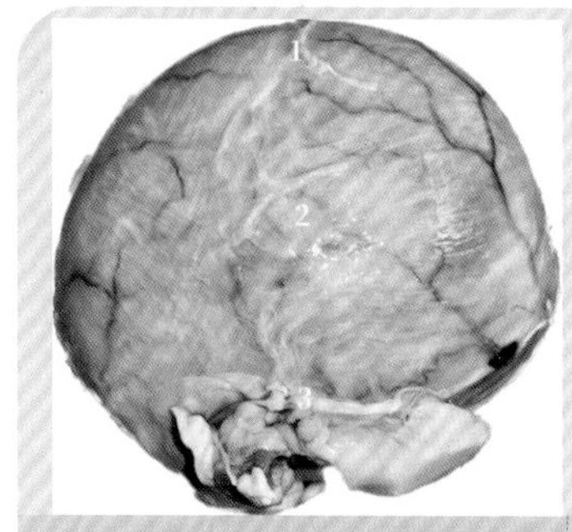

1. 膀胱顶（膀胱尖）；2. 膀胱体；3. 膀胱颈。

图3-7-1 猪膀胱正面观

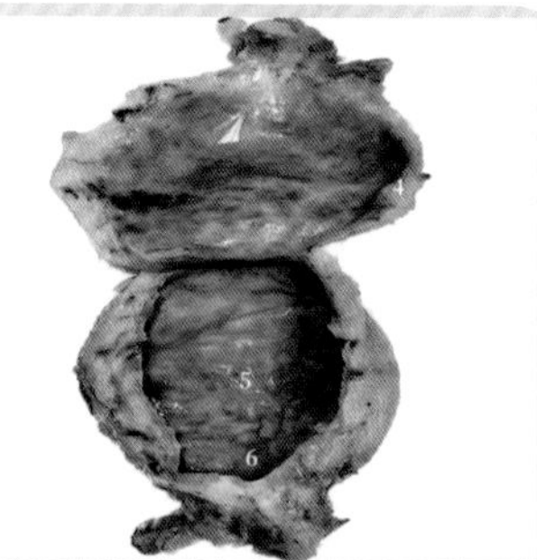

1. 膀胱壁切面；2. 膀胱黏膜皱襞；3. 膀胱颈黏膜。

图3-7-2 猪膀胱内侧面

二、膀胱二维超声图像切面

膀胱的二维超声检查可诊断膀胱壁占位性病变、膀胱腔内病变，测量膀胱容量、膀胱壁厚度及残余尿量等。

1. 膀胱横切面（图3-7-3）

（1）探查方法：取平卧位，在猪下腹部进行横向扫查。

（2）断面结构：显示膀胱横切面，膀胱由四层结构组成：黏膜层、黏膜下层、肌层及浆膜层。而黏膜由黏膜层及黏膜肌层组成。

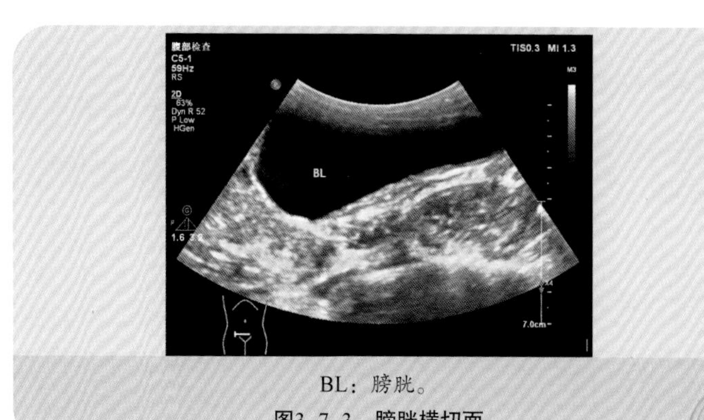

BL：膀胱。

图3-7-3 膀胱横切面

2.膀胱纵切面（图3-7-4）

（1）探查方法：取平卧位，在猪下腹部进行纵向扫查。

（2）断面结构：显示膀胱纵切面，大致呈椭圆形，具体形态因尿量而异。

（3）膀胱内容积测量：上下径×前后径×宽径×0.5，此方法得到的容积因膀胱本身形态差异可能有一定误差。

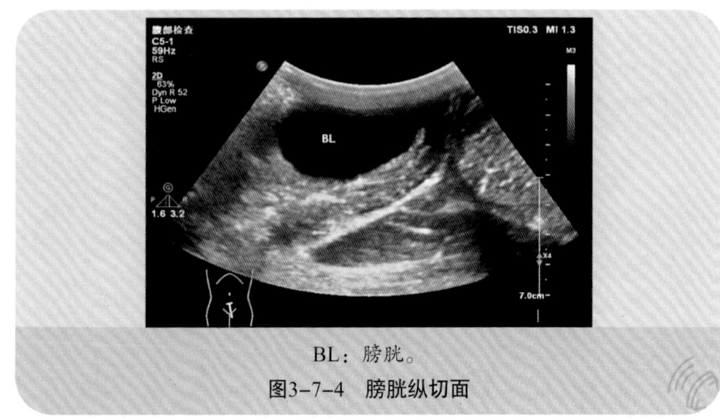

BL：膀胱。

图3-7-4 膀胱纵切面

三、膀胱造影

膀胱造影在临床适用于常规超声发现膀胱内非移动性占位且不能够排除肿瘤病变者，常规超声发现膀胱壁局部或弥漫性增厚且无法排除肿瘤病变者，根据临床症状高度怀疑膀胱肿瘤而常规超声检查无明显肿瘤征象者，膀胱肿瘤患者术后随访，因血尿等无法实施膀胱镜检查的患者及膀胱输尿管反流的患者。

对于版纳微型猪的正常膀胱而言，膀胱造影的意义不大，但可在后续的动物实验疾病模型中加以应用。

第八节 基于超声的猪腹腔脏器相关实验研究

猪与人的腹腔脏器解剖结构相似，因此可应用于较多医学领域研究，迄今为止已有较多的内容涉及解剖结构、病理生理、药物应用及其他治疗措施等，为畜牧业养殖、医学临床及基础研究等提供了有意义和价值的指导方向。超声作为临床诊断及治疗中高效、实时、安全、方便快捷的影像学手段，在实际疾病诊断及治疗中应用范围广泛，具有较高的研究价值，本节内容旨在归纳总结基于超声影像学在猪各腹腔脏器中常见的实验研究。

一、弹性成像及消融效果评估

弹性成像在临床实践中常用于浅表器官占位病变硬度的测量及与周围正常软组织的硬度对比的评价，同时也可用于肝脏的硬度评价，常用于肝脏纤维化的评估和慢性肝病的疗效对比。目前弹性成像在猪腹腔脏器相关的研究中主要用于肝脏、肾脏和胰腺，除了一些常见损伤或疾病的研究，还可用于微波消融、射频消融效果评估及无水乙醇诱导凝固灶的研究等。

Xie等以6头健康巴马小型猪为研究对象随机将其分为实验组和对照组，通过二维剪切波弹性成像测量正常肝脏硬度，夹住下腔静脉，再于不同的时间，即1 min、5 min、10 min及15 min后测量肝脏硬度，接着重新测量实验组打开下腔静脉后的肝脏硬度，最后结果显示，肝脏硬度在夹紧下腔静脉后15 min内逐渐增加，后又于开放下腔静脉后5 min内逆转到近乎正常值。研究表明剪切波弹性成像是成功评估急性肝充血的有价值、可定量的方法，并且与组织病理学特征非常一致。Tang等在巴马猪模型脑死亡前和脑死亡后0小时、3小时、6小时和9小时对肾组织进行组织弹性成像，比较了不同时间组的组织弹性成像参数，并分析了它们与电镜结果的相关性。肾组织电子显微镜显示，随着脑死亡持续时间的延长，通常在9小时内肾组织的不可逆损伤逐渐发生。研究表明弹性成像允许对脑死亡导致的早期肾移植损伤进行非侵入性的初步评估。

晋晓飞等以离体猪肝脏为研究对象，将不同消融剂量下组织杨氏模量二维图像与实际消融效果对比，探究基于杨氏模量的组织消融程度评判标准，初步建立了基于剪切波弹性成像的肝组织微波消融评估模型，有助于实现微波消融术中实时精准疗效评估。赵冰等选取新鲜离体猪肝共25个肝叶，分别行单点、两点相距0.5 cm、1.0 cm、1.5 cm及2.0 cm注射无水乙醇，注射无水乙醇前、后观察实验区常规二维超声声像图及应变力弹性成像图变化，同时运用声触诊组织定量技术测定实验区剪切波速度。实验结束后剖开标本，记录凝固灶的形态、范围。研究表明凝固性坏死的肝组织硬度增加，超声弹性成像技术可反映肝脏凝固灶力学变化，是常规二维超声的有力补充。董彩虹等在超声引导下采用KY-2000型微波治疗仪和水循环内冷式微波天线以不同作用功率、时间对离体猪肾脏进行微波凝固，观察微波凝固过程，分析凝固灶范围与功率和时间的关系。研究表明超声引导下微波凝固离体猪肾脏定位准确，凝固过程可实时观察，在肾实质内形成凝固灶范围可控。Huang等将8头猪随机分为两组（A组和B组），两组均对猪应用高强度聚焦超声进行胰腺的体内消融。A组的猪在应用高强度聚焦超声治疗后立即被安乐死，并探查其胰腺的病理学变化。在高强度聚焦超声治疗前后采集B组猪的血液样本评估胰腺生化结果，在处理后第5天对B组猪实施安乐死以探查胰腺的病理学变化。结果在高强度聚焦超声治疗后两组猪的病理学表现、血淀粉酶水平等方面都无显著性差异，研究表明使用高强度聚焦超声进行猪胰腺消融是可行和安全的。

二、通过测量超声血流参数评估疾病模型

许多疾病导致的脏器血流动力学改变具有较大的临床诊断的治疗指导意义，还可通过血流动力学的检测评估治疗效果。谢杏榕等通过将30头湖北白猪随机分成两组，其中实验组用四氯化碳诱导门静脉高压症，通过彩色多普勒超声诊断仪检测和计算门静脉、脾静脉内径及其平均血流速度、血流量，结果显示实验组的门静脉及脾静脉压力明显高于对照组，实验组肝假小叶形成，可见腹腔积液和胃底静脉曲张，评估猪肝硬化门静脉高压症动物模型后，其超声血流参数变化规律与人相近，为猪至人肝移植积累了实验数据。

三、通过超声引导改进手术方式

目前临床常在尽量造成最小的创伤面积的情况下完成手术，以实现手术效率的最大化，同时更大程度上减轻患者的痛苦，目前较多的微创手术可在超声引导下完成。Yukihisa等在猪模型中使用氰基丙烯酸正丁酯（栓塞剂）评估经皮肝穿刺胆囊的可行性。他们在超声引导下使用20 G经皮经肝胆管引流针对体重49 kg的猪进行经皮经肝胆囊穿刺。将引流针插入2.1 F微导管，然后对胆囊管进行栓塞。拔除微导管，胆囊内充满25%的氰基丙烯酸正丁酯，然后拔出经皮经肝胆管引流针，无并发症。在术后立即和术后第7天从猪身上采集血液并获取CT图像。猪在术后第7天被安乐死，并通过显微镜评估胆囊情况。猪在治疗期间生命体征平稳，CT显示胆囊无渗漏等并发症。相关生化指标也在正常值范围。研究表明该技术可能为急性胆囊炎高危患者提供一种可行的

手术替代方案，但需要进一步研究以确定该手术的安全性和长期效果。

第九节　腹腔脏器疾病动物模型

疾病动物模型构建是开展药物研发、生理病理分析、临床医疗实践等必备的基础与前提。虽然本书并未构建相关疾病模型，但目前国内外有很多实验都可以为我们后期的研究提供参考，下面则对腹腔脏器相关疾病动物模型的研究现状简单介绍。

一、肝脏疾病动物模型

肝脏作为机体最大的代谢器官，有着无可替代的作用，肝脏疾病动物模型的构建和研究对病理机制的分析和临床应用至关重要。

1.肝损伤动物模型

肝损伤动物模型主要通过外源性和内源性诱导获得，外源性主要是指化学性肝损伤，通过相应的化学物质，如四氯化碳、丙烯醇等致使肝损伤。刘晶华通过经耳缘静脉注射伴刀豆球蛋白A成功建立了与人在临床表现、生化指标、组织病理学改变相似的急性肝衰竭滇南小耳猪模型，经过对急性肝衰竭猪模型的序贯监测，找到生物人工肝治疗干预的适宜时间窗为给药后24小时内。而内源性主要是指基因突变引起的动物体内可以持续发生肝损伤的过程，研究较多的为*Fah*-/-基因敲除动物模型。赖良学、邹庆剑等首次利用精准的点突变成功构建了免疫缺陷猪模型，通过敲除*FAH*基因，成功构建了酪氨酸血症兔和酪氨酸血症猪模型，该模型表现明显的肝损伤表型，并对获得的免疫缺陷猪移植人造血干细胞，以达到免疫系统重建的目的。

2.病毒性肝炎动物模型

肝炎病毒必须通过与宿主细胞表面受体分子结合，才能够完成病毒对宿主细胞的感染，临床表现为急慢性肝炎、肝硬化，乃至肝癌。肝炎病毒主要有甲型、乙型、丙型、丁型、戊型等五种病毒，分别属于不同病毒科，具有不同的生物学特性。目前病毒性肝炎动物模型的构建主要有猴模型、豚鼠模型、鸭模型、土拨鼠模型和大小鼠模型等，关于猪的病毒性肝炎模型构建研究甚少，有报道称猪也可用于戊型肝炎病毒感染方面的研究，更多内容有待于后续探索，有望为不同类型病毒性肝炎感染与致病机制研究、药物与疫苗研发提供技术支撑。

3.肝纤维化和肝硬化动物模型

肝纤维化是转变为肝硬化的重要中间环节，肝纤维化后期会发展为肝硬化，进而引起肝衰竭、门静脉高压，并且会显著增加肝癌的发病风险。及时逆转肝纤维化和明确肝硬化的发病机制至关重要，因此建立准确的临床前肝脏疾病动物模型是药物开发的必要前提。

肝纤维化常用模型有化学毒性试剂诱导法、胆管阻塞法、乙醇诱导法及免疫法，目前以鼠类为主要动物模型，但小型动物与人体生理、结构差异较大，因此对于猪模型的建立也是目前的热点。除了常见的化学毒性试剂等方法建立肝纤维化动物模型，肥胖及代谢综合征也是后期肝纤维化的重要因素之一，更是目前严重危害人类健康及生命的重大疾病之一。檀覃构建了Leptin-/-猪模型，深入探究了肥胖引发的肝纤维化发生发展的分子机制，发现Leptin调控的JAK-STAT和AMPK信号通路及下游因子的变化是造成脂肪肝发展为肝纤维化的重要原因。

肝硬化模型的构建则通过延长诱导时间或联合其他试剂共同诱导获得，还可以通过外科人工干预，经导管肝动脉栓塞目前被证实可用于创建可靠且可重复的肝硬化和门静脉高压猪模型。

4.肝癌动物模型

肝癌是由病毒、化学致癌物、基因突变等诸多因素引起的肝细胞调节失控而导致的癌变，与多种基因的调控和表达密切相关，但是肝癌的致病机制目前尚不清楚，构建接近于人的肝癌动物模型具有重要意义。肝癌动物模型的构建方法主要分为诱发性肝癌模型和移植性肝癌模型，且在啮齿类动物身上研究较多，对于猪模型的构建相对较少。

5.肝移植动物模型

肝移植是治疗终末期肝病的有效办法，但供体肝脏的获取及成功率的保障有很大的限制，因此移植性肝模型也是实验研究中常见的模型之一。肝移植的实验研究经历了从同种移植到异种移植、从原位移植到异位移值、从整体移植到部分移植、从死体移植到活体移植及各种特殊肝脏移植模型的建立，准确的动物模型是将相关技术应用到人体的必要前提。李家新等对幼猪进行了辅助性部分肝移植模型的构建，通过将供体的右半肝植入到受体上，合理干预门静脉血流，较好地解决了原肝和供肝血流分配及干细胞再生的问题，为临床开展辅助性部分肝移植提供了动物实验的基础。Nicolas等则通过分离猪和小鼠肝细胞，用^{89}Zr标记，并作为单细胞或球状体返回肝脏，发现离体基因治疗后，自体肝细胞移植是代谢性肝病肝移植的替代方法。

二、胆囊疾病动物模型

目前胆囊相关疾病动物模型的构建多选择家兔、豚鼠、小鼠，其建模和实验方法值得我们参考，后续可应用于猪模型的构建。胆囊相关疾病模型主要包括胆囊炎、结石、胆囊癌模型。

胆囊炎和胆结石的常见造模方法主要有4种：①可通过细菌致炎和化学物质诱发；②通过细菌感染加胆石植入，因为结石机械损伤造成的胆囊管梗阻是胆囊炎的另一主要病因，此方法更贴近于临床；③胆总管结扎，此方法可制作非结石性胆囊炎模型；④食饵诱发，通过配制特殊致石饵料喂养，以构建胆囊结石动物模型，此方法简单，成石率高。胆囊癌动物模型的构建主要通过原位移植瘤和皮下移植瘤进行。

三、脾脏疾病动物模型

脾脏疾病动物模型可以概括为病理性、外伤性和治疗性，为临床开展脾脏手术及相关脾脏疾病的深入研究提供前提。①病理性：主要包括脾脏肿瘤、寄生虫感染、脾脏继发性改变等，临床上脾脏的原发肿瘤十分少见，目前有关脾脏原发肿瘤的研究受限，张宁等成功建立了人脾脏原发性恶性淋巴瘤裸鼠模型，该模型完整地模拟了人脾脏原发性恶性淋巴瘤的临床过程，为探讨其发病机制和实验治疗提供了工具。目前在寄生虫感染脾脏方面的研究较少，模拟血吸虫自然感染肝脾动物模型主要集中在寄生虫学方面的研究，而关于脾继发性改变主要是通过模拟门脉高压症疾病，探讨脾大和脾功能亢进的机制。②外伤性：目的是模拟人脾脏外伤后的反应及探讨相关治疗手段，目前保留脾脏功能手术的实验动物模型主要为犬类和鼠类，根据脾脏受损程度及各种生理和病理指标构建部分脾脏切除模型和脾脏切除自体脾组织大网膜移植模型，尤其是后者，此模型大、中、小型动物均可选用。③治疗性：主要指脾脏细胞移植动物模型，临床上脾脏细胞移植的途径有3个，分别为经腹腔内注射、经浅表静脉输注、肝内移植法。相信随着对脾脏的深入研究，相应的更多脾脏实验动物模型将建立或更完善。

四、胰腺疾病动物模型

1.胰腺炎动物模型

该模型制作方法有多种，主要分为非侵入性和侵入性。非侵入性方法相对简单，通过腹腔注射、饮食喂养、静脉注射等方法构建。雨蛙素诱导的胰腺炎是该模型制备的基本方法，雨蛙素诱导胰腺炎时，往往联合应用增加胰腺炎易感性的因素，如内毒素、乙醇、二氯二丁基锡、高脂喂养等，但是此类模型主要应用于啮齿类动物，小鼠还是慢性胰腺炎模型中最常用的动物。侵入性方法主要包括胰腺导管结扎和导管逆行性注射，原理为导管堵塞可引起胰液排泄障碍、胰管高压，致使胰酶异常活化造成胰腺炎。

2.胰腺癌动物模型

胰腺癌恶性程度高，因其临床表现缺乏特异性、早期诊断困难、预后差，但是，通过胰腺癌动物模型，可模拟人类胰腺癌的发生、发展过程，以深入研究胰腺癌的病理机制和治疗方法。目前，胰腺癌的动物模型主要分为化学药物诱导模型、移植瘤模型和基因工程模型：①化学药物诱导模型：通过喂食、皮下注射或直接植入化学致癌剂使细胞发生恶变，从而引起胰腺癌，实验动物多选择啮齿类动物；②移植瘤模型：通过植入胰腺癌细胞建立皮下种植瘤模型或原位移植瘤模型；③基因工程模型：通过将癌基因植入小鼠胚胎细胞或体细胞，靶向作用于胰腺诱导其癌变。

3.胰腺移植动物模型

主要用于对临床上治疗糖尿病和胰腺移植手术后的免疫耐受等方面进行研究。此类模型选择的动物主要有大鼠、小鼠、猪和狗等，由于大鼠具有成本低、来源多、其免疫系统与人类相似等优点，是目前器官移植领域最常用的实验动物。

五、肾脏疾病动物模型

肾脏疾病属于一类高发病率、低防治率的疾患，包含的类型繁多，治疗难度大，合理的肾脏疾病动物模型的建立有助于及时干预人类肾病，延缓其进程并改善预后。肾脏疾病动物模型目前已取得不少突破，猪由于其解剖结构、生理、免疫系统与人类相似，相比啮齿类动物而言是研究人类疾病更为理想的动物模型，在肾脏疾病建模当中应用相对广泛。主要通过药物诱导、免疫诱导、激素诱导、重金属化合物诱导、辐射损伤、生物诱导、特殊饮食、基因敲除等不同方法建立了多种疾病动物模型，包括不同类型的肾炎模型、糖尿病肾病模型、肾病综合征模型、肾脏遗传性疾病模型、肾癌动物模型、肾移植动物模型等，本书不再过多介绍。

六、膀胱疾病动物模型

常见的膀胱疾病动物模型包括膀胱炎动物模型、膀胱结石动物模型及膀胱癌动物模型。膀胱炎和膀胱结石动物模型可通过环磷酰胺、苯二甲酸等化学物质进行诱导，一般用于临床用药、治疗方式相关的研究。膀胱癌动物模型则分为原位和异位肿瘤模型，前者与人体膀胱肿瘤生长方式更具有相关性，因此被广泛应用。

疾病动物模型是研究人类疾病变化、探索治疗方式和评估诊疗效果的重要工具。目前普遍使用小型动物，诸如小鼠、大鼠及兔类建立多种疾病模型，并取得了显著的效果。但是，小型动物在生理结构和代谢水平上与人类差异较大，不能够很好地模拟正常人类的疾病过程，建立相关疾病的大型动物模型，能够更好地模拟人类的疾病状态，在研究致病机制、治疗方法、药物研发等方面均更有优势。猪疾病模型则是很好的一个选择，但由于经济成本及伦理问题，目前实验中涉及的还不全面，本书目前主要研究的是正常脏器结构，关于猪疾病模型的构建我们也会在后续研究中不断完善。

第四章

雄性猪生殖器官

一、概述

我国版纳微型猪的雄性生殖器官主要由睾丸和附睾、输精管和精索、阴囊、尿生殖道、副性腺组成（图4-0-1）。尽管微型猪在体型上和家养猪有较大差别，但雄性生殖器官的结构是相似的。本书重点介绍雄性版纳微型猪睾丸的超声相关内容。

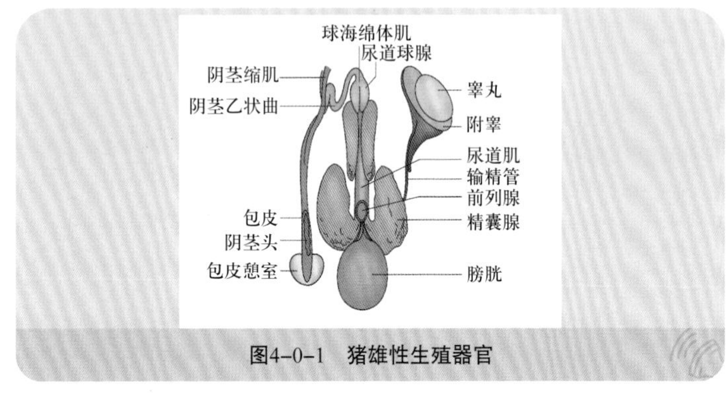

图4-0-1　猪雄性生殖器官

1.睾丸和附睾（图4-0-2，图4-0-3）

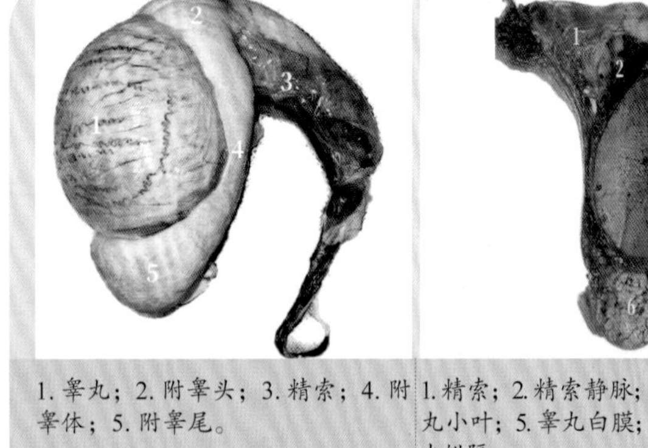

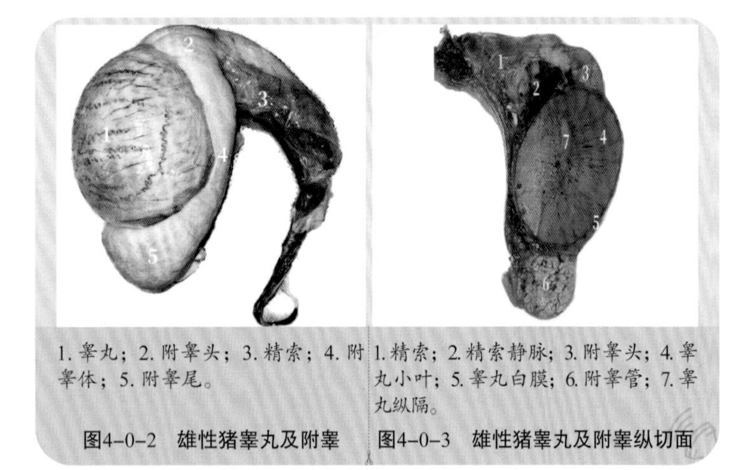

1. 睾丸；2. 附睾头；3. 精索；4. 附睾体；5. 附睾尾。

图4-0-2　雄性猪睾丸及附睾

1. 精索；2. 精索静脉；3. 附睾头；4. 睾丸小叶；5. 睾丸白膜；6. 附睾管；7. 睾丸纵隔。

图4-0-3　雄性猪睾丸及附睾纵切面

睾丸和附睾均位于阴囊中，左、右各一个，两者均可分为头、体、尾三部分，中间由阴囊中隔隔开。睾丸呈左、右稍扁的椭圆形，表面有浆膜被覆，称为固有鞘膜。固有鞘膜深面为白膜，是由致密结缔组织形成的一层坚厚的纤维膜。附睾为精子成熟和贮存的地方，未成熟精子在颈部和尾部的中段有原生质滴。

每个睾丸小室内有生精小管，其延伸为精直小管。生精小管内有两种细胞，即上皮细胞和支持细胞，上皮细胞是产生精子的基地，支持细胞能够分泌特殊的物质。在生精小管之间有间质细胞，能够分泌雄性激素。

2.输精管和精索

输精管起始于附睾尾，经腹股沟管入腹腔，再向后进入盆腔，在膀胱背侧形成输精管膨大部，称为输精管壶腹，末端开口于尿道起始部背侧壁的精阜上。精索为一扁平近圆锥状结构，在睾丸背侧较宽，向上逐渐变细，出腹股沟管内环，沿腹腔后部底壁进入骨盆腔内。精索内有输精管、血管、淋巴管、神经和平滑肌束等，外包以固有鞘膜。

3.阴囊

借助腹股沟管与腹腔相通，相当于腹腔的突出部，容纳睾丸和附睾，阴囊壁有以下几层结构。

（1）阴囊皮肤：较薄，有少量细毛，阴囊正中有阴囊缝。

（2）肉膜：与阴囊皮肤紧贴，不易分离，由结缔组织和平滑肌组成。

（3）阴囊筋膜：位于肉膜深面，由腹壁深筋膜和腹外斜肌腱膜延伸而来，其深面有睾外提肌可上提睾丸。

（4）鞘膜：包括总鞘膜和固有鞘膜两部分。

4.副性腺

猪的副性腺包括精囊腺、前列腺和尿道球腺。

（1）精囊腺：猪精囊腺为一对，位于膀胱颈背侧的尿生殖道褶中，输精管的外侧。每侧精囊腺导管与同侧输精管共同开口于精阜。猪的精囊腺最发达，呈棱形三面体，由许多腺小叶组成。

（2）前列腺：前列腺分为腺体部和扩散部，能够分泌不透明的碱性液体，有特殊的气味。精子在遇到此物质后，立即由休眠状态转为活跃的运动状态。

（3）尿道球腺：位于骨盆的尿道后部，为一球形腺体，呈管泡状，外覆被膜，其间有平滑肌。

二、睾丸二维超声切面

雄性猪阴囊睾丸属于浅表器官，因此在采集图像时使用宽频线阵探头L12-3（频率为3 ~ 12 MHz），但由于雄性猪睾丸较大，在常规采集图像时无法全面采集睾丸的超声图像，因此采集图像时会使用宽景成像与凸阵探头C5-1相结合的方式。宽景成像采集要求被采集者固定、不移动，由于对猪行呼吸麻醉，呼吸动作幅度较大，因此采集图像较困难。

1.睾丸长轴切面（图4-0-4）

（1）探查方法：取平卧位，探头纵向置于阴囊前方扫查。

（2）断面结构：显示睾丸纵切面，呈卵圆形，中间强回声为白膜，该切面可测量睾丸上下径及前后径。可用于诊断睾丸肿瘤、外伤、炎症、鞘膜积液等。

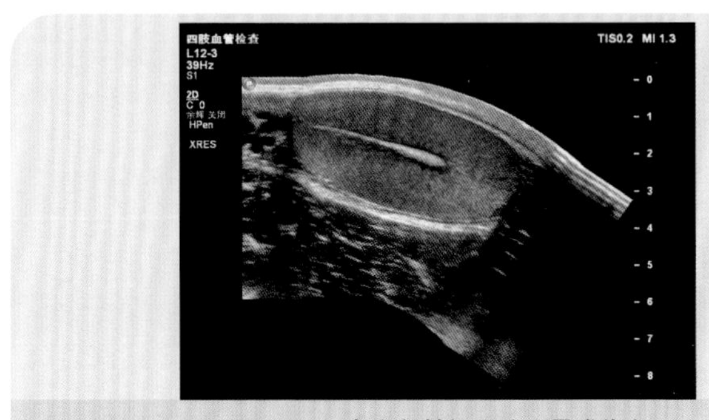

图4-0-4　睾丸长轴切面（宽景成像）

2.睾丸短轴切面（图4-0-5）

（1）探查方法：取平卧位，探头横向置于阴囊前方扫查。

（2）断面结构：显示睾丸横切面，呈圆形或卵圆形，中间强回声为白膜，可测量睾丸的横径及前后径。

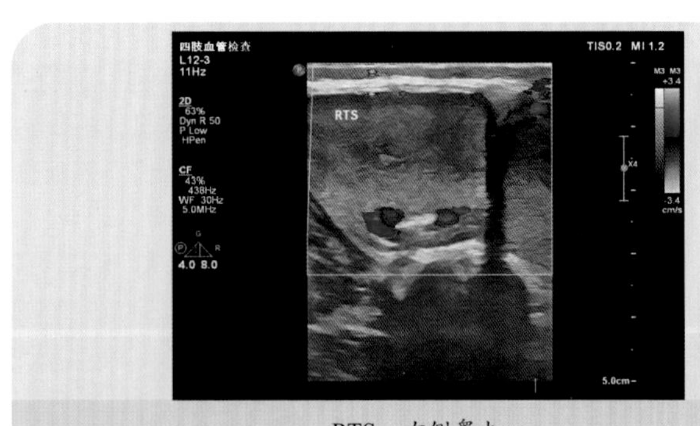

RTS：右侧睾丸。

图4-0-5　睾丸短轴切面

3.双侧睾丸横切面（图4-0-6）

（1）探查方法：取平卧位，探头横向置于双侧阴囊中间前方扫查。

（2）断面结构：显示双侧睾丸横切面，呈圆形或卵圆形，中间强回声为白膜，可测量双侧睾丸的横径及前后径。能够用于对比双侧阴囊壁层、睾丸的形态及大小。

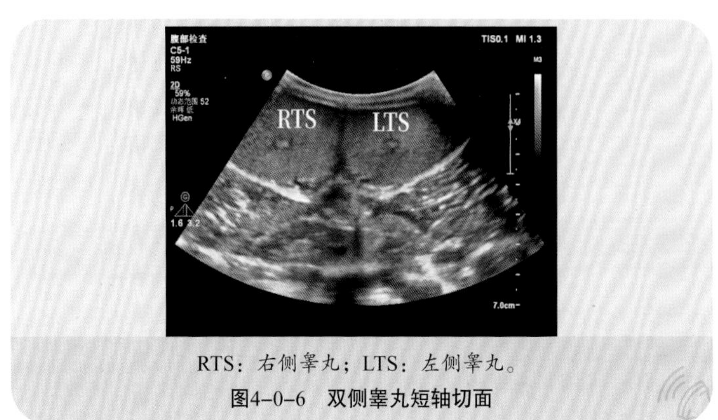

RTS：右侧睾丸；LTS：左侧睾丸。

图4-0-6　双侧睾丸短轴切面

三、精索长轴纵切面

精索长轴纵切面超声图像见图4-0-7，图4-0-8。

（1）探查方法：取平卧位，探头纵向置于阴囊上方扫查。

（2）断面结构：显示蔓状静脉丛、睾丸静脉、睾丸动脉等，可测量精索蔓状静脉丛内径等。

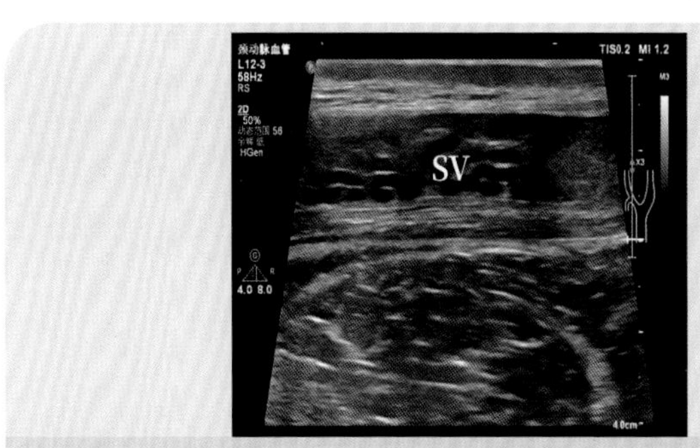

SV：精索静脉。

图4-0-7　精索长轴纵切面常规二维超声图像

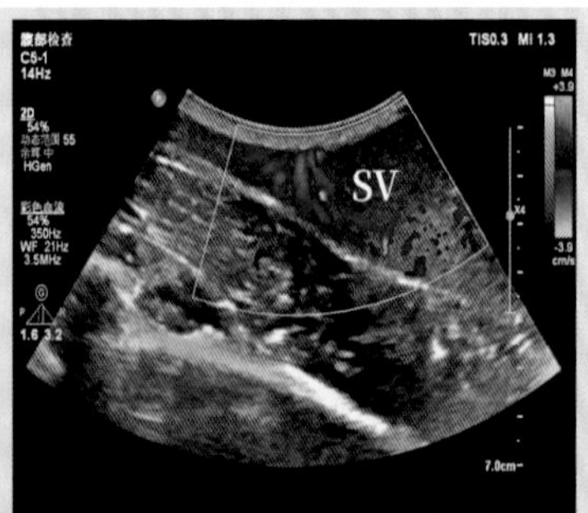

SV：精索静脉。

图4-0-8　精索长轴纵切面彩色多普勒超声图像

四、睾丸、精索造影

睾丸及精索超声造影目前在临床常用于判断是否有精索扭转；睾丸内有血供和无增强、无恶性可能的局灶性病变的鉴别；睾丸外伤患者睾丸非存活组织区的识别；睾丸节段性梗死的检测及定性诊断；严重睾丸附睾炎患者脓肿是否形成的判断。

在猪睾丸造影实践过程中，分别给予造影剂SonoVue 2.4 mL、4.8 mL共两次，但两次猪睾丸实质除了在睾丸上极靠近精索静脉处可见少量造影剂灌注，其余部分均未见明显增强（图4-0-9～图4-0-11），整个过程中精索区域可见迂曲的精索静脉增强（图4-0-12）。本次针对猪睾丸的造影结果不符合预期结果，待后续完善该部分内容再予以详细解答。

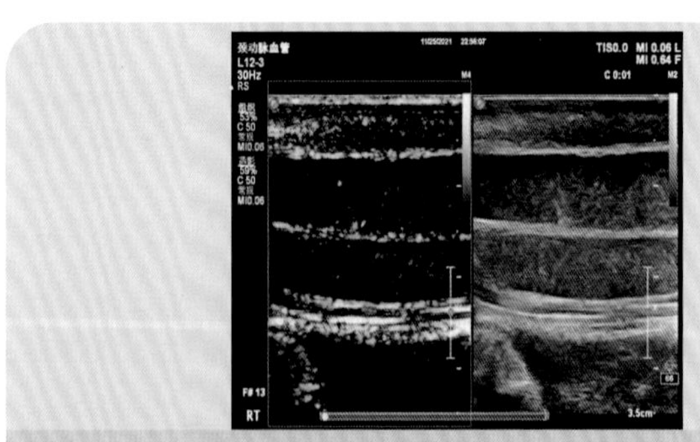

图4-0-9　猪睾丸造影开始注入造影剂

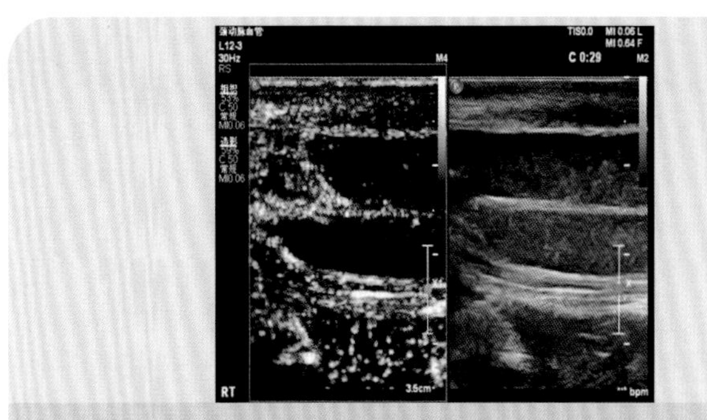

图4-0-10　睾丸上极少量造影剂灌注

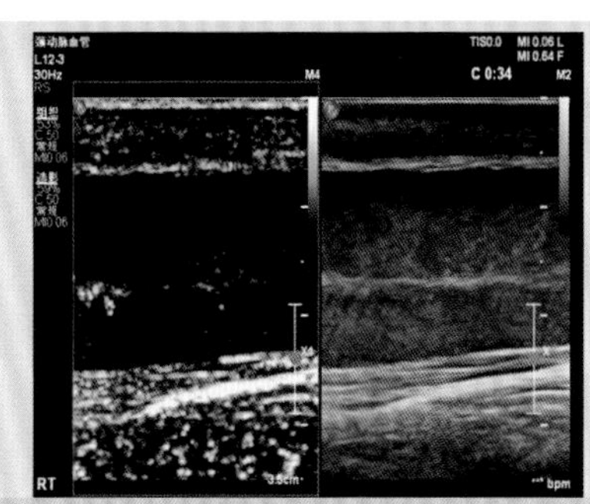

图4-0-11　中期至后期睾丸其余部分均未见增强

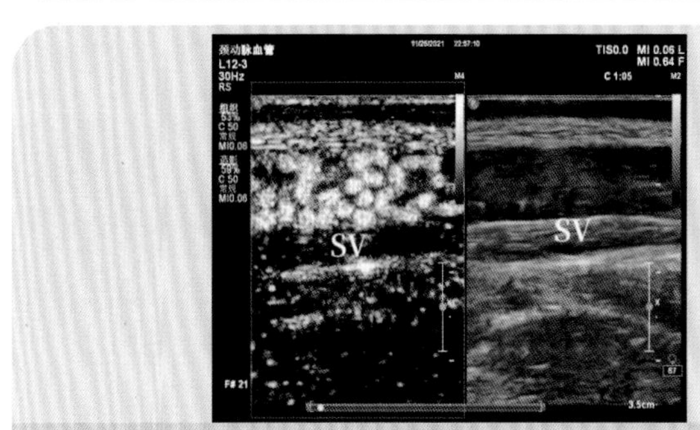

图4-0-12　全程精索静脉增强

五、睾丸疾病动物模型建立

1.睾丸炎动物模型

近年来，男性不育成为生殖医学的相关热点，男性不育多由男性严重的少精子、弱精子、无精子症所导致，尽管睾丸具有一定的免疫力，但其仍然容易发生炎症性病变。睾丸炎是一种以睾丸内炎症细胞浸润、生精小管损伤为特征的炎性病变，通常由细菌和病毒引起。此外，自身免疫性睾丸炎（experimental autoimmune orchitis，EAO）是生殖免疫学疾病中的一种以睾丸慢性炎症为主要病理改变的疾病。睾丸炎主要表现为生精小管的损伤及生精小管周围的白细胞浸润和精子的数量明显减少，造成死精子、无精子，从而丧失生育能力。另外，睾丸炎中产生的抗精子抗体、引起的血供不足、激活的炎症细胞等因素都可以诱导血-睾屏障破坏，影响生精细胞的分化活性，从而造成精子发生障碍，直接导致男性不育。目前常见的动物模型包括自身免疫性睾丸炎实验动物模型、冰醋酸法实验动物模型、成年雄性大鼠腹腔内注射脂多糖（lipoplysaccharides，LPS）建立睾丸炎动物模型、蛋清性小鼠睾丸炎模型的制备法。

睾丸炎常规超声检查可用于评估炎性浸润范围、治疗前后对比、药效评价及不同实验处理方式的睾丸炎模型对比等，超声造影也可用于评估实验前后不同时期炎性区域血供程度，以评价炎症进展阶段。

2.睾丸癌动物模型

常通过原位注射法将睾丸肿瘤细胞悬液注射在SD（sprague-dawley）大鼠睾丸内，观察成瘤情况。睾丸超声检查可用于评估肿瘤的生长情况，超声造影可用于评价肿瘤模型新生血管情况，结合相关治疗可以评估治疗前后的变化。

参考文献

[1] 丁云川,王庆慧,陈剑.心脏超声解剖及临床应用手册[M].北京:科学技术文献出版社,2022.

[2] 唐红.《超声增强剂在超声心动图中的临床应用:2018美国超声心动图指南更新》及《心脏超声增强剂临床应用规范专家共识》解读[J].西部医学,2020,32(4):492-495.

[3] 吴妮懋.人工智能在超声自动定量左心容积与功能中的应用进展[J].重庆医学,2021,50(15):2690-2694.

[4] 袁丽君,邢长洋.二维斑点追踪成像技术应用于心肌定量分析的研究进展[J].中华医学超声杂志(电子版),2021,18(12):1129-1131.

[5] 刘瑞中,王飞,赖玉琼.三维斑点追踪成像评估左心房功能的研究进展[J].临床超声医学杂志,2020,22(6):455-457.

[6] 张伟,应大君,孙建森,等.版纳微型猪近交系心脏的解剖观察[J].中国修复重建外科杂志,2003,17(1):69-72.

[7] 刘锋,管玉龙,董培青,等.实验用小型猪主动脉解剖学研究[J].中国体外循环杂志,2006,4(1):43-45.

[8] 中华医学会超声医学分会超声心动图学组,中国医师协会心血管分会超声心动图专业委员会.超声心动图评估心脏收缩和舒张功能临床应用指南[J].中华超声影像学杂志,2020,29(6):461-477.

[9] 谢峰,吴爵非,钱丽君,等.超声增强剂在超声心动图中的临床应用:2018美国超声心动图指南更新[J].中华超声影像学杂志,2019,28(7):553-580.

[10] 郑康超,包雨微,朱英,等.基于机器学习的三维超声心动图全自动测量左心室容积与功能的可行性研究[J].中华医学超声杂志(电子版),2021,18(12):1140-1146.

[11] 刘亚男,赵瑞峰.人工智能在心血管影像中的应用进展[J].磁共振成像,2021,12(7):114-116,124.

[12] TANG C X, LIU C Y, LU M J, et al. CT FFR for ischemia-specific CAD with a new computational fluid dynamics algorithm: a Chinese multicenter study[J]. JACC Cardiovasc Imaging,2020,13(4):980-990.

[13] DRIESSEN R S, DANAD I, STUIJFZAND W J, et al. Comparison of coronary computed tomography angiography, fractional flow reserve, and perfusion imaging for ischemia diagnosis[J]. J Am Coll Cardiol,2019,73(2):161-173.

[14] VON KNEBEL DOEBERITZ P L, DE CECCO C N, SCHOEPF U J, et al. Coronary CT angiography-derived plaque quantification with

artificial intelligence CT fractional flow reserve for the identification of lesion-specific ischemia[J]. Eur Radiol,2019,29(5):2378-2387.

[15] 张卫兴,胡兵,王爱忠,等.猪静脉空气栓塞模型的经食管超声心动图实验研究[J].中华医学超声杂志(电子版),2006,3(6):326-327.

[16] 叶赞凯,唐跃,王浩,等.经食管超声心动图引导及评价经心尖的主动脉瓣植入术的实验动物研究[J].中国超声医学杂志,2013,29(9):829-832.

[17] MARCOS-ALBERCA P, ZAMORANO J L, SÁNCHEZ T, et al. Intraoperative monitoring with transesophageal real-time three-dimensional echocardiography during transapical prosthetic aortic valve implantation[J]. Rev Esp Cardiol,2010,63(3):352-356.

[18] 谢育梅,陈军.可降解封堵器治疗先天性心脏病的研究进展[J].中华实用儿科临床杂志,2020,35(1):2-6.

[19] LI Y F, XIE Y M, CHEN J, et al. Initial experiences with a novel biodegradable device for percutaneous closure of atrial septal defects: From preclinical study to first-in-human experience[J]. Catheter Cardiovasc Interv,2020,95(2):282-293.

[20] ZHU Y F, HUANG X M, CAO J, et al. Animal experimental study of the fully biodegradable atrial septal defect (ASD) occluder[J]. J Biomed Biotechnol,2012,2012:735989.

[21] 戴柯,李奋,孙康,等.全生物可降解型房间隔缺损封堵器封堵猪房间隔缺损的实验研究[J].临床儿科杂志,2010,28(4):375-379.

[22] DUONG-HONG D, TANG Y D, WU W, et al. Fully biodegradable septal defect occluder-a double umbrella design[J]. Catheter Cardiovasc Interv,2010,76(5):711-718.

[23] 经食管超声心动图临床应用中国专家共识专家组.经食管超声心动图临床应用中国专家共识[J].中国循环杂志,2018,33(1):11-23.

[24] 李斯林,孙煦勇,秦科,等.巴马小型猪心脏移植模型及供心保护策略[J].广东医学,2020,41(4):332-335.

[25] 陈吴兴,纪建松,赵中伟,等.猪肺动、静脉的螺旋CT观察及应用解剖[J].解剖学杂志,2009,32(2):243-247.

[26] 王新房,谢明星.超声心动图学[M].第5版.北京:人民卫生出版社,2016.

[27] 中华医学会超声医学分会,中国研究型医院学会肿瘤介入专业委员会,国家卫生和健康委员会能力建设和继续教育中心超声医学专家委员会.肝病超声诊断指南[J].临床肝胆病杂志,2021,37(8):1770-1785.

[28] 姜玉新,张运.超声医学[M].北京:人民卫生出版社,2020.

[29] 郭万学.超声医学[M].北京:人民军医出版社,2011.

[30] 张梅.超声标准切面图解[M].北京:人民军医出版社,2013.

[31] 蒲淼水,钟世镇,石瑾.猪活体肝脏移植的应用解剖[J].中国临床解剖学杂志,2003(1):74-75,83.

[32] 黄辉煌,杨列,陈卫军,等.中国版纳小型猪近交系肝脏的应用解剖[J].第三军医大学学报,2004(3):217-219.

[33] 陈晓鹏,芮景,李家新,等.幼猪辅助性部分肝移植供肝体外解剖学观察及其修整分割[J].肝胆胰外科杂志,2007(2):75-78.

[34] 中国医师协会超声医师分会.中国超声造影临床应用指南[M].北京:人民卫生出版社,2017.

[35] 何文.实用介入性超声学[M].北京:人民卫生出版社,2012.

[36] 崔立刚.超声造影的肝脏临床应用——世界超声医学与生物学联合会新版指南解读[J].中华医学超声杂志(电子版),2020,17(8):814.

[37] 宋毅.实时剪切波弹性成像与超声造影在肝脏局灶性病变中的应用价值[D].郑州:郑州大学,2015.

[38] 于晓玲,梁萍,唐杰,等.实时超声造影技术诊断肝脏微小局灶性病变的价值[J].中国医学影像学杂志,2007(3):161-164.

[39]夏宇,姜玉新,戴晴,等.超声造影对肝局灶性病变的诊断价值:与增强CT对比研究[J].中华超声影像学杂志,2008(7):576-580.

[40] DIETRICH C F, MERTENS J C, BRADEN B, et al. Contrast-enhanced ultrasound of histologically proven liver hemangiomas[J]. Hepatology,2007,45(5):1139-1145.

[41] DIETRICH C F, SCHUESSLER G, TROJAN J, et al. Differentiation of focal nodular hyperplasia and hepatocellular adenoma by contrast-enhanced ultrasound[J]. Br J Radiol,2005,78(932):704-707.

[42] BARTOLOTTA T V, TAIBBI A, MATRANGA D, et al. Hepatic focal nodular hyperplasia: contrast-enhanced ultrasound findings with emphasis on lesion size, depth and liver echogenicity[J]. Eur Radiol,2010,20(9):2248-2256.

[43] 晋晓飞,冯宇,朱柔君,等.基于剪切波弹性成像的微波消融疗效评估研究[J].生命科学仪器,2021,19(2):22-26.

[44] GLIŃSKA-SUCHOCKA K, KUBIAK K, SPUŻAK J, et al. Accuracy of real-time shear wave elastography in the assessment of normal liver tissue in the guinea pig (cavia porcellus)[J]. Pol J Vet Sci,2017,20(1):51-56.

[45] XIE L T, XU D X, TIAN G, et al. Value of Two-Dimensional Shear

Wave Elastography for Assessing Acute Liver Congestion in a Bama Mini-Pig Model[J]. Dig Dis Sci,2018,63(7):1851-1859.

[46] 中国医师协会超声分会.介入性超声应用指南[M].北京:人民军医出版社,2014.

[47] 中华医学会超声医学分会,中国研究型医院学会肿瘤介入专业委员会,国家卫生和健康委员会能力建设和继续教育中心超声医学专家委员会,等.肝病超声诊断指南[J].临床肝胆病杂志,2021,37(8):1770-1785.

[48] 许涛.彩色多普勒超声介入治疗肝脓肿患者的临床价值[J].罕少疾病杂志,2022,29(4):38-39,60.

[49] 汪艾曼,冯景丽,丁立平,等.超声介入肝肾囊肿硬化治疗效果观察[J].中国现代医药杂志,2010,12(8):104-105.

[50] 李霞,胡君.超声造影在老年肝恶性肿瘤诊断及介入治疗评价中的应用价值探讨[J].实用医院临床杂志,2018,15(2):194-196.

[51] 蒋天安. 介入超声在肝移植中的应用价值[C]//中华医学会,中华医学会器官移植学分会,中华医学会外科学分会器官移植学组,中国工程院医药卫生学部.2013中国器官移植大会论文汇编.浙江大学附属第一医院,肝胆胰诊治中心,2013:1.

[52] 任翠龙,刘晓华,方进智.超声造影引导下穿刺活检应用于肝占位性病变的临床价值[J].影像研究与医学应用,2020,4(6):38-40.

[53] 中国医师协会外科医师分会肝脏外科医师委员会,中华肝胆外科杂志编辑委员会.肝血管瘤热消融治疗专家共识(2021版)[J].中华肝胆外科杂志,2021,27(12):881-888.

[54] 唐红艳,陈斌.超声造影在胆囊肿瘤诊断及鉴别诊断中的效果和确诊率分析[J].现代医用影像学,2022,31(3):571-573.

[55] 洪运虎,王桂林,劳海燕,等.黄色肉芽肿性胆囊炎的常规超声及超声造影表现[J].中国超声医学杂志,2018,34(8):761-764.

[56] 梁国胜,徐更田.超声介入经皮穿刺置管引流治疗急性胆囊炎的疗效分析[J].现代医用影像学,2017,26(6):1788-1790.

[57] 张颖,赵卫燕,翟文慧,等.创伤性脾破裂出血超声造影介入止血治疗后临床观察[J].临床急诊杂志,2014,15(3):129-131.

[58] 高永艳,梁萍,李春伶,等.比较超声引导下粗针与细针在经皮脾穿刺活检中的应用价值[J].中国超声医学杂志,2007(12):927-929.

[59] 张峰,张长宝,田建明,等.猪正常胰腺的影像学表现[J].放射学实践,2010,25(2):129-131.

[60] FERRER J, SCOTT W E 3RD, WEEGMAN B P, et al. Pig pancreas anatomy: implications for pancreas procurement, preservation, and

islet isolation[J].Transplantation,2008,86(11):1503-1510.

[61] 颜晓一,谭莉,吕珂.经腹超声在介入治疗局部进展期胰腺癌中的应用[J].中国介入影像与治疗学,2021,18(9):558-561.

[62] 严翔,海军,郑伟,等.超声介入在重症急性胰腺炎伴腹腔积液患者中的应用[J].肝胆外科杂志,2021,29(6):426-429.

[63] SMIT J,LEONARDI E P,CHAVES R, et al. Image-guided study of swine anatomy as a tool for urologic surgery research and training[J]. Acta Cirurgica Brasileira,2021,35(12):e351208.

[64] 连林生,王鹤云,徐家珍,等.版纳微型猪的生物学特性[J].实验动物与比较医学,1993(44):185-191.

[65] 朱楚洪,糜建红,应大君,等.版纳微型猪近交系肾脏的应用解剖研究[J].中国修复重建外科杂志,2002,16(6):432-434.

[66] O'CONNELL P, CUNNINGHAM A, D'APICE A, et al. Xenotransplantation: its problems and potential as a clinical procedure[J]. Transplantation Reviews, 2000, 14(1):18-40.

[67] ZHU Z M ,LIU J H ,CHEN F , et al. Application of ultrasound elastography in diagnosis of acute rejection after renal transplantation[J]. Chinese Journal of Medical Imaging Technology, 2012,28(12):2216-2219.

[68] 陈凌子,马苏亚.超声造影早期诊断肾移植术后移植肾功能延迟恢复的临床价值[J].临床荟萃,2019,34(4):367-369.

[69] 谭开彬,高云华,刘平,等.两种自制超声造影剂对正常兔肾脏灰阶造影的对比研究[J].第三军医大学学报,2003,25(16):1431-1433.

[70] 于洁,李凡.超声造影应用于诊断膀胱良恶性肿瘤的研究进展[J].上海交通大学学报(医学版),2021,41(3):396-399.

[71] 谢杏榕,李云静,贺细菊,等.猪肝硬化门静脉高压症动物模型超声血流参数研究[J].山西医药杂志(下半月刊),2012,41(3):227-228.

[72] TANG Y, ZHAO J, LIU D,et al. Evaluation of early kidney damage caused by brain death using real-time ultrasound elastography in a bama pig model[J]. Ultrasound Med Biol,2017,43(10):2395-2401.

[73] 赵冰,王绮,王睿丽,等.超声弹性成像技术评估无水乙醇诱导肝脏凝固灶的实验研究[J].中华医学超声杂志(电子版),2012,9(12):1101-1105.

[74] 董彩虹,周宁明,曹伟田,等.超声引导下微波凝固离体猪肾的实验研究[J].上海医学影像,2011,20(4):297-299.

[75] HUANG G, YE X, YANG X,et al.Experimental study in vivo ablation of swine pancreas using high-intensity focused ultrasound[J].

J Cancer Res Ther,2019,15(2):286-290.

[76] OGAWA Y, KUBOTA M, TAKAGI M,et al. A feasibility study of percutaneous transhepatic gallbladder filling (PTGBF) in a swine model[J]. Minim Invasive Ther Allied Technol,2022,31(7):1074-1077.

[77] 冯少阳.实时剪切波弹性成像在鉴别诊断肝脏肿瘤中的应用[J].解放军医药杂志,2015, 27(08): 37-40.

[78] 彭静,周勤,陈永昌.利用猴模型开展神经疾病细胞及基因治疗的研究进展[J].神经病学与神经康复学杂志, 2020, 16 (01): 11-18.

[79] 庞义全,冯悦,孙晓梅,等.病毒性肝炎树鼩动物模型研究与建模策略[J].中国实验动物学报,2014,22(2):95-102.

[80] 王奎淞,赵鲲鹏,张秋菊.常用肝纤维化实验动物模型研究进展[J].解放军医药杂志,2021,33(11):113-116.

[81] 檀覃.基于Leptin基因编辑小型猪的肥胖与肝纤维化研究[D].北京:中国农业大学,2017.

[82] AVRITSCHER R, WRIGHT K C, JAVADI S,et al. Development of a large animal model of cirrhosis and portal hypertension using hepatic transarterial embolization: a study in swine[J]. J Vasc Interv Radiol,2011,22(9):1329-1334.

[83] 李果,朱柱,戴小明,等.肝癌动物模型建立的研究进展[J].医学综述,2018,24(2):285-289.

[84] 李家新,陈晓鹏,陈方满,等.辅助性部分肝移植幼猪模型及其肝脏功能再生的评价[J].苏州大学学报(医学版),2010,30(4):725-727,897.

[85] NICOLAS C T,HICKEY R D,ALLEN K L,et al. Hepatocyte spheroids as an alternative to single cells for transplantation after ex vivo gene therapy in mice and pig models[J].Surgery, 2018, 164(3):473-481.

[86] 任小宇,徐惠波.胆囊炎的形成原理及动物模型的建立[J].淮海医药,2009,27(3):276-277.

[87] 潘韡,陈燕凌,杜强,等.胆囊癌原位移植模型的建立及探讨[J].福建医药杂志,2016,38(6):48-51,181.

[88] 张宁,脱朝伟,刘秋珍,等.人脾原发性恶性淋巴瘤裸小鼠皮下及原位移植模型的建立[J].消化外科,2002(3):166-169.

[89] 代云群,黄春霞.实验动物模型在脾脏研究中的应用[J].局解手术学杂志,2006(2):130-131.

[90] 魏圆圆,许小凡,段丽芳,等.慢性胰腺炎动物模型的比较与选择[J].生命科学,2020,32(6):641-648.

[91] 凤振宁,金世柱.急性胰腺炎动物模型构建方法的研究[J].胃肠病学和肝病学杂志,2020,29(4):388-391.

[92] KATUCHOVA J, TOTHOVA T, FARKASOVA IANNACCONE S, et al. Impact of different pancreatic microenvironments on improvement in hyperglycemia and insulin deficiency in diabetic rats after transplantation of allogeneic mesenchymal stromal cells[J]. J Surg Res,2012,178 (1): 188-195.

[93] SHIBATA O, KAMIMURA K, TANAKA Y, et al. Establishment of a pancreatic cancer animal model using the pancreas-targeted hydrodynamic gene delivery method[J]. Mol Ther Nucleic Acids, 2022,28:342-352.

[94] 范中孚,梁建广.初生仔猪雄性某些生殖器官的解剖(初报)[J].东北农学院学报,1991(1):38-42.

[95] KANGAWA A, OTAKE M, ENYA S, et al. Histological Development of Male Reproductive Organs in Microminipigs[J]. Toxicol Pathol,2016,44(8):1105-1122.

[96] SAMIR H, RADWAN F, WATANABE G. Advances in applications of color Doppler ultrasonography in the andrological assessment of domestic animals: a review[J]. Theriogenology,2021,161:252-261.

[97] 于洁,杜联芳,李凡.超声造影技术在睾丸肿瘤诊断中的应用研究进展[J].肿瘤影像学,2021,30(6):545-549.

[98] 肖静,唐杰.超声造影在睾丸扭转及复位损伤中的应用[J].中华医学超声杂志(电子版),2020,17(2):181-183.

[99] 王栋华,胡滨,龚会凌,等.睾丸节段性梗死的常规超声及超声造影特征分析[J].中国超声医学杂志,2022,38(12):1426-1429.

[100] 曹源,尹子霄,俞文君,等.睾丸炎症模型的研究进展[J].中华男科学杂志,2018,24(1):82-85.

[101] Singh A, Addetia K, Maffessanti F, et al. LA strain for categorization of LV diastolic dysfunction[J]. JACC Cardiovasc Imaging, 2017, 10(7):735-743.

[102] 陈丙波,周建华,魏泓,等.西双版纳小耳猪DNA指纹分析[J].遗传,2001,23(4):295-297.

中英文名词对照索引

A

acoustic impedance，Z 声阻抗
atrial septal defect，ASD 房间隔缺损
area strain，AS 面积应变
aorta，AO 主动脉
aortic valve，AV 主动脉瓣
anterior wall，A/Ant 前壁
anterior interventricular septum，AS 前室间隔
anterior lateral wall，AL/Ant Lat 前侧壁
anterior mitral leaflet，AML 二尖瓣前叶
anterior tricuspid leaflet，ATL 三尖瓣前叶
anterolateral papillary muscle，ALPM 前外侧乳头肌
aortic arch，Arch 主动脉弓
artificial intelligence，AI 人工智能
atrioventricular plane displacement，AVPD 房室平面位移
axial resolution，AR 轴向分辨率
American Society of Echocardiography，ASE 美国超声心动图学会
abdominal aorta，AA 腹主动脉

B

（urinary）bladder，BL 膀胱

C

circumferential strain，CS 圆周应变
color Doppler flow imaging，CDFI 彩色多普勒血流成像
continuous wave Doppler，CW 连续波多普勒
CT derived fractional flow reserve，CT-FFR CT的血流储备分数

D

descending aorta，DAO 降主动脉

E

E-point of septal separation，EPSS E峰至室间隔距离

F

flow propagation velocity，FPV 血流播散速度

2D-right ventricular fractional of area change，2D-RVFAC 二维右心室面积变化分数

frequency，*f* 频率

G

global circumferential strain，GCS 整体圆周应变

global constructive work，GCW 整体有效功

global longitudinal strain，GLS 整体长轴应变

global radial strain，GRS 整体径向应变

global wasted work，GWW 整体无效功

global work efficiency，GWE 整体做功效率

global work index，GWI 整体做功指数

gallbladder，GB 胆囊

H

hepatic artery，HA 肝动脉

hepatic vein，HV 肝静脉

I

inter-atrial septum，IAS 房间隔

interventricular septum，IVS 室间隔

inferior wall，I/Inf 下壁

inferior interventricular septum，IS 下室间隔

inferior lateral wall，IL 下侧壁

inferior vena cava，IVC 下腔静脉

L

left atrium，LA 左心房

left ventricle，LV 左心室

left atrial appendage，LAA 左心耳

left ventricular posterior wall，LVPW 左心室后壁

left ventricular inferior wall，LVIW 左心室下壁

left ventricular anterior wall，LVAW 左心室前壁

left coronary cusp，LCC 左冠瓣

left anterior descending（coronary artery），LAD 左前降支

left ventricular ejection fraction，LVEF 左心室射血分数

left atrial active ejection fraction，LAAEF 左心房主动射血分数

left atrial passive ejection fraction，LAPEF 左心房被动射血分数

left atrial total ejection fraction，LATEF 左心房总射血分数
left atrial maximum volume，LAVmax 左心房最大容积
left atrial minimum volume，LAVmin 左心房最小容积
left atrial presystolic volume，LAVpre 左心房收缩前容积
left ventricular opacification，LVO 左心室心腔声学造影
longitudinal strain，LS 纵向应变
left atrial volume index，LAVI 左心房容积指数
left innominate artery，LINA 左无名动脉
left innominate vein，LIV 左无名静脉
left pulmonary artery，LPA 左肺动脉
liver cirrhosis，LC 肝硬化
liver fibrosis，LF 肝纤维化
left liver lobe，LL 肝左叶
left testis，LTS 左侧睾丸
lipopolysaccharides，LPS 脂多糖

M

mitral valve，MV 二尖瓣
main pulmonary artery，MPA 主肺动脉
microvascular blood volume，MBV 微血管血流量
mechanical index，MI 机械指数
myocardial contrast echocardiography，MCE 心肌声学造影
myocardial performance index，MPI 心肌做功指数
myocardial work efficiency，MWE 心肌做功效率

N

Nyquist 奈奎斯特
non coronary cusp，NCC 无冠瓣

P

posterior mitral leaflet，PML 二尖瓣后叶
posterior tricuspid leaflet，PTL 三尖瓣后叶
posterior interior papillary muscle，PIPM 后内侧乳头肌
posterior lateral wall，Post Lat 后/下侧壁
pulmonary valve，PV 肺动脉瓣
pressure strain loops，PSL 压力–应变环
pulse repetition frequency，PRF 脉冲重复频率

pulse wave Doppler，PW 脉冲波多普勒

post-systolic shortening，PSS 收缩后收缩

percutaneous transhepatic gallbladder drainag，PTGD 超声引导下经皮经肝胆囊穿刺置管引流术

portal vein，PV 门静脉

pressure gradient，PG 压差

R

right atrium，RA 右心房

right ventricle，RV 右心室

right ventricular outflow tract，RVOT 右心室流出道

right ventricular ejection fraction，RVEF 右心室射血分数

right innominate artery，RINA 右无名动脉

right innominate vein，RIV 右无名静脉

right pulmonary artery，RPA 右肺动脉

right coronary artery，RCA 右冠状动脉

right ventricular anterior wall，RVAW 右心室前壁

right coronary cusp，RCC 右冠瓣

radial strain，RS 径向应变

real time three-dimensional echocardiography，RT-3DE 实时三维超声心动图

right ventricular index of myocardial performance，RIMP 右心室心肌做功指数

rotation 旋转

right liver lobe，RL 肝右叶

right kidney，RK 右肾

renal artery，RA 肾动脉

right kidney artery，RKA 右肾动脉

renal vein，RV 肾静脉

right kidney vein，RKV 右肾静脉

right testis，RTS 右侧睾丸

S

sound intensity，*I* 声强

sound pressure，*P* 声压

superior vena cava，SVC 上腔静脉

strain rate，SR 应变率

systolic anterior motion，SAM 收缩期前向活动
speckle tracking imaging，STI 斑点追踪成像
spleen，SP 脾
splenic artery，SpA 脾动脉
splenic vein，SpV 脾静脉
spermatic vein，SV 精索静脉

T

tricuspid valve，TV 三尖瓣
tricuspid annular plane systolic excursion，TAPSE 三尖瓣环收缩期位移
two-dimensional speckle tracking imaging，2D-STI 二维斑点追踪成像
two-dimensional，2D 二维
two-dimensional shear wave elastography，2D-SWE 二维剪切波弹性成像
three-dimensional speckle tracking imaging，3D-STI 三维斑点追踪成像
three-dimensional，3D 三维
time gain compensation，TGC 时间增益补偿
tissue Doppler imaging，TDI 组织多普勒成像
tissue harmonic imaging，THI 组织谐波成像
transesophageal echocardiography，TEE 经食管超声心动图
transthoracic echocardiography，TTE 经胸超声心动图

U

ultrasound targeted microbubble destruction，UTMD 超声靶向微泡破坏

V

velocity，*c* 声速
velocity time integral，VTI 速度–时间积分

W

wavelength，λ 波长
wall motion scoring index，WMSI 室壁运动积分指数